U0541343

本书为国家社会科学基金一般项目"特色文化小镇创新生态系统构建及培育机制研究"（项目编号：19BGL285）的成果。

中国特色文化小镇
——创新生态系统构建及培育

The Cultural Town
with Chinese Characteristic:
Construction and Cultivation of Innovative Ecosystem

纪芬叶 著

中国社会科学出版社

图书在版编目（CIP）数据

中国特色文化小镇：创新生态系统构建及培育 / 纪芬叶著. -- 北京：中国社会科学出版社，2025.4.
ISBN 978-7-5227-4545-9

Ⅰ．X321.2

中国国家版本馆 CIP 数据核字第 2024QQ3067 号

出 版 人	赵剑英
责任编辑	侯聪睿
责任校对	闫　萃
责任印制	张雪娇

出　　版	中国社会科学出版社
社　　址	北京鼓楼西大街甲 158 号
邮　　编	100720
网　　址	http：//www.csspw.cn
发 行 部	010 - 84083685
门 市 部	010 - 84029450
经　　销	新华书店及其他书店
印　　刷	北京明恒达印务有限公司
装　　订	廊坊市广阳区广增装订厂
版　　次	2025 年 4 月第 1 版
印　　次	2025 年 4 月第 1 次印刷
开　　本	710×1000　1/16
印　　张	18
插　　页	2
字　　数	300 千字
定　　价	118.00 元

凡购买中国社会科学出版社图书，如有质量问题请与本社营销中心联系调换
电话：010 - 84083683
版权所有　侵权必究

序　言

　　一般认为，特色小镇概念源于浙江省的创新实践，2015 年，浙江省建设特色小镇的做法受到中央的肯定，之后，特色小镇在全国范围内开始了积极实践。特色文化小镇属于特色小镇的一种类型，通常是指依赖某一特色人文资源打造的具有明确的特色文化产业定位，丰富的文化内涵，较强的旅游特征和鲜明的社区功能的综合开发载体。

　　特色文化小镇是一个新事物，对构建新型城乡关系、推动全面乡村振兴、传承创新优秀传统文化具有重要作用。回顾特色文化小镇的发展过程可以发现，创新能力如何在很大程度上决定了特色文化小镇的发展成效。

　　该书作者自特色小镇概念提出以来，一直跟踪特色文化小镇的发展实践，并进行持续的思考和学术研究，完成了博士论文。基于多年的思考和前期研究成果，以特色文化小镇为主要研究对象，申报并完成了国家社科基金项目，形成了研究成果。该项研究具有扎实的实践调研基础和较为深入的理论思考，丰富和发展了特色文化小镇研究，特别是深化了特色文化小镇的创新生态系统理论研究，是目前我国关于特色文化小镇为数不多的系统研究的专著，具有较高的学术价值和实践意义。

　　该书将前沿的创新生态系统理论作为理论基础，将创新机制研究与小镇区域培育有机结合起来，使得特色文化小镇的研究更具理论创新性。研究方法上，结合特色文化小镇的多样性、强实践性、统计数据获得的局限性等实际情况，采用更加灵活、互动性更强、更加客观的数量研究和质性研究相结合的方法，并将扎根理论应用到特色文化小镇创新生态系统培育机制模型构建中，增强了论证的说服力。以创新生态系统理论的构建和培育为视角研究中国特色文化小镇具有鲜明的特色，选题上实现了理论需求与现实需求相结合，研究内容上具有多学科交叉特点，研究成果具有多主体运用场景。

　　一个区域的经济竞争力在很大程度上取决于由区域集聚或者产业集聚形成的特定的场景。特色文化小镇作为一种新型的创新创业平台，如何实现"生产、生活、生态"的有机融合，如何将创新理论用于指导特色文化小镇建设，对于推动特色文化小镇高质量发展至关重要。特色文化小镇创新发展的效果与其创新生态系统的培育密切相关，因此，积极构建特色文化小镇创新生态系统，并建立起科学的可持续的培育机制，促进创新不断迭代，是特色文化小镇创新能力提升的重要着力点。特色文化小镇创新生态系统有其形成的理论基础、内在逻辑和框架内容。我们可以从积极培育多元文化创新基石、建设合理创新生态位、建立完善的创新链条、优化创新文化环境、促进创新生成与扩散等方面构建特色文化小镇创新生态系统，并在此基础上，增强动力激发机制、强化支撑保障机制、优化运行管理机制、畅通价值共创机制形成科学的特色文化小镇创新生态系统培育机制。特色文化小镇的创新发展与所在区域的产业基础、文化底蕴、消费习惯、观念意识等密切相关，既要遵守一般的规律，更要突出地域特色。

　　正确看待不同区域之间的差异。特色文化小镇所在地区不同，发展优势和短板也不一样，不能简单照搬。比如，浙江省省域经济基础好，县域经济和民营经济发达，技术、资本、人才等创新要素集聚效应明显，具有创新的先天优势。但就全国范围而言，各地区所处的经济发展阶段不同，拥有的创新资源不同，发展特色文化小镇的环境和支撑条件也会有很大差异。因此，各地应基于本地基础条件环境，因地制宜，挖掘特色，创新发展路径。

　　正确看待不同类型之间的差异。特色小镇有不同类型。该书对特色文化小镇的内涵和概念进行了界定，将其分为创意设计类、文化旅游类、三产融合类三类。不同类型的特色文化小镇所需条件、发展特点、要素需求等有所不同，适应于拥有不同资源禀赋的地方。什么地方适合什么类型，就重点建设什么样的特色文化小镇，关键是把握区位条件优势和特色文化资源优势，扬长避短，寻求特色差异化发展。不同类型的特色文化小镇发展重点和考核指标也应不同。

　　正确看待国外经验和本土实际的差异。国外特色文化小镇的发展建立在城镇化进程基本完成，社会达到较高城镇化率，要素资源开始逆城镇化趋势的基础之上，其形成的发展经验值得参考借鉴。我国特色文化小镇的提出和实践处于城镇化提质升级的关键时期。成长的背景、所处的阶段具有不同的特点。我们应该立足我国现实，突出中国特色，不能照搬照抄，应该形成符合中国国情和文化语境的特色文化小镇发展模式。

以上是《中国特色文化小镇——创新生态系统构建及培育》这本专著表达的观点。相信该书会给读者带来一些有益的启示。

中共中央党校（国家行政学院）教授
2024 年 9 月

目　　录

导　言 ……………………………………………………………（1）

第一章　特色文化小镇的界定与现状 ………………………（4）
　第一节　特色文化小镇的界定 …………………………………（4）
　　一　特色小镇的内涵 …………………………………………（4）
　　二　特色文化的意蕴 …………………………………………（9）
　　三　特色文化小镇的内涵 ……………………………………（15）
　　四　特色文化小镇的易混淆概念 ……………………………（20）
　第二节　特色文化小镇的实践价值 ……………………………（28）
　　一　文化创意助力环境美化提升 ……………………………（29）
　　二　文化产业促进区域经济发展 ……………………………（30）
　　三　文化融合撬动区域发展新动能 …………………………（31）
　　四　文化传承筑牢发展之魂 …………………………………（32）
　　五　文化浸润涵养文明环境 …………………………………（33）
　第三节　多重问题影响特色文化小镇创新发展 ………………（34）
　　一　概念运用规范性有待提高 ………………………………（35）
　　二　特色文化产业发展支撑不够 ……………………………（37）
　　三　运营管理效率较低 ………………………………………（40）
　　四　特色差异有待突出 ………………………………………（44）
　　五　特色文化价值尚未彰显 …………………………………（46）

第二章　特色文化小镇创新生态系统理论 …………………（50）
　第一节　特色文化小镇创新生态系统理论基础 ………………（50）

一　创新生态系统理论 …………………………………………… (50)
　　二　开放式创新生态系统理论 ………………………………… (61)
第二节　特色文化小镇创新生态系统理论逻辑 ……………………… (64)
　　一　开放协同逻辑 ……………………………………………… (64)
　　二　环境共生逻辑 ……………………………………………… (67)
　　三　用户导向逻辑 ……………………………………………… (69)
　　四　低替代性逻辑 ……………………………………………… (70)
　　五　产业集聚逻辑 ……………………………………………… (71)
　　六　数字应用逻辑 ……………………………………………… (72)
　　七　多元复合逻辑 ……………………………………………… (74)
第三节　特色文化小镇创新生态系统理论建立 ……………………… (74)
　　一　特色文化小镇创新生态系统理论框架 …………………… (75)
　　二　特色文化小镇创新生态系统理论主要观点 ……………… (76)
　　三　特色文化小镇创新生态系统的核心要素 ………………… (79)
　　四　特色文化小镇创新生态系统实践价值 …………………… (83)

第三章　特色文化小镇创新生态系统构建 ……………………………… (85)
第一节　培育多元文化创新基石 ……………………………………… (85)
　　一　树立创新基石理念 ………………………………………… (85)
　　二　培育创新基石人物 ………………………………………… (87)
　　三　发展创新基石组织 ………………………………………… (91)
第二节　建设合理创新生态位 ………………………………………… (94)
　　一　提升特色文化小镇创新生态位适宜度 …………………… (94)
　　二　分类设定特色文化小镇创新生态位 ……………………… (96)
第三节　建立完善的创新链条 ………………………………………… (103)
　　一　企业创新链条 ……………………………………………… (104)
　　二　产业创新链条 ……………………………………………… (105)
　　三　资金创新链条 ……………………………………………… (107)
　　四　文化 IP 成长创新链条 …………………………………… (111)
　　五　运营管理创新链条 ………………………………………… (112)
第四节　优化创新文化环境 …………………………………………… (116)

一　培育创新文化 …………………………………………（116）
　　二　完善制度规则 …………………………………………（117）
　　三　促进信任交流 …………………………………………（117）
　　四　营造设施场景 …………………………………………（118）
　第五节　促进创新扩散 …………………………………………（119）
　　一　市场选择 ………………………………………………（120）
　　二　创新扩散 ………………………………………………（120）

第四章　特色文化小镇创新生态系统培育机制 ………………（123）
　第一节　特色文化小镇创新生态系统培育机制建构方法 ……（123）
　　一　模型建构方法选择 ……………………………………（124）
　　二　模型研究设计与数据选取 ……………………………（126）
　第二节　特色文化小镇创新生态系统培育机制
　　　　　模型建构行动 ………………………………………（129）
　　一　特色文化小镇创新生态系统培育要素——开放性
　　　　编码 ………………………………………………（129）
　　二　特色文化小镇创新生态系统培育逻辑——主轴编码 ……（143）
　　三　特色文化小镇创新生态系统培育模块——核心编码 ……（152）
　第三节　特色文化小镇创新生态系统培育机制分析 …………（158）
　　一　增强动力激发机制 ……………………………………（158）
　　二　强化支撑保障机制 ……………………………………（163）
　　三　优化运行管理机制 ……………………………………（169）
　　四　畅通价值共创机制 ……………………………………（174）

第五章　三类特色文化小镇创新生态系统构建及培育案例 ………（181）
　第一节　以"三产融合"激发创新动能——嘉善巧克力甜蜜
　　　　　小镇 …………………………………………………（181）
　　一　做足"旅游+"的三产融合创新 ……………………（182）
　　二　借助多元复合创新条件 ………………………………（183）
　　三　完善文化 IP 创新链条 ………………………………（185）
　　四　突出民营企业创新能动性 ……………………………（187）

　　　　五　提升创新生态位适宜度 ………………………………（189）
　　　　六　创新管理服务机制 …………………………………（191）
　第二节　以"文化旅游"优化创新生态——文家市
　　　　　文旅小镇 ……………………………………………（195）
　　　　一　发挥镇域经济创新优势 ……………………………（196）
　　　　二　优化外部服务创新环境 ……………………………（197）
　　　　三　创新文旅融合生态场景 ……………………………（198）
　　　　四　注重红色文化IP培育成长 …………………………（199）
　　　　五　延伸红色文旅产业创新链条 ………………………（201）
　　　　六　加强设施创新环境建设 ……………………………（203）
　　　　七　探索创新运营模式 …………………………………（204）
　第三节　以"创意赋能"提升创新价值——青神竹编特色
　　　　　小镇 …………………………………………………（207）
　　　　一　依托特色文化生态基础 ……………………………（208）
　　　　二　加速企业集聚创新 …………………………………（210）
　　　　三　优化政府服务创新生态 ……………………………（214）
　　　　四　激活社会参与创新 …………………………………（216）

第六章　特色文化小镇创新生态系统构建及培育的优化建议 ……（221）
　第一节　加强培育重点创新主体 ……………………………（221）
　　　　一　壮大文化企业创新实力 ……………………………（221）
　　　　二　提升当地居民创新能力 ……………………………（223）
　　　　三　强化创业创新型人才创新作用 ……………………（225）
　第二节　促进创新方式更新 …………………………………（227）
　　　　一　促进文化生产方式创新 ……………………………（227）
　　　　二　促进文化消费方式创新 ……………………………（228）
　　　　三　促进运营管理方式创新 ……………………………（230）
　第三节　支持要素集聚创新 …………………………………（232）
　　　　一　多举措支持文化金融创新 …………………………（232）
　　　　二　探索实施创新性土地政策 …………………………（234）
　　　　三　提升财税支持效率 …………………………………（236）

四　大力度引育文化创新人才 ………………………………（238）
第四节　优化创新环境场景生态 ………………………………（239）
　　一　注重融入生活场景 …………………………………………（239）
　　二　完善公共服务环境 …………………………………………（242）
　　三　建设多元文化场景 …………………………………………（243）
　　四　提升精神文化风貌 …………………………………………（246）
第五节　加速创新扩散和迭代 …………………………………（247）
　　一　保持特色文化创新的低替代性 ……………………………（247）
　　二　建设多样的创新组织 ………………………………………（250）
　　三　注重提升数字传播效能 ……………………………………（252）
　　四　提升政策创新绩效 …………………………………………（253）

参考文献 ………………………………………………………（257）

后　记 …………………………………………………………（274）

导　言

　　特色文化小镇是基于特色小镇的概念和分类，结合特色文化的意蕴界定的研究对象，是以文化创新为价值内核的新型创新创业平台和微型文化产业创新聚集区，兼具文化功能、产业功能、旅游功能和社区功能。特色文化小镇在推进城乡融合发展、推动中华优秀传统文化创造性转化和创新性发展、提升生活品质中发挥着重要作用。同时，特色文化小镇注重创新要素的集聚、倡导多元创新主体的参与、鼓励大众创新，能够更好地释放民营经济发展活力，增强文化经济发展动能，对提升全要素生产率和形成发展新质生产力具有一定的实践意义。

　　特色文化小镇经过近十年的发展，已进入高质量发展时期。实践证明，创新能力不足是影响特色文化小镇高质量发展的根本原因，因此，如何提升特色文化小镇的创新能力、实现高质量发展是摆在特色文化小镇理论研究和实践发展面前的突出问题。与此实际相对应的是，针对特色文化小镇的学术研究仍处于碎片化状态。重实践研究轻理论研究，理论研究滞后于实践发展；重外在建设研究轻内在机理研究，系统研究较少，以创新为视角的深入研究更少。目前，构建和培育创新生态系统是提升创新能力的有力抓手。现阶段对创新生态系统的研究多集中在理论范式，针对特定企业、特定产业、特定区域的创新生态系统研究相对不足。创新生态系统需要植根于具体的研究对象，才能找到其运用得更加广阔的天地，显示强大的力量。特色文化小镇这一创新平台亟须与创新生态系统有机融合，更好地形成其健康持续发展的内生动力。构建和培育特色文化小镇创新生态系统能够丰富特色文化小镇发展理论和创新生态系统理论，有利于特色文化小镇突破创新藩篱实现创新持续迭代。

本书以特色文化小镇为基本研究对象，以提升特色文化小镇创新能力为主线，围绕特色文化小镇创新生态系统这一研究核心，从研究基础、研究依据、研究重点三个板块展开研究。清晰界定特色文化小镇是研究的基础。分析制约特色文化小镇发展的突出问题，剖析深层原因，建立特色文化小镇创新生态系统理论，是构建创新生态系统的实践依据和理论依据。基于此，构建特色文化小镇创新生态系统并研究其培育机制是促进实现特色文化小镇高质量发展的重点。本书综合运用了文献研究、调查研究相结合的研究方式，采用问卷法、访谈法、量化研究、质性研究等多种研究方法，回答了特色文化小镇是什么，是什么阻碍了特色文化小镇的创新发展，特色文化小镇创新生态系统理论是什么，如何构建和培育特色文化小镇创新生态系统，怎样用创新生态系统理论指导特色文化小镇创新实践等关键问题；完成了特色文化小镇创新生态系统构建和特色文化小镇创新生态系统培育机制两大核心研究任务。

本书的主要贡献在于以下几点。一是提炼了"特色文化"的核心要义，建立了特色文化小镇的创新价值内核。结合国家规范和既有理论成果，界定了特色文化小镇的概念和内涵，并对特色文化小镇进行了分类。二是结合具体案例梳理总结了特色文化小镇发展中的主要问题。深入思考和剖析问题产生的根本原因是特色文化小镇的创新能力不足。三是对创新生态系统理论进行了深入思考。特别是结合开放式创新生态系统理论，对特色文化小镇创新生态系统理论进行思考，分析了特色文化小镇创新生态系统理论的逻辑、框架、观点和意义。四是提出了特色文化小镇创新生态系统的核心要素，以及特色文化小镇创新生态系统构建执行路径。五是采用扎根理论的质性研究方法，对大量访谈数据逐级编码。进一步分析特色文化小镇创新生态系统要素之间的关联，剖析特色文化小镇创新生态系统培育的动力激发机制、支撑保障机制、运行管理机制、价值共创机制。六是结合特色文化小镇创新生态系统调研数据，选取了东部地区、中部地区、西部地区不同区域的"三产融合""文化旅游""创意赋能"三类小镇进行特色文化小镇创新生态系统构建及培育的案例分析，理论和实践相互印证。七是进一步从培育重点创新主体、促进创新方式更新、支持要素集聚创新、优化创新环境场景生态、加速创新扩散和迭代等方面，提出了特色文化小镇创新生态系统构建及培育的优化建议。

与此同时，鉴于特色文化小镇发展数据统计体系的不完善、新冠疫情对特色文化小镇发展的阻滞和对调研的限制等因素的影响，本书在理论研究的客观性、数据分析的准确性等方面还有进一步的提升空间。特色文化小镇创新生态系统的构建和培育是一个不断发展的、复杂的系统工程。随着创新生态系统理论的不断深入和特色文化小镇创新发展实践的变化，特色文化小镇创新生态系统构建及培育研究也需要不断完善更新。今后，我们将以本研究为基石和引领，对特色文化小镇创新生态系统理论与特色文化小镇创新发展实践的互动融合进行持续关注和研究，不断修正理论并指导实践。

第一章

特色文化小镇的界定与现状

特色文化小镇不是一蹴而就，也不是凭空设想。它是在我国长期的改革实践和新型城镇化进程中酝酿形成，有其特有的发展背景和概念内涵，它的提出具有坚实的发展基础和长期的历史积淀，在全面建设社会主义现代化国家新征程中承担着重要使命。

第一节 特色文化小镇的界定

在特色小镇的内涵基础上，结合特色文化的内涵蕴意，界定什么是特色文化小镇，特色文化小镇的分类和实践意义，是研究特色文化小镇创新生态系统构建及培育机制的基础。

一 特色小镇的内涵

特色文化小镇属于特色小镇的一种类型，明确特色小镇的概念是培育和建设特色文化小镇的前提条件。特色小镇具有明确的内涵、特定的发展背景和重要意义。

特色小镇概念源于浙江省的创新实践。2015年，浙江省关于特色小镇的成功做法受到中央的肯定，之后，特色小镇在全国范围内开始了积极实践。

（一）特色小镇的定义

2016年7月，住房和城乡建设部、国家发展改革委、财政部三部委共同下发了《关于开展特色小镇培育工作的通知》（建村〔2016〕147号），通知中明确了特色小镇培育的指导思想和基本原则，提出了以数量为主要指标的发展目标，从产业形态、美丽环境、文化传承、设施服务、体制机制等方面规定了其基本要求，并提出了组织保障条件。该《通知》并没有明确特色小镇的基本概念，只是将特色小镇定义为建制镇（县城关镇除外），并优先选择和培育全国重点镇。2016年10月，《国家发展改革委关于加快美丽特色小（城）镇建设的指导意见》提出："特色小镇主要指聚焦特色产业和新兴产业，集聚发展要素，不同于行政建制镇和产业园区的创新创业平台。特色小城镇是指以传统行政区划为单元，特色产业鲜明、具有一定人口和经济规模的建制镇。"可见，在特色小镇培育的初始阶段，从国家层面对特色小镇的界定存在分歧。住房和城乡建设部主张特色小镇是行政建制镇，国家发改委主张特色小镇是非行政建制镇。2016—2017年间，住房和城乡建设部连续两年公布了第一批和第二批中国特色小镇，其主要是建制镇。

《关于开展特色小镇培育工作的通知》（建村〔2016〕147号）明确了特色小镇培育工作的目标就是到2020年培育1000个左右各具特色、富有活力的休闲旅游、商贸物流、现代制造、教育科技、传统文化、美丽宜居的特色小镇。2016年10月14日，住建部公布了第一批127个中国特色小镇名单。2017年8月22日，住建部公布了第二批中国特色小镇名单，其中有276个特色小镇上榜。

在第一批中国特色小镇名单中，浙江省的特色小镇最多，有8个；其次是山东省、江苏省、四川省各有7个，广东省6个，安徽省、福建省、湖北省、湖南省、贵州省、陕西省各有5个，河北省、辽宁省、江西省、河南省、广西壮族自治区、重庆市各有4个，北京市、上海市、山西省、内蒙古自治区、吉林省、黑龙江省、云南省、甘肃省、新疆维吾尔自治区各有3个，天津市、海南省、西藏自治区、青海省、宁夏回族自治区各有2个，新疆生产建设兵团1个；共计127个。占比情况，如图1-1所示。在第二批中国特色小镇名单中，江苏省、浙江省、山东省最多，分别为15个；其次是广东省14个，四川省13个，河南省、湖北省、湖南省各有11个，广西壮族自治区、贵州省、云南省、安徽省各有10个，山西省、陕西省、内蒙古自治区、辽宁省、福建省、重庆市各有9个，黑龙江省、江西省、河北省各有8个，新疆维吾尔自治区7个，吉林省、上海市各有6个，海南省、西藏自治区、宁夏回族自治区、甘肃省各有5个，北京市、青海省各有 4 个，天津市、新疆生产建设兵团各有 3 个；共计 276 个。占比情况，如图 1-2 所示。

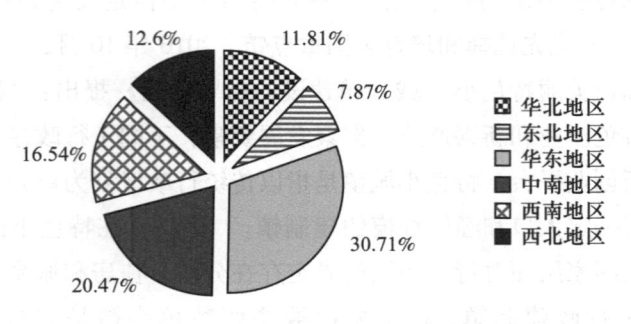

图 1-1　第一批中国特色小镇分布

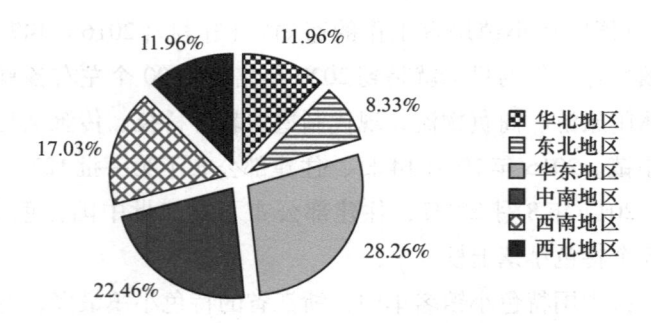

图 1-2　第二批中国特色小镇分布

到 2017 年末，特色小镇的牵头组织部门由住房和城乡建设部转为国家发展改革委，特色小镇的概念才得以统一。2017 年 12 月，由国家发展改革委、国土资源部（2018 年改为自然资源部）、环境保护部（2018 年改为生态环境部）、住房城乡建设部联合出台了《关于规范推进特色小镇和特色小城镇建设的若干意见》（发改规划〔2017〕2084 号）。该《意见》提出："不能把特色小镇当成筐，什么都往里装，不能盲目把产业园区、旅游景区、体育基地、美丽乡村、田园综合体以及行政建制镇戴上特色小镇'帽子'，其规划用地面积大概控制在 3 平方公里，其中建设用地面积控制在 1 平方公里左右，旅游、体育和农业类小镇可适当放宽。"同时，《意见》明确提出特色小镇是在几平方公里土地上集聚特色产业、生产生活生态空间相融合，不同于行政建制镇和产业园区的创新创业平台。特色小城镇是拥有几十平方公里以上土地和一定人口经济规模、特色产业鲜明的行政建制镇。至此，特色小镇的基本概念形成。

2020年，《国务院办公厅转发国家发展改革委关于促进特色小镇规范健康发展意见的通知》（国办发〔2020〕33号），再次明确特色小镇是一种微型产业集聚区，具有细分高端的鲜明产业特色、产城人文融合的多元功能特征、集约高效的空间利用特点，在推动经济转型升级和新型城镇化建设中具有重要作用。单个特色小镇规划面积原则上控制在1—5平方公里，准确理解和把握特色小镇的内涵是促进特色小镇规范健康发展的大前提。在这个《通知》中，提出特色小镇要实行清单管理。各省级人民政府要根据本意见，按照严定标准、严控数量、统一管理、动态调整的原则，明确本省份特色小镇清单，择优予以倾斜支持。对此前已命名的特色小镇，经审核符合条件的可纳入清单，不符合条件的要及时清理或更名。国务院有关部门和行业协会不命名、不评比特色小镇。

2021年，国家发展改革委等部门印发的《全国特色小镇规范健康发展导则》明确指出，特色小镇是现代经济发展到一定阶段产生的新型产业布局形态，是规划用地面积一般为几平方公里的微型产业集聚区，既非行政建制镇，也非传统产业园区。特色小镇重在培育发展主导产业，吸引人才、技术、资金等先进要素集聚，具有细分高端的鲜明产业特色、产城人文融合的多元功能特征、集约高效的空间利用特点，是产业特而强、功能聚而合、形态小而美、机制新而活的新型发展空间。从国家发展改革委相关负责同志公开答记者问的报道中获悉，目前全国特色小镇数量约为1600个，但是，尚未公开各个省份的具体特色小镇数量情况。项目组根据国家发展改革委官网、各省份和直辖市发改委官网，以及从部分地区发改委负责同志的调研中获得了本研究所需的相关数据。

（二）特色小镇的分类

全国范围内涌现出了众多不同内容、不同形式的特色小镇。在特色小镇发展实践基础上，发改委将特色小镇分为九种类型并提出了规范性要求。

一是先进制造类。着眼推动产业基础高级化和产业链现代化，促进装备制造、轻工纺织等传统产业高端化智能化绿色化发展，培育生物、新材料、新能源、航空航天等新兴产业，加强先进适用技术应用和设备更新，推动产品增品种、提品质、创品牌，发展工业旅游和科技旅游。着眼降低投产成本、提高产品质量，健全智能标准生产、检验检测认证、职业技能培训等产业配套设施。

二是科技创新类。着眼促进关键共性技术研发转化，整合各类技术创新资源及教育资源，引入科研院所、高等院校分支机构和职业学校，发展"前校后厂"等产学研融合创新联合体，打造行业科研成果熟化工程化工艺化基地、产教融合基地和创业孵化器。建设技术研发转化和产品创制试制空间，提供专业通用仪器设备和模拟应用场景。

三是创意设计类。着眼发挥创意设计对相关产业发展的先导作用，开发传统文化与现代时尚相融合的轻工纺织产品创意设计服务，提供装备制造产品外观、结构、功能等设计服务，创新建筑、园林、装饰等设计服务供给，打造助力于新产品开发的创意设计服务基地。注重引进工艺美术大师、时尚设计师等创意设计人才，布局建设工业设计中心。

四是数字经济类。着眼推动数字产业化，引导互联网、关键软件等数字产业提质增效，促进人工智能、大数据、云计算、物联网等数字产业发展壮大，为智能制造、数字商务、智慧市政、智能交通、智慧能源、智慧社区、智慧楼宇等应用场景提供技术支撑和测试空间。建设集约化数据中心、智能计算中心等新型基础设施。

五是金融服务类。着眼拓宽融资渠道、活跃地方经济，发展天使投资、创业投资、私募基金、信托服务、财富管理等金融服务，扩大直接融资，特别是股权融资规模，引导中小银行和地方银行分支机构入驻或延伸服务，引进高端金融人才，打造金融资本与实体经济集中对接地。建设项目路演展示平台和人才公寓等公共服务设施。

六是商贸流通类。着眼畅通生产消费链接、降低物流成本，发展批发零售、物流配送、仓储集散等服务，引导商贸流通企业入驻并组织化品牌化发展，引导电商平台完善硬件设施及软件系统，结合实际建设边境口岸贸易、海外营销及物流服务网络，提高商品集散能力和物流吞吐量。加强公共配送中心建设和批发市场、农贸市场改造升级。

七是文化旅游类。着眼以文塑旅、以旅彰文，创新发展新闻出版、动漫、演艺、会展、研学等业态，培育红色旅游、文化遗产旅游、自然遗产旅游、海滨旅游、房车露营等服务，打造富有文化底蕴的旅游景区、街区、度假区。合理植入公共图书馆、文化馆、博物馆，完善游客服务中心、旅游道路、旅游厕所等配套设施。

八是体育运动类。着眼提高人民身体素质和健康水平，发展球类、冰雪、水上、山地户外、汽车摩托车、马拉松、自行车、武术等项目，培育体育竞赛表演、健身休闲、场馆服务、教育培训等业态，举办赛事、承接驻训，打造体育消费集聚区和运动员培养训练竞赛基地。科学配置全民健身中心、公共体育场、体育公园、健身步道、社会足球场地和户外运动公共服务设施。

九是三产融合类。着眼丰富乡村经济业态、促进产加销贯通和农文旅融合，集中发展农产品加工业和农业生产性服务业，壮大休闲农业、乡村旅游、民宿经济、农耕体验等业态，加强智慧农业建设和农业科技孵化推广。建设农产品电商服务站点和仓储保鲜、冷链物流设施，搭建农村产权交易公共平台。

二 特色文化的意蕴

有学者从区域特色文化品牌、特色文化产业、乡村特色文化、特色文化资源等角度研究特色文化，但对特色文化的界定和内容尚缺乏整体性的研究。本项目研究认为，特色文化是基于区域的特定地理区位、历史文脉、资源禀赋，在人们长期的生产和生活中，形成的文化遗存、文化民俗、文化技艺、文化创意等。特色文化是特色文化小镇界定的基础，基于特色文化小镇的研究需求，我们对特色文化的意蕴进行阐释研究，重点从特色文化包括的内容和特色文化具有的特性两个方面进行分析。

（一）特色文化的内容

特色文化的概念具有较为模糊的分类边界和较强的内容交叉性，难以用单一的标准和尺度进行分类。因此，我们从不同的视角对特色文化内容进行总结和概括，力争实现较强的全面性和可区分性。

1. 从文化遗产资源的视角看

文化遗产资源主要包括物质文化遗产、非物质文化遗产、自然文化遗产。文化遗产资源是形成特色文化品牌、开展文化旅游、发展特色文化产业的重要内容依托。

一是物质文化遗产。物质文化遗产，又称"有形文化遗产"，即传统意义上的"文化遗产"。《保护世界文化和自然遗产公约》认为，物质文化遗产包括历史文物、历史建筑、人类文化遗址。在我国，物质文化遗产是指具有历史、艺术和科学价值的文物，包括古遗址、古墓葬、古建筑、石窟寺、石刻、壁画、近代现代重要史迹及代表性建筑等不可移动文物，历史上各时代的重要实物、艺术品、文献、手稿、图书资料等可移动文物，以及在建筑式样、分布均匀或与环境景色结合方面具有突出普遍价值的历史文化名城（街区、村镇）。《国务院关于加强文物保护的通知》（国发〔2005〕42号）中指出，物质文化遗产大致包括文物、历史建筑、人类文化遗址。[1]

二是非物质文化遗产。非物质文化遗产代表和传承着中华优秀文化的鲜活的、活态的文化遗产资源，是中华文化宝库和人类智慧的结晶。非物质文化遗产，又称人类口头及非物质遗产或无形文化遗产，指的是各族人民世代相承的、与群众生活密切相关的各种传统文化表现形式（如民俗活动、表演艺术、传统知识和技能，以及与之相关的器具、实物、手工制品等）和文化空间。[2] 我国政府将非物质文化资源大致分为以下几个大类。第一，传统口头文学以及作为其载体的语言；第二，传统美术、书法、音乐、舞蹈、戏剧、曲艺和杂技；第三，传统技艺、医药和历法；第四，传统礼仪、节庆等民俗；第五，传统体育和游艺；第六，其他非物质文化遗产。[3]

三是自然文化遗产。中国大地广袤，有着极为丰富的自然文化景观和资源，除去一些已被列为世界、国家、省级物质文化遗产等称号的自然文化资源外，依然分布着众多富有特色，极具文化韵味的自然文化资源，包括多种多样的地形地貌，独具特色的自然风光等。自然文化资源具有较高的科学价值、历史文化价值、美学价值、旅游休闲价值、经济价值等。[4]

2. 从文化创意设计的视角看

文化创意设计是特色文化的重要组成，是特色文化现代性的有力

---

[1] 艾思同、李荣菊主编：《政府文化管理教程》，国家行政学院出版社2013年版，第82页。
[2] 国办发〔2005〕18号：《国务院办公厅关于加强我国非物质文化遗产保护工作的意见》。
[3] 艾思同、李荣菊主编：《政府文化管理教程》，国家行政学院出版社2013年版，第87页。
[4] 陈耀华、刘强：《中国自然文化遗产的价值体系及保护利用》，《地理研究》2012年第6期。

表达。

一是文化创意。文化创意是以文化为元素，融合多元文化、整理相关学科、利用不同载体而构建的再造与创新的文化现象。英国是文化创意理念的发源地，形成了良好的发展实践，其在文化创意理念的带动下，着力发展了文化创意产业，带动了国家的文化品牌塑造，扩大了文化影响力。通过文化创意的融入，催生了文化创意作品、文化创意产品、文化创意企业、文化创意产业，这些都是极具特色的文化内容和文化资源。比如，一些创意博物馆、创意图书馆成为区域特色文化地标，文化创意产业成为区域经济发展的重要支撑。由文化创意衍生的文化 IP 成为区域特色建筑、特色演艺、特色产业的重要价值内核。同时，通过文化创意与相关行业的融合，能够有力提升产品附加值，增强特色文化的可感受性、可体验性。文化创意与农业的融合，发展创意农业，提高农产品的附加值，提升乡村旅游的文化品质。文化创意与工业的融合，增强产品的文化价值，发展工业旅游，提升工业发展的能级。

二是艺术设计。艺术设计包括环境设计、平面设计、工业设计等不同的方向。一方面，艺术设计是一种重要的特色文化内容；另一方面，艺术设计与相关行业的融合可以丰富特色文化的表达形式，赋予传统文化内容现代艺术的设计感，提升特色文化的表现力。艺术设计可以与现代轻工纺织产品、建筑装潢、手工制造、机器生产等行业融合，提高产品和服务的创新价值。工艺美术大师以及专业的艺术设计人才的培养和使用，能够提高产品的艺术设计品质，增强产品的市场竞争力。

3. 从历史文化的视角看

历史文化事件、历史文化故事、历史文化纪念地等代表了特定历史和不同的文化，是特色文化的重要内容。

一是农业文化遗产和农耕文化。中国社会形成的悠久灿烂的农耕文化，是源远流长的中华文化的根脉。习近平总书记指出，农耕文化是中华文明的宝贵财富，是中华文化的重要组成部分。中国自古以来就是以农业的发展为立国之本，农耕文化不仅孕育了传统的生产方式和生活方式，更潜移默化地影响着人们的行为举止和思想观念。河北涉县旱作梯田系统、江苏兴化垛田传统农业系统、湖北羊楼洞砖茶文化系统等农业文化遗产以及各类农耕文化体验区是农耕文化的体现，代表着鲜明的农业特色文化。

二是红色文化。红色文化是在革命战争年代，由中国共产党人和先进分子创造的，具有浓厚的文化基因，蕴含着丰富的革命精神的特色文化。各类红色文化纪念馆、红色文化体验地成为红色文化的重要载体。

三是专业化和特色化的文化资源。专业化和特色化的文化资源具有鲜明的特色文化属性，承载着区域特色文化。比如，中医药博物馆、玻璃博物馆、足球博物馆、时间博物馆等各类专业博物馆，创意图书馆，以及摄影艺术馆、电影艺术馆等特色艺术馆丰富了区域的特色文化内涵。

4. 从文化艺术形式的视角看

文化艺术有多种形式，丰富多彩的文化艺术是特色文化的重要内容。

一是造型艺术，主要包括绘画、雕塑、工艺美术、建筑、剪纸、书法、摄影等。我国不同的区域范围内存在着具有鲜明特色的文化艺术形式，这些都是特色文化的丰富内容。比如，油画、沙画、石版画、漆画、布糊画、粮食画、年画、农民画等特色鲜明的绘画内容和形式成为极具特色的文化内容。

二是表演艺术，主要包括舞蹈、音乐、曲艺、杂技、魔术、电影、电视、戏剧、戏曲等。一方面，不同表演艺术是生动的艺术形式，具有较强的文化感染力。比如，曲艺包括评话、相声、评书等，音乐可分为古典音乐、宗教音乐、流行音乐、重金属音乐、摇滚音乐、电子音乐、爵士音乐、蓝调、民族音乐、乡村音乐等，戏剧戏曲包括越剧、黄梅戏、京剧等。这些表演艺术是重要的特色文化内容。另一方面，不同表演艺术是延长艺术培训、艺术展示、艺术创造链条的重要特色文化资源，艺术展示和培训、影视剧拍摄、戏曲文化体验、音乐产业创作等都可以是地方特色文化内容。

三是文学艺术，主要包括诗歌、散文、小说等。中国具有极其丰富的文学艺术资源，具有巨大的文学资源宝库。依托文学作品的内容、场景，以及作者的生活经历，开发丰富多彩的特色文化内容拥有广阔的天地。

5. 从特色手工技艺的视角看

特色手工技艺凝结着悠久的文化技艺，是在历史的积淀中，代代相传、不断传承创新的特色文化内容。这个角度的分类与不同艺术形式的角度的分类内容和不同文化遗产资源的角度的分类内容有所交叉，但是这里更加强调的是特色的手工技艺。特色手工技艺具有较强的技艺传承性、区域差异性和艺术表现性，是特色文化的重要内容。特色手工技艺有瓷器、刺绣、玉雕、石雕、木雕、织染、编织、剪纸等。比如，作为瓷器之国，中国的瓷器制作具有精湛的技艺，从原料的选取到器型的打造，再到釉彩的施加，每一个环节都渗透着匠人的智慧，传承体现出中国悠久的瓷器文化。再如，流传于民间的剪纸技艺，通过人们灵巧的双手，用剪刀剪出独具特色的文化内容，表达出对节日的庆祝，对美好生活的憧憬，是民间特色文化的生动体现。又如，石雕、木雕、玉雕等雕刻技艺展现出丰富的特色文化，艺术家们用智慧和双手赋予器物生动的灵魂，创造出极高的艺术价值和文化价值。

（二）特色文化的特性

特色文化的形成是一个历史演化的过程，是非静态的动态状态，是非固化的活态保护状态，是非封闭的开放创新状态，具有鲜明的区域典型性、历史传承性、开拓创新性和艺术表达性。

1. 区域典型性

不同的区域由于其历史文脉有所差异，积淀形成的文化资源禀赋不同，文化特征不同，形成的特色文化也具有鲜明的区域性。一是，不同区域形成了不同的区域文化。湖湘文化、燕赵文化、巴蜀文化、闽南文化、齐鲁文化、江淮文化、徽文化、三秦文化、三晋文化、楚文化、吴越文化等区域特色文化具有丰富的文化内涵和较高的区域差异性，提高了区域特色文化的辨识度。二是，不同区域形成了不同的特色文化品牌。不同区域由于所处的地理区位不同，生活习俗和生活方式不同，长期积累形成了不同的生活方式和生产方式，由此形成了不同的特色技艺以及特色文化品牌。景德镇陶瓷、德化瓷器成为瓷器文化的典型代表，苏绣、湘绣、蜀绣、粤绣为刺绣文化印上了深深的区域特色印记，自贡彩灯、藁城宫灯成为宫灯文化的典型代表，曲阳石雕、东阳木雕、镇平玉雕代表了雕刻技艺的特色文化价值，武强年画、杨柳青年画展示了年画的特色文化，等等。三是，不同区域拥有不同的特色文化资源禀赋。不同区域的特色文化资源禀赋不同，特色文化挖掘利用的方式路径不同。例如，东部沿海地区的特色文化创新资源优势明显，民族地区的特色文化旅游资源丰富。

2. 历史传承性

特色文化扎根于漫长的历史长河中，与当地的人文环境深度融合，在历史文化发展中不断传承，具有鲜明的历史传承性。其特点包括：一是，特色文化需要形成价值认同。特色文化的培育和传承首先要形成当地居民对其的情感认同与价值认同。特色文化根植于当地生产和生活，在推动当地经济社会发展和凝聚精神力量中发挥着重要作用。通过持续的宣传和引导，让当地居民对特色技艺、特色文化资源、特色文化产业、风俗民情充满情感；获得价值认同是保证特色文化代际传承的必然要求。二是，特色文化需要保护其原生性。特色文化之所以形成鲜明独特的品格，是因为其与当地的经济社会发展深度融合，体现出独具特色的本地生产方式、生活方式和文化习俗。因此，特色文化是需要在保护其原生性的前提下得以传承。原生性的保护需要在建筑外观、生产条件、生活条件、理念引导等方面健全保护传承机制，避免破坏式建设，避免脱离原生环境的生硬植入。三是，特色文化注重活态性传承。历史传承不是将特色文化资源和特色文化技艺封存保护，而是要在鲜活的实践中保护传承。特色文化如果脱离了人们的生产实际和生活实际就失去了生命力，就不能保持持续的发展活力，就不能实现良好的传承。特色文化需要建立活态的生态保护传承系统，才能得以持久传承。

3. 开拓创新性

特色文化既要保护传承，又需要开拓创新。随着现代科技的进步和社会发展方式的转变，特色文化要在开拓创新中得到更好地保护利用。没有创新就没有传承。开拓创新的方式有以下几点。一是，创新生产融入方式。特色文化具有很高的文化价值，能够凝聚思想，汇聚精神力量。同时，文化是重要的生产力，能够带来良好的经济价值。在充分尊重文化的发展规律的前提下，在对特色文化进行充分的理解和传承下，特色文化需要转化成生产要素。只有参与到现代社会的文化生产过程中，才能创造出其应有的经济价值和文化价值。比如，开发特色文化产品、提供特色文化服务、与其他产业创新融合等。二是，创新生活融入方式。特色文化源于生活，也应该在生活中不断创新发展。充分利用特色文化资源，开发建设以特色文化要素为核心的文化生活场景，在社区文化建设、建筑环境建设、文化技能培训、居民文化活动等方面与特色文化深度融合，提升居民生活的特色文化气质。通过创意融入，特色文化对生态环境改善起到积极作用，从而提升居民的生活品质。三是，创新消费融入方式。特色文化还是一种重要的消费方式。随着物质文明的不断进步，特色文化消费成为人们实现美好生活愿望的新需求。注重特色文化 IP 的开发和培育，创新文化业态，促进文化消费的跨界融合，满足消费者对特色文化的需求偏好，是特色文化保持活力的重要路径。

4. 艺术表达性

特色文化是相对抽象的，重在文化感知，在特色文化的传承和创新过程中，要特别注重特色文化的艺术表达性。有了充分的艺术表达，特色文化才能更好地被人们感知和认同，特色文化的价值才能充分彰显。特色文化的艺术表达包括以下几点。一是，倡导艺术美学。用艺术美学唤醒沉睡的特色文化之美，将特色文化内容用艺术设计的力量，充分表达在建筑外观、道路街道、小品街景、装潢内饰、产品设计等环节，这有利于突出特色文化主题，提升特色文化的艺术呈现效果。二是，注重参与体验。特色文化通过眼、耳、口、手的综合感官冲击，被更好地感受，得到充分的情感认同和情感共鸣，内化于心，达到浸润心灵的作用。通过特色文化景观、特色文化演艺活动、特色美食、DIY 制造等途径提升特色文化的参与体验性，助力特色文化的良好表达。三是，强化数字化应用。特色文化的表达与时代科技的发展息息相关，有什么样的科技发展背景，就有什么样的艺术表达方式。随着现代互联网技术的应用和数字科技的进步，特色文化的表达需要强化数字化的应用。注重文化和科技的融合，构建丰富的数字化参与、体验、服务、管理、应用场景，才能更加符合现代消费需求。

三　特色文化小镇的内涵

根据特色小镇的内涵和总体发展要求，充分结合特色文化的内容和特性，我们对特色文化小镇的定义、要求和分类进行界定。

（一）特色文化小镇的定义

目前政府文件和学术界并没有形成明确的特色文化小镇概念。刘士林认为，特色文化小镇是一种将文化产业作为主要生产方式，将文化资源作为主要生产对象，并且将文化消费和文化服务作为城镇发展的核心功能的新型特色小镇。本项目研究认为，特色文化小镇是指依赖某一特色文化产业，或者特色地域文化，或者创意与创新集聚，打造的具有明确的特色文化产业定位、显著的文化内涵、明显的旅游特征和鲜明的社区功能的综合开发载体。

特色文化小镇的定义是建立在国家对特色小镇的定义基础上，需要符合国家对特色小镇概念的界定范畴和基本要求。特色小镇是现代经济发展到一定阶段产生的新型产业布局形态，是规划用地面积一般为几平方公里的微型产业集聚区；既非行政建制镇，又非传统产业园区。因此，特色文化小镇首先要有发展经济的重要作用，结合特色文化的意蕴和特性，特色文化小镇要有特色文化产业和文化旅游产业做支撑，要能够实现产业的创新发展，能够充分彰显特色文化，实现特色文化良好的文化价值和经济价值。同时，做到生产、生活、生态的有机融合，实现产业有特色、文化有传承、生态有呵护。特色文化小镇要有城市公共服务的延伸，要有人居环境的提升，要有文化特色的凸显，实现"产、城、人、文"的"四位一体"建设。特色文化小镇建设的主体和受益的对象是人，特别是当地的居民。当地居民是特色文化小镇建设的重要主体，也是发展成果的主要享有者，没有当地居民的参与就不能称为真正的特色文化小镇，就不能实现特色文化小镇建设的目的。特色文化小镇的居民包括原著居民和外来居民两大类。原著居民就是特色文化小镇所在区域的原住民，是出生、生长、生活在这里的居民，他们与特色文化小镇的建设共生共融。比如，在乡村中建设特色文化小镇的原著居民就是当地的村民，在城郊中建设特色文化小镇的原著居民就是城市郊区的居民。再举个例子，建设在集美大学城之内集美动漫小镇的原著居民主要是大学城内的大学生。外来居民是随着特色文化小镇的建设，根据生产需要和生活需要，搬迁到特色文化小镇之中的居民。比如，根据特色文化小镇建设规划设计，后来搬迁到特色文化小镇的居民，如引进的工艺美术大师、专业人才、大学生等新进居民，认同特色文化小镇的文化理念和价值来到小镇居住的居民等。所有的特色文化小镇居民都可以参与到特色文化小镇生产之中，共同打造良好的生态环境，提升生活品质，共同参与到特色文化小镇的创新管理机制中。特色文化小镇讲求的是产业特而强、功能聚而合、形态小而美、机制新而活，因此，产业、居民、环境、运营实现共创共赢。

综上，特色文化小镇是特色小镇的一种主要形态，也是一种主要类型。特色文化小镇与特色小镇相比较，更加突出的是特色文化的内容支撑，更加注重特色文化产业的集聚和发展，更加注重文化教育、文化传承、文化体验的功能,更加注重文化内容、文化业态的创新和文化价值的实现,更加注重生产方式的更新、生活品质的提升和生态环境的优化,更加注重文化要素的配置、使用和创新。

(二)特色文化小镇的要求

从产业发展角度来看,产业要特色鲜明,做到"特"而"强"。可以是小产业,但一定要做到大市场,产品的市场占有率要高。对消费者的需求需要细分领域、差异定位、错位发展,产业链条要充分延伸,特色文化小镇的支柱产业往往是装备制造业、特色手工艺、传统技艺、现代创意产业、文化旅游等特色文化产业。从小镇功能上看,聚集的不只是土地、资本、人才等生产要素,还应该更加突出文化的功能,现代居住社区的功能;从小镇运行机制上看,需要一套既不同于城市,又区别于农村的创新机制,包括政府、企业、社会协同发展的多元参与、申报、创建、评审、支持等一系列的管理机制;从发展定位上看,要着眼于创业和创新,特色文化小镇需要更加专业的高端的要素聚集,形成创新高地;从理念上看,要注重融合的发展理念,特色文化小镇要强调注重"产、城、人、文"的有机融合,特别是特色文化的凸显,要做到生产发达、生活美好、生态优美的相互融合,做到经济发展与文化素养提升、社会文明进步、人居环境舒适的深度融合。

(三)特色文化小镇的分类

不同的特色文化小镇包括差异化的内容,其定位不尽相同。为了更好地理解特色文化小镇的内涵,可以从不同的角度对特色文化小镇进行大致分类。不同类型的特色文化小镇不是彼此割裂的,而是相互联系、相互交叉、相互融合,难以剥离的,只是视角和侧重点不同。

从文化主题选择来看,特色文化小镇可以分为文化资源活化型、自然风景观赏型、特色文化产业带动型、特色风情体验型、文化创意集中型等。根据区域的资源禀赋和文化地域以及产业基础,能够选择和确定不同的文化主题。文化资源活化型是指以观赏文化遗存、体验文化技艺、传承传统文化为主要内容的特色文化小镇。例如,青瓷小镇、博物馆小镇等。特色文化产业带动型是指以区域特色文化产业的发展壮大为支撑,以特色文化产业为主题;不断延长产业链条,扩大参与体验环节,优化小镇环境,带动旅游等相关产业发展的特色文化小镇。例如,周窝的音乐小镇就是以乐器产业的发展为支撑，发展相关的音乐教育、音乐培训、音乐体验、特色旅游等项目，促进小镇的发展。自然风景观赏型是指以特殊的地理环境和富有特色的自然风光为优势，重点发展的休闲旅游型特色文化小镇。特色风情体验型是指以富有特色的体验内容为主题，开发建设的特色文化小镇。例如，嘉善的巧克力甜蜜小镇、湖州的婚庆蜜月度假小镇、保定的四季圣诞小镇等。文化创意集中型小镇属于在文化资源贫乏，自然条件缺乏特色且不够优越的情况下，主要依靠创意设计来建设的特色文化小镇。例如，深圳龙华大浪时尚创意小镇等。

从参与主体来看，特色文化小镇可以分为政府主导型、市场主导型、政府和市场交叉主导型。特色文化小镇的培育和建设离不开政府和市场的参与。政府主要是提供政策支持，进行基础设施建设，提供公共服务产品和对公共行为的监督管理。不能满足市场需求的特色文化小镇是难以长远发展的，市场是特色文化小镇持续发展的推动者、内生动力和衡量标准。每个特色文化小镇的培育和建设都是政府和市场共同作用的结果，只是不同的小镇或同一个小镇在不同的发展阶段，政府和市场发挥作用的角度与程度不同。

从地理分布来看，特色文化小镇可以分为城市依托型、乡村生长型、城乡联结型等。特色文化小镇不具有严格的行政区划概念，可以是任何一个符合小镇发展要求的特定区域。特色文化小镇可以布局在城市内部或城市郊区，比如大唐西市文旅小镇位于西安市区，观澜文化艺术小镇位于深圳观澜街道。这类特色文化小镇要注意与特色街区的区别。一是，特色文化小镇更加强调的是特色文化产业的发展。特色文化主题定位更加鲜明，特色文化产业要素更加集聚。二是，特色文化小镇在占地面积、带动当地居民就业、亩均投资、亩均税收、特色产业总产值、绿化面积等方面作了明确的要求。特色文化街区的界定和要求相对模糊广泛。三是，特色文化小镇更加强调生产、生活和生态的融合。特色街区更加注重特色商业的发展。特色文化小镇可以在小城镇中，比如君乐宝乳业小镇位于石家庄市铜冶镇内。特色文化小镇可以是一个乡村，或者几个连片乡村，比如馆陶粮画小镇是由寿东村、寿南村等几个村庄共同组成。特色文化小镇可以在文化产业园区内，比如景德镇国际陶瓷小镇位于景德镇陶瓷工业园区内。因此特色文化小镇可以是布局在城市内部或周边形成的城市依托型,可以是坐落在乡村土地上的乡村生长型,也可以是城乡接合处的城乡联结型等。从地理位置上看,市郊镇、市中镇、园中镇、镇中镇、村中镇等都是特色文化小镇的不同类型。本书重点研究讨论的是市郊镇、镇中镇和村中镇。

本书采用的特色文化小镇的界定和分类是在国家对特色小镇的分类基础上,充分结合特色文化的内容和特性,以及国家统计局关于文化及相关产业分类(2018)标准而进行的,并以此为依据确定特色文化小镇的研究范畴和案例选择标准。国家将特色小镇分为先进制造类、科技创新类、创意设计类、数字经济类、金融服务类、商贸流通类、文化旅游类、体育运动类、三产融合类,并对每一类特色小镇进行了详细说明。前述我们从文化遗产资源的视角、文化创意设计的视角、历史文化的视角、文化艺术形式的视角、特色手工技艺的视角对特色文化的内容进行了总结概括,并分析了特色文化的区域典型性、历史传承性、开拓创新性、艺术表达性等特性。我们对特色文化小镇的分类主要是基于上述特色文化内容。同时,国家统计局在文化及相关产业分类(2018)标准中明确指出,创意设计服务属于文化产业发展门类,并规定了以农林牧渔业、制造业等生产和服务领域为对象的休闲观光旅游活动属于休闲观光游览服务,是文化产业的重要门类。因此,我们将特色小镇分类中的创意设计类、文化旅游类、三产融合类作为特色文化小镇的研究范畴和主要类别。

创意设计类特色文化小镇,着眼发挥文化创意和创意设计对特色文化产业的先导作用,开发传统文化与现代时尚相融合的轻工纺织产品创意设计服务,提供对装备制造业、建筑、园林、装饰等行业的创意设计服务。注重文化创意和艺术设计的重要作用,延长创意设计和艺术设计、艺术培训的产业链条。注重工艺美术大师和专门的艺术人才对特色手工技艺,以及产业优化升级的积极作用;注重创意创新对产业、产品、服务的提升;注重创意和艺术设计的力量。例如,浙江诸暨袜艺小镇、福建德化三班瓷都茶具特色小镇、四川青神竹编特色小镇等。

文化旅游类特色文化小镇,着眼以文塑旅、以旅彰文,创新发展新闻出版、动漫、演艺、会展、研学等业态,培育红色旅游、文化遗产旅游、自然遗产旅游、海滨旅游、房车露营等服务,注重旅游资源的开发利用,注重文化旅游的内容资源开发、体验方式创新、文化旅游融合新业态的培育和建设。合理植入公共图书馆、文化馆、博物馆,完善游客服务中心、旅游道路、旅游厕所等配套设施,提升文化旅游产业对当地居民的产业带动作用和文化品牌塑造作用。例如,陕西照金红色旅游小镇、湖南文家市文旅小镇等。

三产融合类特色文化小镇,着眼丰富乡村经济业态、促进产加销贯通和农文旅融合,集中发展农产品加工业和农业生产性服务业,壮大休闲农业、乡村旅游、民宿经济、农耕体验等业态。注重农业、工业、服务业的业态融合,注重文化遗产资源、农耕文化资源与现代服务业的融合,注重工业生产与工业旅游的融合。在三产融合发展过程中,提升产品附加值,延长产业链条,塑造产业融合发展新生态,提升特色文化小镇的综合效益。例如,陕西茯茶小镇、浙江嘉善巧克力甜蜜小镇、河北石家庄君乐宝乳业小镇等。

四 特色文化小镇的易混淆概念

特色文化小镇与美丽乡村、文化产业园区、旅游景区密切相关,但又具有本质区别。

(一)"一村一品"的美丽乡村

20世纪70年代,日本处于快速工业化和城市化阶段,大量的农村人口流向城市,为解决农村的经济发展问题,大分县提出了"一村一品"。"一村一品"是指一个村庄,或者连片的几个村庄,后来拓展到乡镇,充分挖掘本地的资源特色、文化特色和产业特色,集中发展某个优势产业,塑造地域品牌,提升产业的市场占有率和竞争力。通过学习培训和政府引导,日本形成了对本地产业深加工提升产品附加值、创意农业向休闲旅游拓展、大力发展乡村旅游、以节庆带动区域发展、采用租种土地等方式吸引城市居民到乡村耕种等模式,有力推动了"一村一品"的建设。"一村一品"对农村的经济发展起到了良好的推动作用,给世界多个国家提供了经验借鉴。菲律宾、印度尼西亚、泰国、柬埔寨、老挝等国家先后学习效仿,开展了"一村一品"运动,马来西亚将"一村一品"与旅游业相结合开展"一区域一景观"。20世纪80年代初期,我国开始学习日本的"一村一品"经验推动乡村建设。我国的"一村一品"大致经历了学习模仿阶段、发展专业合作组织和龙头企业相结合阶段、实行"一体化"经营阶段。① 2011年8月，农业部（2018年改为农业农村部）公布了第一批全国"一村一品"示范村镇名单；截至2020年，已连续公布了十批"一村一品"示范村镇名单。以"一村一品"为抓手有力促进了乡镇的经济发展。全国的特色村镇不断涌现，取得了良好的发展态势。从目前来看，专业村镇在空间地理分布上呈现明显的区域集聚性，黄河流域等自然农业条件优越的区域发展相对较快，北京、天津、山东、江苏、浙江、上海等地的专业村镇比较集中，现有专业村镇依然以种植业为主。② 2015年，中央一号文件明确提出，扶持发展一村一品，一乡（县）一业，壮大县域经济。以"一村一品"为依托，区域产业发展相对集中起来，产业竞争实力增强，一些特色村、特色镇、特色县逐渐发展壮大起来。在经济发展的同时，农村逐渐重视村容村貌、生态环境和文明乡风的建设，农村综合发展水平有了明显提高。党的十六届五中全会提出，社会主义新农村做到"生产发展、生活宽裕、乡风文明、村容整洁、管理民主"，美丽乡村不断涌现。

特色文化小镇与"一村一品"有着内在的联系和明显的区别。

内在的联系主要体现在两个方面。一是，两者的发展焦点都是产业的专一和聚焦，均以相对专一的产业为对象，不断开拓市场。二是，两者都注重产品的品牌价值，"一村一品"着重发展当地优势产业；特色文化小镇以特色文化产业立镇，注重特色品牌。

同时，两者又具有明显的区别。一是，空间载体不同。"一村一品"是以一个村，或者几个连片村，或者乡镇为实施单元，基本限定在某个行政区划范围内；特色文化小镇不以行政区划为界，选择一定区域范围作为实施单元，可以是任何一定区域面积范围内的，有一定人口聚集的区域。二是，特色产业选择重点不同。"一村一品"是根据当地农业优势和区域资源优势及相关产业基础而选择支柱产业，产业主要定位于种植业或养殖业等农业门类的产业；特色文化小镇的支柱产业选择范围更广泛，可以是

---

① 秦富、钟钰、张敏等：《我国"一村一品"发展的若干思考》，《农业经济问题》2009年第8期。

② 曹智、刘彦随、李裕瑞等：《中国专业村镇空间格局及其影响因素》，《地理学报》2020年第8期。

特色农业，也可以是特色手工技艺，或者特色文旅产业、节庆业、会展业等产业。三是，文化内涵的体现要求不同。"一村一品"对文化元素的凸显没有明确的要求，产品注重的是其使用价值和实用价值；特色文化小镇更加注重产品的文化价值，以及整个小镇的文化氛围。四是，治理范畴不同。"一村一品"属于农村治理范畴，通过发展农村特色产业带动农村经济发展，同时改善农村的居住环境，优化生态环境；特色文化小镇属于城乡统筹治理，在讲求优质的自然环境和人文环境的同时，发展特色文化产业，提高经济发展水平和社会文明程度，注重现代城镇文明与优秀传统乡村文化的有机结合。

"一村一品"与特色文化小镇的联系与区别的归纳见表1-1所示。

表1-1　"一村一品"的美丽乡村与特色文化小镇的联系和区别

联系和区别	"一村一品"的美丽乡村	特色文化小镇
空间载体	村、乡镇	特定区域
产业选择重点	农业及相关产业	特色文化产业
文化内涵的体现	对文化元素的凸显没有明确要求	强调文化内涵的凸显
治理范畴	农村治理	城乡统筹治理
两者的共同点	发展焦点：专一的产业为基础	发展策略：注重品牌培育

（二）"产业集聚"的文化产业园区

联合国工业发展组织认为，产业园区是政府或企业主导的为实现产业的聚集发展而开发的具有一定地理界线的特殊区域。产业园区大致分为两类，一类是传统产业园区，包括出口加工区和工业园；另一类是现代产业园区，包括科技园、生态工业园和创新区等。他们所依托的发展理论主要是增长极理论、关联理论和创新理论。[①] 产业园区通过其自身的发展优势逐渐实现园区的企业和产业的不断成长，带动区域经济发展。从园区发展历程来看，这些优势主要体现在以下四个方面。一是成本优势，包括相对廉价的劳动力、减免的土地租金等；二是服务优势，包括园区提供的交通

---

① 王缉慈、朱凯：《国外产业园区相关理论及其对中国的启示》，《国际城市规划》2018年第2期。

道路、污水处理、空气净化等设施和物业管理等共享服务；三是协同优势，包括产业链条的延伸、产品的多样化协同、相关产业的配套等，提升关联效应；四是创新优势，包括人才、创意、资本等高端要素的聚集。推动产业园区不断发展的力量从成本优势到服务优势，到协同优势再到创新优势，创新成为当下产业园区发展的出发点和着力点。

文化产业园区是产业园区的一个重要门类，是以文化产业或创意产业为主导产业，聚集文化产业要素，扩大文化产业规模经济和范围经济的新形式。它既遵循产业园区的整体的发展脉络，又具有自身独特的性质和规律。2000年，文化产业一词首次出现在官方文件里，从此迎来了快速发展的时期，如今已经成为国民经济支柱性产业。伴随着文化产业的不断发展壮大，文化产业园区逐渐成熟。北京798艺术区，上海田子坊、德必、马栏山文创园等一批又一批文化产业园区成为令人瞩目的亮点。多个文化企业聚集在园区内，共享资源，共同发展。从管理运营模式来看，文化产业园区可以分为房东式管理、精细化管理、虚拟空间管理等模式。房东式管理是以租用厂房设备收取租金的传统低级管理模式。精细化管理更加注重园区内企业及员工的生产生活全方位服务与管理，如上海德必文化产业园区对园区员工提供了全方位一站式的精细化管理服务。虚拟空间管理是借助互联网平台对企业、项目、要素进行管理。文化产业园区通过企业、各类项目和要素的集聚，有力地促进了文化产业的发展，带动了区域经济发展，提升了区域文化品牌影响力。

文化产业园区与特色文化小镇既有内在的共同点，也有本质的区别。共同点主要体现在两者的价值实现支撑都是文化产业，都强调文化产业在一定范围的聚集。两者的明显区别主要集中在以下五个方面。一是，两者聚集的核心价值要素不同。文化产业园区以经济利益的集中实现为核心，特色文化小镇以一致的文化认同和文化价值为核心。二是，两者发展模式不同。文化产业园区更加关注经济发展指标的提升，采取的是企业化管理模式；特色文化小镇更加关注社会综合发展指数，采取的是经济、社会、文化、生态的综合治理模式。三是，建设的出发点不同。文化产业园区建设的出发点是以园区为抓手，促进文化产业实现更好的发展；特色文化小镇建设的出发点是以文化产业为支撑，促进文化场景的构建，生活场景的构建，实现城镇综合发展。四是，空间理论基础不同。文化产业园区是对原有居民、原有资源和原有文化的"挤出",特色文化小镇是对原有居民、原有资源和原有文化的"融入"。五是,对文化的关注点不同。这是尤为重要的一点。特色文化小镇较之文化产业园区,特别强调和凸显的是特色,强调的是独一无二的、难以复制的文化特色和文化内涵;文化产业园强调的是某个或多个领域的文化。关于二者的联系与区别见表 1-2 所示。

表 1-2　"产业聚集"的文化产业园区与特色文化小镇的联系和区别

联系和区别	"产业聚集"的文化产业园区	特色文化小镇
核心价值要素	经济利益	文化认同和文化价值
发展模式	企业化管理模式	经济、社会、文化、生态的综合治理模式
建设的出发点	促进文化产业的发展	促进文化场景的构建,生活场景的构建,实现城镇综合发展
空间理论基础	对原有居民、原有资源和原有文化的"挤出"	对原有居民、原有资源和原有文化的"融入"
文化的关注点	强调某个或多个领域的文化	强调独一无二的、难以复制的特色文化
两者的共同点	价值实现支撑:文化产业	价值实现条件:文化产业在一定空间内的集聚

(三)"休闲娱乐"的旅游景区

旅游是人类对美好生活的向往与追求。中国人自古就有旅游的文化传统,古人说"读万卷书,行万里路",旅游不仅能够丰富人们的精神世界,还可以为社会的文明进步起到重要的推动作用。据世界银行估算,旅游业每消费 1 美元,可为全球带来 3.2 美元的经济增长。旅游业成为促进经济发展,满足人们对美好生活向往的重要力量。随着人们物质生活的不断满足,旅游逐渐从"生活的奢侈品"转变为大众的一种"生活习惯和生活方式"。改革开放之前,我国旅游业的发展是以外事接待为主要形式;改革开放之后,随着国家经济建设的加速,旅游业发展逐渐转向市场,进而转向民生服务主题。[1] 1986 年,在国民经济和社会发展第七个五

---

[1] 程玉、杨勇、刘震等:《中国旅游业发展回顾与展望》,《华东经济管理》2020 年第 3 期。

年计划中，旅游业第一次列入国家发展规划。从此，旅游业逐渐发展壮大，成为带动国民经济增长活力的重要力量。

从我国旅游业的发展历程来看，大致分为观光旅游、文化旅游和全域旅游三个层次。第一个层次是观光旅游。旅游在初始发展阶段主要是以景点观光、饱览美丽的风景为主要内容。秀丽的自然风光成为旅游产业的竞争优势，人们重视的是到不同的地点欣赏不同的景色。九寨沟、黄山、丽江等自然资源独特的地区成为热门旅游地。这个层次的旅游消费主要集中在景点门票和景区纪念物，餐饮需求相对单一，住宿预期和标准相对较低。第二个层次是文化旅游。文化旅游是旅游的一个重要方式，自古以来文化与旅游就密不可分。李白辞亲远游，成就了一代诗仙；古丝绸之路，既是一条商旅之路，又是一条文化交往之路，每一名商旅游人都是文化使者，每一次旅行活动都促进文化相通。文化和旅游融合发展是文化建设和旅游发展的内在要求与必然结果。文化是魂，旅游是体，两者统一共生，文化的本质是发现和创造价值，旅游的本质是分享和体验价值。① 文化旅游的核心不在于自然风光或遗产遗存，更在于文化体验。比如，过去到云南大理的主要目的是欣赏怡人的自然风光，而现在吸引游客的可能是其酒吧、演出和特色民宿。文化旅游中关键的核心要素是创意，将创意融入旅游产业链条的各个环节，并且将创意与农业、工业、服务业等产业相融合是文化旅游的发展路径。创意农业、工业旅游成为文化旅游的重要形式，特色民宿、节庆、特色演艺、创意博物馆等成为文化旅游的新鲜元素。文化旅游不是外观的强刺激，而是润物细无声式的心灵之旅。第三个层次是全域旅游。为了提升旅游业的现代化水平，提高旅游业发展品质，全域旅游成为旅游业发展的新的形式。全域旅游是将一定区域作为完整旅游目的地，推动全域的宜居宜业宜游。② 其是在某个区域内，以旅游产业为主导产业，统一规划布局、完善公共服务、促进旅游业与相关产业的融合发展，调动全要素参与的旅游，实现了从封闭到开放，从局部到全面，从限时到时时，从单一到融合的转变，倡导全时间、全产业、全过程、全空间、全

---

① 祁述裕在中国文化产业指数发布会上的演讲"文化为魂，旅游为体，促进文化和旅游深度融合"。

② 国办发〔2018〕15 号：《国务院办公厅关于促进全域旅游发展的指导意见》。

要素的参与。通过全域旅游，人们能够全方位地参与到旅游的体验中，并能够促进当地文化资源的活态保护，促进区域经济发展和社会文明进步。

特色文化小镇与旅游景区有着相似之处。一是，两者都高度注重环境的美化和优化。优美的环境是旅游景区的必要条件，也是特色文化小镇的基本要求。特色文化小镇要达到3A级旅游景区的标准。二是，两者依托的优势资源相近。无论是旅游景区还是特色文化小镇，他们依托的主要优势资源都是自然风光、物质文化遗产、非物质文化遗产、文化创意等特色文化资源。

两者的差别主要体现在以下几个方面。从产业选择来看，特色文化小镇的主导产业不局限于旅游业，扩展到文化产品制造、文化服务等其他文化产业门类；旅游景区的主导产业就是旅游产业。从场景设计来看，特色文化小镇是涉及企业、政府、游客、社会组织、当地民众的全方位生产和生活场景，更加注重居民的生活空间，注重社区的参与和建设；旅游景区相对忽视社区的参与和管理，主要锁定在游客的消费体验场景。从功能定位来看，特色文化小镇有旅游功能，但不只有旅游功能，它着眼于旅游服务、文化传承、产业发展、社区融合等功能，愿景是更好地实现创新引领发展；旅游景区的功能主要定位于如何更好地提升区域旅游产业的质量，从而带动区域整体发展。从主题的提炼来看，特色文化小镇更加强调特色产业和特色文化的展现，具有更加鲜明的发展主题；旅游景区在主题提炼上相对泛化，没有突出的主题定位。

特色文化小镇与旅游景区的联系和区别的基本情况见表1-3所示。

表1-3　"休闲娱乐"的旅游景区与特色文化小镇的联系和区别

联系和区别	"观光休闲"的旅游景区	特色文化小镇
产业选择	旅游业	文化产业和旅游产业
场景设计	游客的消费体验场景	全方位生产和生活场景
功能定位	旅游功能	生产功能、旅游功能、社区功能、文化功能
主题提炼	相对泛化	特色文化
两者的共同点	生态环境：绿化、美化、优化 依托的优势资源：自然资源、文化资源、创意资源	

（四）"文化凸显"的历史文化名镇名村

为了更好地保存具有历史价值和文化价值的物质文化遗产，保存较为完整的能够体现传统风貌和区域地方特色的村镇；2003年，住房和城乡建设部和国家文物局共同发起了中国历史文化名镇名村保护行动，并发布了中国历史文化名镇名村评选办法。申报和评选的条件包括保存文物是否丰富、历史建筑的保存和保护状况、历史风貌的保留以及历史文化街区的建设等。2003年10月8日，住房和城乡建设部和国家文物局公布了第一批中国历史文化名镇和中国历史文化名村。2018年12月，公布了第七批中国历史文化名镇和中国历史文化名村。历史文化名镇名村的评选，有效地推动了文化古村落、历史文化遗存、传统建筑的保护，在保护历史文化，传承历史文化基因中发挥了积极作用。

中国历史文化名镇名村与特色文化小镇既有相似之处，又有着显著的差别。

两者的相似之处主要表现在以下两个方面。一是，历史文化名镇名村与特色文化小镇都是以文化引领区域发展。中国历史文化名镇名村和特色文化小镇是文化村镇的两种类型。[1] 历史文化名镇名村的着眼点是文化的传承和保护，传统文化资源和文化特色是历史文化名镇名村的旗帜，以保护和传承为前提是历史文化名镇名村的发展路径；特色文化小镇的建设是以特色文化为优势资源禀赋，通过产业、服务、风貌、创意等路径凸显特色文化主题，寻找差异化发展路径。两者都是以文化为支撑，并以文化引领发展。二是，历史文化名镇名村与特色文化小镇都属于基层文化治理单元。历史文化名镇名村与特色文化小镇都是从乡村、小镇出发形成的基层文化治理单元。两者都着眼于乡村文化、文化遗产、特色文化资源的开发和利用，属于基层治理范畴。

中国历史文化名镇名村与特色文化小镇的主要差别体现在以下几点。一是从行政区划上来看，中国历史文化名镇名村具有明确的行政区划；特色文化小镇非镇非区，不具有行政区划属性。中国历史文化名镇名村是以建制镇和行政村为单位进行申报、评定和管理。特色文化小镇最初虽然是

---

[1] 王晓静、刘士林：《中国文化村镇的理论问题与历史变迁研究》，《山东大学学报》（哲学社会科学版）2020年第5期。

以建制镇为单位进行培育和管理；但是，后来国家明确了特色文化小镇不是建制镇，而是一种以创新创业为目的的特殊区域，明确提出特色小镇不同于特色小城镇（特色小城镇是拥有几十平方公里以上土地和一定人口经济规模、特色产业鲜明的行政建制镇）。例如，石家庄鹿泉的铜冶镇被评为中国历史文化名镇，而特色文化小镇君乐宝乳业小镇是其中一定的区域。二是从主导产业选择上来看，中国历史文化名镇名村是在拥有历史文化资源的背景下自然生长的单元，不强调其经济功能；特色文化小镇是以特色文化产业为主导产业，更加强调特色文化产业的支撑作用。三是从对文化的基本要求上来看，中国历史文化名镇名村基本要求是对历史文化资源、传统文化基因的保护和传承。《历史文化名城名镇名村保护条例》对如何更好地保护文化名镇名村做了详细的规定。特色文化小镇的基本要求是在对特色文化资源的保护前提下，更好地融入创新和创意，促使其不断地发展，创新是特色文化小镇持续发展的基本要求。

中国历史文化名镇名村与特色文化小镇的联系和区别的基本情况见表1-4所示。

表1-4　　　　"文化凸显"的历史文化名镇名村与
特色文化小镇的联系和区别

联系和区别	"文化凸显"的历史文化名镇名村	特色文化小镇
行政区划	行政村、建制镇	非镇非区
主导产业	产业门类广泛	特色文化产业
对文化的基本要求	保护与传承	保护、传承、创新
两者的共同点	发展战略：文化引领发展 治理层级：基层文化治理	

第二节　特色文化小镇的实践价值

特色文化小镇在促进经济发展、激发综合发展动能、美化生态环境、助力优秀传统文化创造性转化和创新性发展、提升精神风貌等方面发挥着积极作用，具有较强的实践价值。特色文化小镇可以使所在区域更富、更强、更美、更新、更活，起到强体、聚力、塑形、铸魂、培根的作用。

一 文化创意助力环境美化提升

特色文化小镇可以让所在区域变得更美,塑造美好的形象。将文化创意渗透到小镇建设的各个环节,形成创意引领下的特色文化小镇将别具一格,美得持久。具体体现在以下几个方面。一是,文化创意融入特色文化小镇整体规划。特色文化小镇不是强制打造的,而是基于当地特色文化资源禀赋和区域经济社会发展情况,因地制宜,循序渐进地建设和发展。在这个过程中,特色文化小镇需要有总的发展规划,包括特色文化小镇的规划理念、主题定位、主导产业选择、文化业态布局等。在特色文化小镇整体规划中充分融入文化创意,可以提升特色文化小镇的创意设计感,增强特色文化的表达性,强化特色文化小镇发展愿景的感染力,更加彰显特色和文化魅力。二是,文化创意融入特色文化小镇基本建设。在路灯的造型设计、村中街景的小品设计、路边垃圾桶的造型设计、厕所的外观设计、街道路线的设计、胡同名称的设计中充分融入文化创意,将有力提升特色文化小镇的文化气质。三是,文化创意融入特色文化小镇文化社区。特色文化小镇讲求的是生产、生活、生态的有机融合,更加注重社区的建设,在社区宣传栏、社区文化活动中心、社区改造等内容中融入文化创意,构建富有创意的生活社区,提升社区文化品位,是鲜活的小镇之美,能够有效地提升特色文化小镇所在区域的文化之美。

沂河源乡村艺术小镇是由沂河源的几个村逐步发展起来的,是山东省的特色小镇,先后入选山东省乡村振兴齐鲁样板示范区、全国乡村旅游重点村、省级景区化村庄、省级乡村振兴专家服务基地等。沂河源乡村艺术小镇倡导"艺术活化乡村"的理念,用艺术唤醒沉睡的乡村之美,从文化小镇的总体规划理念、设施布局、建筑外观、艺术体验内容等多个方面充分融入文化创意,助力了普通村庄的美丽蝶变。龙子峪村是沂河源乡村艺术小镇的核心村。法国著名设计师保罗·安德鲁在这里进行了两年的艺术创作实践,他从特色文化小镇规划设计的方方面面介入了艺术设计,融入了文化创意,让"人间桃园"的特色文化和现代艺术美学得到了有机融合。刘玉堂文学馆、李心田文学馆、"时间之花"艺术馆、保罗与娜蒂之家、"编织系结"艺术馆、三生书院等20多个富有文化特色的博物馆、艺术馆、文学馆遍布在乡村的沃土田野。过去破旧的民居、山顶的羊圈变成了具有文化艺术感的民宿和艺术馆,过去"大车小车进不来,过河脱了袜子鞋"的破山村变成了环境优美的文化创意聚集区,过去的省级贫困村变成了安居乐业的美丽幸福文化小镇。通过特色文化小镇的建设,文化小镇所在地方变得越来越美了,这是特色文化小镇带来的最直观的实践价值。

二 文化产业促进区域经济发展

特色文化小镇的主导产业是特色文化产业,其可以扩大小镇居民的就业途径,增加收入。富有地方特色的文化产业既是文化传承创新的有效载体,又是区域产业发展的重要抓手。具体表现为以下几点。一是,特色文化小镇聚集文化生产要素。特色文化小镇是以产业立镇,可以有效集聚资本、人才、技术、土地、创意、设施等生产要素,提升区域产业发展的合力。特色文化小镇讲求"小产业、大市场",特色文化产业的市场占有率较高。二是,特色文化小镇成为区域增长极。比如,坐落在小城镇中及乡村中的特色文化小镇,通过文化产业要素集聚,带动了周边乡镇和村庄的经济发展。每一个乡村都形成特色的文化主导产业,发展龙头的文化企业,培育优秀的文化企业家,建设完善的文化产业生产设施,是不符合乡村发展实际的。特色文化小镇可以以一个中心村或几个连片乡村,或者以一定的区域为范围,集中创建文化生产空间、文化消费空间、文化体验空间,这是现实的可操作的。三是,特色文化小镇提升区域文化品牌效应。特色文化小镇的特色文化主题定位鲜明、特色突出,在文化品牌塑造、文化品牌宣传等方面具有明显优势,带来较强的文化影响力。

照金红色旅游小镇位于陕西省铜川市耀州区照金镇,是陕西省第一批特色小镇,是国家级夜间文化和旅游消费集聚区,是陕西省文化产业示范基地。照金红色旅游小镇以红色旅游为价值内核,以"红色教育高地、生态康养文旅高地"为切入点,努力推动文旅产业高质量发展。照金红色旅游小镇通过文旅融合,探索红色资源价值向高质量绿色发展的精神动能和产业发展动能转化路径。小镇充分利用红色旅游带来的人气,在推出"研学旅行"等红色主题旅游项目的同时,还推出了自行车、射箭、骑马等生活化的旅游项目,形成红色、休闲、生态等一体化旅游模式。在"红色、旅游、康养"的战略指引下,小镇将照金、香山、溪山相融合,形成了党建、研学、高山观光、体验、冰雪、煤矿工业游等多种业态,增强了核心文化吸引力。照金红色旅游小镇通过文化和旅游产业的融合发展,有力地促进了当地经济的发展。

三 文化融合撬动区域发展新动能

以特色文化为杠杆,以特色文化小镇为支点,将撬动更加强大的区域发展内生动力。这种文化融合既体现在有形的力量上,又体现在无形的力量上。具体表现为以下几点。一是,特色文化与景观的融合。特色文化需要借助有形的载体得到鲜活的表达,文化景观就是一个最为直接的形式。特色文化小镇可以通过文化景观达到集中体现地域文化的效果。富有特色的文化景观可以成为特色文化小镇的地标,成为特色文化小镇的有机构成,给消费者和游客带来强烈的感官冲击,提高特色文化的冲击力,扩大区域文化影响力。二是,特色文化与相关产业的融合。特色文化小镇以特色文化为核心,可以与相关产业充分融合形成新的发展动能。二者相融合可以有效激发区域发展的动能。特色文化与农业的融合,可以发展创意农业、田园综合体,延长农业产业链条,提高农产品的附加值;特色文化与制造业的融合,可以提高产品的文化品位,满足差异化、个性化的消费需求,促进区域产业转型升级和文化影响力提升;特色文化与旅游业的融合,可以强化文化体验和文化内涵,丰富文化旅游场景,提高乡村旅游、工业旅游、节庆旅游的品质。三是,特色文化小镇通过融入更多的创新元素,使特色文化更好地与现代发展理念、规划设计、消费行为、数字科技相融合,激发新的创新创造活力,形成更加强劲的创新力量。特色文化小镇可以实现城市和乡村相结合,从而传承与创新相结合,传统与现代相结合,从而更大程度地激活区域发展新动能。

君乐宝乳业小镇是三产融合类特色文化小镇,从奶牛养殖到乳业制造,再到工业旅游,充分体现了农业文化、工业文化、服务业文化的有机融合。君乐宝乳业小镇以乳业文化为核心,建设了特色文化景观,促进了产业的创新发展,提升了企业的综合实力。一产是指培育自己的牧草种植基地、奶牛养殖基地,建设优质牧场,从源头上确保君乐宝奶源的安全。二产是指建设高标准的乳业制品生产空间,发展乳业制品生产园区,通过专业高端的生产设备、安全高效的生产线,不断进行产品技术创新、管理创新，生产多样化的奶制品。三产是指建设高品质的乳业文化体验空间，发展生态牧场，开放生产空间，建设观赏体验空间，将创意设计充分融入生产环节、展示环节和体验环节，发展工业旅游。文化旅游既是君乐宝乳业小镇产业链条向后端延伸的重要部分，也是君乐宝乳业小镇最具文化吸引力和品牌影响力的重要内容。充分融入创意设计的力量，建设君乐宝优质牧场的文化旅游体验空间，成为乳业小镇鲜活生动的消费者体验和消费者互动空间。挤奶展厅和乳品生产车间、国家级乳品研发中心、手工DIY体验馆让游客感受到真实的乳业生产文化。酸奶文化馆、奶牛科普馆利用影视、图像等现代手段生动地介绍了乳业的相关知识和技术，展示了鲜明的乳业文化。各式花卉的种植形成一片美丽的花海，富有创意的奶牛形象建筑及街边小品让人们时刻沉浸在"君之味、乐之果、宝之源"的乳业文化之中。文化旅游内容的不断丰富以及文化旅游形式的逐渐更新，吸引游客来到小镇，体验小镇；带动了大众对君乐宝乳制品的信任偏好，增强了乳制品的消费倾向。

四　文化传承筑牢发展之魂

特色文化小镇能够使宝贵的文化资源得到有效传承，历久弥新，构筑发展的精神文化之魂。其表现为以下几个方面。一是，物质文化遗产的保护和利用。古迹、建筑群、遗址等物质文化遗产是宝贵的历史文脉，也是特色文化的鲜明符号，这恰是特色文化小镇重要的资源禀赋。依托特色文化小镇的建设，借助现代科技手段能够更好地做好物质文化遗产的修复、保护和利用，这是特色文化小镇所在区域文化传承的重要方面。二是，非物质文化遗产的传承和创新。传统技艺、民间习俗等非物质文化遗产是特色文化的活态表达。活鱼须在水中看，非遗的土壤就是广袤的大地沃野。可是现实中，受非遗技艺市场价值的弱化、应用场景有限等制约，出现了传承后继乏人、传承展示不足、价值难以实现等问题。特色文化小镇可以通过节庆、展演等方式实现更广阔的传承路径，促进非物质文化遗产的保护与现代文化市场体系的融合。有很多非遗文化小镇更是集中传承创新了特色文化，增强了非物质文化遗产的生命力。三是，自然文化遗产的保护和利用。秀丽的自然风光，多彩的地形地貌，独特的农业文化遗产等，这些都是需要我们保护开发利用的重要文化资源。借助特色文化小镇建设，开发独特的文化产品，发展文化旅游能够更好地对特色文化进行有效保护和利用，丰富人们的精神文化世界。

千年敦煌·月牙泉小镇以丝绸之路文化为背景，以沙漠地区戈壁、河谷、绿洲景观为典型风貌，融入了聚落、洞窟、寺庙等多样化的人文景观，是一个多功能复合型文化旅游综合体和中国传统文化的保护传承基地。月牙泉小镇东至敦煌最大的佛教修行地——雷音寺，南靠国家 5A 级旅游景区——鸣沙山月牙泉景区，西临敦煌最美乡村道路——景观大道，北接舞台效果最为震撼的实景演出——敦煌盛典，具有优质的特色文化资源禀赋和区位优势。月牙泉小镇在生态保护的前提下，加大保护传承和创新发展力度，依托项目地良好的区位优势，以丝绸之路为轴线，以鸣沙山月牙泉景区为腹地，以配套服务为核心，以文化体验为亮点，以休闲娱乐、服务配套为重点打造对象，充分挖掘悠久厚重的历史文化资源和丰富多彩的自然人文资源，形成吃、住、行、游、购、娱为一体的旅游产品体系，为游客提供一站式服务。月牙泉小镇以传统文化传承创新为核心，创新了传统文化研学、非遗技艺体验、网络直播等新型文化业态，建设成为大敦煌旅游核心配套基地、甘肃旅游重要品牌、丝绸之路第一印象地、千年丝绸之路非物质文化遗产传承创新（敦煌）基地、敦煌市非物质文化遗产传习保护基地、甘肃省陇原巧手示范基地、酒泉市陇原巧手示范基地。依托重要的特色文化资源和创新发展的先进理念，月牙泉小镇很好地传承创新了优秀传统文化，守护了千年精神文化家园。

五　文化浸润涵养文明环境

特色文化小镇以特色文化为内容依托，建设了多样化的文化空间，形成了丰富的文化场景，举办了多姿多彩的文化活动，持续浸润涵养了社区居民的文化素养，促进了区域精神文明的建设。主要成果有以下几点。一是，特色文化小镇凝聚了更强的文化共识。特色文化小镇具有鲜明的特色文化主题，发展方向聚焦，能够起到明确的目标导向作用。在特色文化小镇的发展定位、规划建设过程中，特色文化不断影响着当地居民的思想和观念，潜移默化地形成了区域发展的共同文化观念。通过特色文化小镇的品牌宣传、产业发展、整体建设，特色文化小镇凝聚了所在区域居民的文化共识，形成了强烈的文化归属感。二是，特色文化小镇更好地建设了物理文化空间。打造多元的富有文化特色的物理文化空间必不可少。很多特色文化小镇利用废旧的厂房、闲置的农舍、杂乱的广场、破旧的学校等场所，充分融入文化创意和艺术设计，改造建设了多样化的物理文化空间。比如，特色文化小镇客厅、文化交流中心、博物馆、艺术馆等。三是，特色文化小镇构建了更加多元的文化场景。文化场景对特色文化的展示、体验、消费和居民的高品质生活发挥着重要作用。比如，特色节庆、特色演艺等多样的文化活动增添了特色文化小镇的吸引力，丰富了居民的精神文化生活。

龙华观澜文化艺术小镇以版画的创作和体验为主导产业，入选广东省特色小镇清单管理名单。观澜文化艺术小镇包括了版画村、中国版画博物馆、鳌湖艺术村等几个区域，为游客和居民提供了版画体验、艺术活动、艺术培训、文化娱乐的文化空间。版画村又称观澜版画基地，是由原来的大水田村和新尾场村的20余套具有百年历史的客家传统古民居改建而成，建有画廊、书店、艺术家工作室等。博物馆内设有版画体验区和活动室，版画体验区配有木板区、铜版区、活字印刷区等，活动室是专门进行艺术教育的场所，设有工作坊，并举办艺术讲座、艺术展览等活动。博物馆还特别设立了青年艺术家支持项目，对外进行艺术公益活动。鳌湖艺术村是基于艺术家的文化情怀在倡导艺术乡建的过程中建设的，更加注重艺术家与社区的交流互动和艺术对居民的互动影响。原来村委会的办公场所被改造成为鳌湖艺术馆，艺术涂鸦对村庄的建筑外观进行了美化提升，艺术家与当地社区的孩子共同创作舞台剧《我们》，呼吁关注城中村社区状况，驻村艺术家承担着艺术创作者、艺术活动发起人和社区艺术组织者的角色。观澜文化艺术小镇的艺术实践教育为游客和当地居民提供了艺术指导，提升了人们的艺术素养；同时，通过艺术空间内的交流增进了社会交往，优化了社会关系，提升了居民的文明素养。

第三节 多重问题影响特色文化小镇创新发展

深入观察特色文化小镇的发展现状，并对特色文化小镇运营失败的案例进行深刻反省，总结影响特色文化小镇健康发展的问题。在此基础上，项目组利用深入访谈、实地调研、咨询探讨等环节，设计发放了针对特色文化小镇建设中存在的主要问题的调查问卷,其中针对特色文化小镇建设中存在的主要问题列出 11 个选项,限定每人选择最重要的 3 个问题,发放问卷 120 份,收回有效问卷 112 份。结果显示,问题集中在缺乏产业支撑、同质化发展、文化内涵不足、滥用概念、运营管理不到位、创新能力不足、社会认同度低等方面,具体如图 1-3 所示。

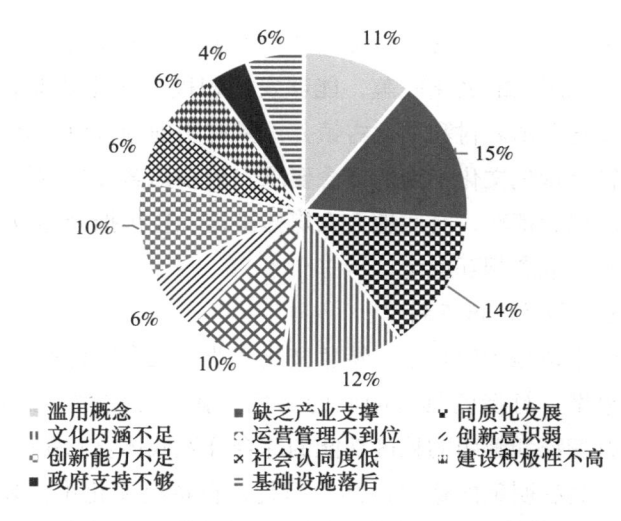

图 1-3 特色文化小镇建设中存在的主要问题

一 概念运用规范性有待提高

在特色文化小镇建设过程中,存在概念理解有偏差、规划设计不科学、实际建设不到位等情况,出现了很多"虚假小镇""虚拟小镇"等问题小镇。

(一) 行政属性认识不够清晰

特色文化小镇的行政属性,在很多地方政府和参与建设的企业心中依然不够清晰。特色文化小镇行政属性不清晰,主要体现在特色文化小镇究竟是行政建制镇还是非行政建制镇的问题认识上。具体情况如下。

一是,错把行政建制镇当特色文化小镇。从国家层面上,2017 年之前命名的特色文化小镇是以行政建制镇为载体;2017 年 12 月,《关于规范推进特色小镇和特色小城镇建设的若干意见》出台后,已经明确特色文化小镇是非行政建制镇。很多地方依然没有纠正这种行政属性概念,依然认为特色文化小镇就是行政建制镇,因此被列入"问题小镇",遭到清理淘汰。宽城县化皮溜子镇、阜蒙县十家子镇、萝北县名山镇、蒙阴县岱崮镇、平昌县驷马镇等两批403个"全国特色小镇",已全部更名为全国特色小城镇。此外,很多特色文化小镇进行统计数据整理和上报时,将特色文化小镇所在行政建制镇的相关数据作为特色文化小镇的数据,数据运用杂乱。

二是,错把历史文化古镇当特色文化小镇。历史文化名镇名村具有悠久的文化历史和厚重的文化底蕴,能够发挥积极的文化功能和旅游功能。但是,历史文化名镇名村和文化古镇并不具有明确的特色文化产业发展属性,也并不符合特色文化小镇的概念要求。诸多知名文化古镇并不属于特色文化小镇的概念范畴,有些地方在媒体报道、宣传推介等方面,将其与特色文化小镇的概念相互混淆。

(二) 内涵要求认识不到位

特色文化小镇是指依赖某一特色文化产业,或者特色地域文化,或者创意与创新集聚,打造的具有明确的特色文化产业定位、显著的文化内涵、明显旅游特征和鲜明的社区功能的综合开发载体。它是一种微型文化产业聚集区,具有明确的概念内涵。但是,在特色文化小镇建设实践中,很多地方没有正确理解特色文化小镇的概念和内涵,滥用特色文化小镇之名,造成了很多"虚假小镇"。具体情况如下。

一是,错把房地产项目当特色文化小镇。有些地方错误地将特色文化小镇理解成文化地产项目,借特色文化小镇建设之名进行圈地投资。或者是以房地产销售为目的,将文化旅游作为地产项目的文化配套设施,忽视了特色文化产业的发展。比如,荣丰太禾小镇等建设主体没有真正理解特色文化小镇的内涵要求,借特色文化小镇建设的名义做房地产项目,已被清理淘汰。

二是,错把旅游景区当特色文化小镇。特色文化小镇与旅游景区虽然有相似之处,但是也有明显的区别。特色文化小镇具有旅游功能,但不只有旅游功能。旅游景区并不是特色文化小镇。很多地方,将旅游景区加上"小镇"之名,错用特色文化小镇的概念。很多旅游景区未经正式申报和命名,以特色文化小镇命名,混淆两者的概念。

三是,错把农业综合体当特色文化小镇。农业综合体与特色文化小镇具有一定的联系，但不能等同。例如，金甲梨园小镇只是以梨的种植为主要内容的农业综合体，并不符合特色小镇的概念和要求；因此，金甲梨园小镇被国家发改委责令更名。

（三）建设规范性有待提升

有些地方为了完成工作任务，或者为了争取国家给予的发展红利，盲目上马。这些地方并没有认真分析当地的经济、人文、地理、生态等特点，而是盲目跟风，造成了建设行动上的盲从。其问题主要包括以下几点。

一是，规划落实不到位，出现很多"虚拟小镇"。有些地方将重点放在了特色文化小镇评审材料的准备、评审资格的争取等环节，主要目的是特色文化小镇的成功申报。错误地认为只要有了"特色"的光环，小镇就能赶上历史的潮流，收获特色文化小镇带来的各方利益。建设主体并没有认真思考特色文化小镇该如何发展，要么没有明确的主题定位和发展规划；要么规划落实不到位，没有实质性的建设行动，特色文化小镇只是停留在概念上。这些特色文化小镇长时间建设主体缺失，未按照项目审批核准备案，没有进行实际建设，"有名无实"。

二是，建设不规范，触碰红线。根据《全国特色小镇规范健康发展导则》中的相关内容，特色文化小镇建设需要防范各类潜在风险，不能突破各项红线底线，如合规用地底线、生态环保底线、债务防控底线、房住不炒底线、安全生产底线等。广南县八宝壮乡小镇等一些特色文化小镇在建设中没有按照规定要求进行规范建设，触碰特色文化小镇建设红线，被清理淘汰。

三是，特色文化小镇名单管理不规范。特色文化小镇的命名是由省级政府负责；但是，在实践当中，很多建设主体私自使用特色文化小镇名称，造成特色文化小镇认识混乱和管理的不规范。天津市武清区佛罗伦萨小镇本是城市时尚消费中心，却冠以"小镇"之名。有些市场主体、社会组织等自行命名"小镇"，甚至有些住宅小区、饭店宾馆等也自行命名为"小镇"。乱用特色文化小镇概念的"小镇"应该得到进一步清理，促进特色文化小镇的规范健康发展。

二　特色文化产业发展支撑不够

特色文化小镇的基本定位是微型产业聚集区，特色文化产业是特色文化小镇健康持续发展的根本支持；而特色文化产业支撑不足是目前特色文化小镇发展不佳的主要原因之一。

(一) 主导产业选择不到位

产业立镇是特色文化小镇发展的第一原则，没有产业的支撑就没有小镇的存在和发展。特色文化小镇应该是以专一的产业为基本定位，充分扩大产业的市场率，围绕主导产业开发特色产品，开展特色服务，打造特色区域品牌。当前，很多特色文化小镇沦为空城，发展受限甚至关门倒闭；主要的问题之一就在于产业的支撑作用不强，没有形成鲜明的主导产业。主导产业选择不到位主要有以下几个表现。首先是特色文化小镇没有主导产业。很多特色文化小镇没有自己的主导产业，只有快速建成的建筑实体，缺乏产业的选择。其次是特色文化小镇的主导产业不符合当地实际。产业的发展要有地域根脉；不符合当地实际，产业难以实现良好的发展。没有与当地产业基础、文化底蕴、社会环境深度融合的产业，特色文化小镇就难以实现持续发展。最后是主导产业主题定位不鲜明。特色文化小镇一定要旗帜鲜明地亮出自己的主导产业。主导产业是什么，一定要清晰明确；没有鲜明的产业定位，就难有产业的延伸和小镇相关配套的建设。例如，很多创意小镇、创客小镇，虽然是以创新和创意为主题，但是，产业定位模糊，不能明确该小镇的主要发展主题是什么，要以何产业为主导；导致发展不聚焦，不能形成强有力的发展合力，制约发展空间。

(二) 产业链条不完善

特色文化小镇中的文化产业要最大限度地调动各个环节的创造能动性，实现小镇内产业的全产业链发展，或者形成与周边区域产业发展密切衔接的链条。目前，特色文化小镇中文化产业未能实现充分发展的一个原因就是产业链条不够完善，特色文化小镇的核心经济力量不能局限于某个企业的发展，而应该形成小镇特有的产业。单个以某个企业的发展为支撑，其能级和竞争力相对较弱，而且不能很好地实现小镇的综合发展。例如，有些以动漫为主题的特色文化小镇，其中的动漫企业尚未找到自己的盈利点，没有形成企业之间的相互合作，产业的支撑作用未能有效发挥。有些特色文化小镇虽然已经形成了自身的产业；但是，受产业特质、创意、研发、市场开拓等多方面因素影响，没有形成特有的产业链条，产业发展受限。很多影视小镇只是立足于建设影视景观、拍摄影视作品，没有沿着影视作品的主线开发相应的衍生产品和衍生体验。影视小镇是特色文化小镇的一种门类，在带动地方经济发展和提升文化影响力中发挥着积极作用；但是受到影视产业市场支撑不足、产业链条不完善等因素影响，发展效果并不理想。从全国范围来看，有广东省珠海市平沙影视文化小镇、江苏省无锡市太湖影视小镇、江西省九江市德安县微电影小镇、上海市松江区车墩影视小镇、浙江省宁波市象山星光影视小镇、河北省廊坊市大厂影视特色小镇等电影小镇。这些电影小镇定位不同，各具特色。但总体而言，这些小镇主要是以影视剧拍摄和节目录制为主，电影产业链条相对较短，市场开发不足，产业的延伸性有待进一步提升。

（三）产业竞争力不强

产业竞争力强则小镇发展力量持久，产业竞争力差则小镇发展力量不够。产业竞争力是旗舰企业、人才支撑、产业基础、发展环境、产品营销等方面的综合体现。在特色文化小镇中，产业的竞争力不强的直观表现有以下几个方面。首先是产品的市场占有率不高。特色文化小镇不一定要做"高大上"的大产业；而是要做到"小产业，大市场"，即特色文化小镇的产品要有大的市场占有率。没有大的市场占有率就很难保证小产业的大市场。近年来，县域特色产业集群取得了较快速度的发展，成绩令人瞩目。特色文化小镇应该以本地特色产业为依托，通过对生态环境的美化，生活环境的优化，特色文化的凸显，寻求可持续发展的道路。其次是营商环境不佳。营商环境包括企业发展所处的市场环境、社会环境、政务环境、人文环境等。营商环境不好会影响企业的落户、生存和发展。特色文化小镇多数处于县域或城市的郊区，往往在基础设施配套、公共服务保障、法治环境等方面存在明显的短板。营商环境不佳直接影响了特色文化小镇中企业的发展和特色产业的发展。最后是领头企业带动能力不强。特色文化小镇中产业的发展需要几个或一批领头企业带领小镇的产业发展。企业发展能力差、社会责任感差将挫伤小镇发展相关产业的积极性，形不成良好的导向合力。通过调研发现，特色文化小镇发展好的地方，往往都是有一批勇于担当、理念超前、创新意识强的企业。

（四）产业创新不足

创新是特色文化小镇健康持续发展的根本动力。产业创新不足是特色文化小镇产业不发达的重要原因之一。目前特色文化小镇中产业创新不足的主要表现为以下几个方面。首先是产业内容传统固化。特色文化小镇要讲求传统文化的传承；但不是要求墨守成规，不追求产品内容的创新。传统的固化的产业内容往往对现代人的生活需求特别是年轻人的吸引力较弱。其次是产品销售形式未能适应现代消费需求。特色文化小镇中企业多数是小而散的家族式企业，生产方式是家庭作坊式。产品销售方式依然多是摆摊经营和门店经营，没有形成顾客导向的模式，顾客不能很好地参与产品的设计、创作体验中。这种销售形式不能很好地满足现代消费具有的个性化、差异化需求。由于互联网技术的不断发展，电商平台越来越成熟，很多企业抓住电商机遇取得了飞快发展。特色文化小镇的发展应该更加注重现代化销售方式。最后是创意设计不足。文化产品是创意经济的代表，是以创意和设计为核心价值，更需要创意设计的力量。当前很多特色文化小镇的文化产品创意设计不足，导致其未实现更大的经济价值和文化价值。比如，有些雕刻小镇具有精湛的雕刻技艺；但是，小镇中缺乏能够进行自主创新的人才，产品的创意设计水准有待进一步提升。

年画是传统的民间艺术形式，表达的是传统农耕文明的内容，形象生动地表达出农业生产、民俗生活的内容，是传统文化传承的载体。河南朱仙镇木版年画、四川绵竹年画、山东潍坊"杨家埠木版年画"、江苏苏州"桃花坞木版年画"、河北武强年画、天津杨柳青年画等具有较大的特色文化品牌价值。但是，由于现代居住环境的改变，现代生产生活方式的改变，这些表现农耕文明的产品内容受众越来越小，应用范围越来越窄，很难走进百姓的生产和生活中，价值主要停留在一种文化艺术符号上。年画小镇是年画传承创新的平台，能够促进年画实现更大的文化价值和经济价值。怎样在文化内容上更加贴近现代生活，怎样在文化形式上更加符合现代消费需求是摆在年画产业创新发展面前的突出问题。

三 运营管理效率较低

运营管理是特色文化小镇健康发展的必要条件，也是决定特色文化小镇能否成功发展的重要影响因素。目前，特色文化小镇在发展中的一个突出问题是运营管理效率较低，包括专业运营有待加强、资本运作效率有待提高、品牌影响力较小、日常运营不够精细等方面。

(一) 专业运营有待加强

特色文化小镇不能单纯地依靠行政区划管理，其迫切需要高效的运营管理。特色文化小镇运营管理既包括以经济效益实现为目标的企业运营思维，又包括促进社会、文化、生态等综合社会效益价值实现的整体思维。特色文化小镇能否成功地发展，关键因素之一是能否实行高水准的运营管理。调查情况显示，目前我国的许多特色文化小镇缺乏专业运营的意识和理念，专业运营公司缺位。专业运营不足的主要原因有两个方面。一方面，是很多特色文化小镇建设主体的理念相对落后。他们认为特色文化小镇是政府主导的，有政府、当地居民和相关生产性企业的参与就可以得以顺利发展，不需要专业运营管理公司。另一方面，是国内高水平的专业运营团队稀缺。尽管我国已经形成了一批专业的文旅运营公司，但是其对特色文化小镇的运营管理经验尚不成熟，尚不能大范围地覆盖数量众多的特色文化小镇。专业运营公司的缺位导致特色文化小镇在运营管理中出现了宣传、资金支持、物业管理等方面的问题。

在对特色文化小镇专业运营公司的调研过程中，发现目前存在的突出问题主要在于专业运营思维意识淡薄、专业运营公司数量较少、专业运营公司能力有待提升三个方面。其一，专业运营思维意识淡薄。很多特色文化小镇建设主体没有充分意识到专业运营公司对特色文化小镇建设的重要作用，没有弄清楚什么是专业运营公司，没有形成系统的运营思维。其二，专业运营公司数量较少。调研数据显示超过一半的特色文化小镇没有专业运营公司，专业运营公司发挥出积极作用的特色文化小镇为数不多。其三，专业运营公司能力有待提升。专业运营公司的能力有限制约着特色文化小镇的发展。

(二) 资本运作效率有待提高

特色文化小镇的发展离不开资金的支持和资本的运作。尽管从中央到地方，出台了相关政策给予特色文化小镇不同方式和不同程度的资金支持；但是，这些资金远不能满足特色文化小镇的发展需求。特色文化小镇需要社会资金的支持和资本的运作。资金链断裂是很多特色文化小镇难以为继的重要原因。目前，特色文化小镇资本运作中的问题主要表现在以下几个方面。

一是，特色文化小镇投资主体结构尚需优化。一方面，政府支持资金有限，难以满足特色文化小镇的发展需求，并且缺乏专业的资本运作；另一方面，由于特色文化小镇的运营模式还不成熟、盈利模式仍不明朗、经济效益和社会效益尚未完全显现，文化企业、创新型企业、孵化类企业和一些做公共设施服务的企业依然没有表现出高度的热情和积极性，或者处于观望状态，市场和社会的参与度不高，工商资本投资有待加强。目前，大多特色文化小镇缺少大型财团、上市公司、国有企业、成长良好的民营企业的投资，投资主体相对单一。政府、社会、金融机构尚未建立起"利益共享、风险共担、全程合作"的关系，政府财政负担有待减轻，社会主体的投资风险有待进一步化解。

二是，资本运作模式有待进一步创新。特色文化小镇建设涉及征地拆迁、基础设施建设等非经营性项目，因此需要大量的公共建设投入。单纯依靠政府投入，财政压力较大，依靠政府"输血"的发展难以长久。特色文化小镇建设的长周期性难以满足资本追求快速增值的需求，融资困难。很多特色文化小镇在建设过程中，得不到大量的资金支持被迫停滞。目前，特色文化小镇资本运营基本是根据自身发展实际"各显神通"，尚未形成更加有效和科学的模式。

三是，资本运作监管过程有待加强。一些特色文化小镇在资本运营过程中，存在运作不科学不规范的问题，缺乏健全的监督管理机制；造成资本运作有问题，资源浪费，建设终止。在实际运营过程中，资金的使用去向，资金的使用效率尚缺乏进一步的监督管理；往往出现经营不佳，以致特色文化小镇建设终止的情况。政府投资、社会资本和金融资本支持重点应该首先放在特色文化小镇的产业扶持与发展中，提升特色文化小镇的"造血"能力，促进特色文化小镇自循环体系的建立。资本运作过程不规范，缺乏有效的监管机制是特色文化小镇资本运营中面临的突出问题，影响了特色文化小镇的健康发展。

（三）品牌影响力较小

特色文化小镇数量众多，但是形成知名品牌，走进人们视野，能让人记得住、觉得好、还想去的特色文化小镇为数不多。其中一个重要的原因是特色文化小镇的品牌影响力较小，知名度不高。品牌影响力较小主要体现在以下几个方面。首先是讲故事的能力不强。每个特色文化小镇都有自己的特色产业、特色文化，怎样把这种特色传播出去，就需要会讲故事。

讲故事需要依托自身的资源禀赋和特色,将本地的经济发展情况,包括创新创业的企业成长故事、历史文化人物故事、历史文化事件故事、特色风土人情故事等写出来、说出来,让更多的人了解这些故事;通过故事了解特色文化小镇,加深对特色文化小镇的印象,并通过故事体现出来的情感赋予文化产品更多的文化内涵。其次是利用现代网络传播的能力不强。网络媒体等新媒体,尤其是抖音、微信、微博、直播等自媒体的广泛应用表现出强大的传播效果,扩充了特色文化小镇的宣传营销渠道;但一些特色文化小镇未能很好地利用这些渠道宣传自身。很多特色文化小镇知名度小,影响范围主要集中在县市级。"有名无实"肯定不行,但"有实无名"也会影响特色文化小镇的发展。很多地方有了特色文化小镇之实,却没有打响特色文化小镇之名。"酒香也怕巷子深",宣传推广与品牌战略的缺失会造成资源的浪费、价值实现的损失。

(四)日常运营不精细

特色文化小镇的日常运营涉及多个方面,在一个系统的整体中,缺少任何一个环节,或者任何一个环节出现问题都会影响特色文化小镇的发展。忽视日常运营,或者日常运营不科学是很多特色文化小镇在建设中遇到的问题。特色文化小镇的日常运营不精细主要有以下几种体现。一是,政府、村集体、工商资本的角色分工不明确。在特色文化小镇发展中,政府应该做什么,村集体应该做什么,工商企业应该做什么没有形成科学细化的任务分配清单,导致特色文化小镇日常管理的混乱。二是,利益分配不均衡。在特色文化小镇的建设过程中会涉及当地政府、村集体、所在地居民、投资企业等主体的利益。村集体资产、财政可变资产、个人资金入股、商业资本在特色文化小镇中的占比,利益分配机制不完善导致了各方主体之间的矛盾和分化,阻碍了特色文化小镇的良性发展。三是,旅游服务管理不到位。特色文化小镇要凸显旅游功能,但是目前的特色文化小镇在发展过程中,很多都没有形成完善的旅游线路,旅游设施不完备,交通设施不便利。有些特色文化小镇基本的环境绿化和美化工作不到位,导致环境的脏、乱、差。旅游服务不规范使得特色文化小镇不能给游人以更好的旅游体验,影响特色文化小镇的长远发展;同时,智慧旅游管理服务系统的建设相对滞后。四是,运营成本较高。特色文化小镇的运营涉及品牌运营、商品运营、物业管理、场地维护等多个方面,运营成本相对较高。

四 特色差异有待突出

特色文化小镇突出强调的是特色和差异化发展。很多特色文化小镇发展受限，缺乏吸引力，最终导致经营失败，夭折短命，令人唏嘘。缺乏特色是其中一项突出问题。

（一）盲目追求数量

特色强调的是与众不同，走的是差异化发展道路。特色文化小镇的"遍地开花"不符合"特色形成"的规律，特色本身就内蕴着独特的发展条件。特色文化小镇的建设是有条件的，并不是所有的地方都应该建设特色文化小镇，不是所有的地方都能建设特色文化小镇。特色文化小镇的建设应该具备一些基础性条件。要么具有鲜明的地域性。与众不同的自然地理环境是形成特色文化小镇的一种条件，我国东西南北跨度极大，地域辽阔，几乎包括了高山、平原、盆地、丘陵等所有的地形，多样的地形各具特色，在多样化的地形地貌中，蕴含了不同风格的地理环境。如果所在区域具有独特的地理风貌，能够体现不同的自然景观特色；则可以以此为依托进行特色文化小镇的培育和建设，很多自然风光欣赏型的特色文化小镇就属于这种类型。要么具有能够吸引人的特殊文化元素。杂技、戏曲、舞蹈、剪纸、雕刻等文化艺术是特色文化小镇的重要内容，以这些文化艺术为积淀，充分挖掘利用具有特色的文化艺术元素，形成鲜明的特色文化产业并带动文化旅游业的发展是特色文化小镇的发展条件之一。要么具有能深挖的历史底蕴。历史文化资源和文脉是重要的文化资源，也是特色文化小镇建设的重要资源，通过挖掘和利用小镇文化资源，讲好小镇故事能够成功建设特色文化小镇。如果不具备先天的文化禀赋，就需要富有朝气的创意氛围。一些文创小镇做得有声有色，"无中生有"是这类特色文化小镇的特点。特色文化小镇的培育和建设需要特殊的条件，不顾地方发展实际，盲目进行特色文化小镇建设终将以失败告终。单纯追求特色文化小镇数量的做法不可取，需要依据自身实际情况，突出特色文化主题，保证特色文化小镇的发展质量。

（二）资源特色未突出

特色文化小镇首先要求产业的"特"而"强"，产业定位要有特色，产品内容要有新意。在特色文化小镇的申报和建设中，多数地方政府往往"地方有什么，就叫什么特色小镇"，如葡萄小镇、牡丹小镇、玫瑰小镇、陶瓷小镇等等。地方产业内容无疑是特色小镇的重要着力点；但是，"有"并不一定代表"特"，并不一定代表能够形成富有特色的产业，更不能代表能够形成高质量的特色文化小镇。只有形成多元的产业业态，创新的产品内容和服务才能形成特色产业。特色产业只是特色文化小镇其中一项主要内容，还需要不断地延伸产业链条，做好生产、生活、生态的有机融合。有什么并不代表什么强，尤其是以农作物为主题的小镇，在方圆几十公里内，地形地貌和自然环境相似，农作物的种植条件一样，并不能体现特色文化小镇的特色；况且，这些地方的产业基础并不强，没有形成产业的规模化发展，没有较高的市场占有率。有的特色文化小镇相关衍生产品匮乏、产业链条不完善、衍生体验服务缺失，没有形成对游客的感官冲击力。

（三）一味照搬照抄

特色文化小镇的建设经验可以学习借鉴，但不能复制，特色强调的是独特性和差异性。很多特色文化小镇在其规划设计、主题定位、产业选择、业态布局等方面照抄其他小镇，缺乏内容创新、业态创新、服务创新，造成建设雷同。比如，主题定位的雷同。一个美食小镇火了，无数个美食小镇兴起；关键是在美食菜单中，并没有凸显出自己的特色。走到小镇的大街上，放眼望去，是全国各地的小吃集结，并没有展示和提供出当地特有的饮食文化。一个影视小镇火了，众多个影视小镇跟风建设起来；其中缺乏独特的影视 IP，没有围绕影视产业展开全产业链的生产服务，空留下一些徒有虚名的影视城。又比如，建筑外观的雷同。青砖灰瓦、小桥流水成为很多特色文化小镇的标配。我国极具特色的建筑文化应该是特色文化小镇宝贵的资源，但是，在建设中建筑文化的特色并没有充分体现。再比如，商业业态的雷同。小吃街、农家乐比比皆是，缺乏新意。

（四）发展模式单一

特色文化小镇以特色文化资源禀赋和特色文化产业为主要内容支撑，需要突出业态的创新和模式的创新。尽管同一类别的特色文化小镇有着相似的禀赋优势和发展路径，但是，创新模式仍然是保持特色文化小镇发展可持续性的重要因素。比如，全国范围内有周窝音乐小镇、黄桥琴韵小镇、廉江音乐小镇、长泰古琴小镇、清城国际音乐小镇等一些以音乐产业为支柱产业的特色文化小镇。这些小镇虽然取得了良好的发展成效，但是其发展模式相对单一，创新不足。总体来看，我国音乐小镇的发展模式基本是以乐器制作为基础，融入音乐文化、教育培训、旅游等相关产业，延长音乐产业链，促进小镇的发展。"热潮之下，鲜有口碑，貌合神离，无人问津"的根本原因就是很多音乐小镇只有音乐的"肉"，缺乏音乐的"魂"；只是建了一些没有特色的景观建筑，缺乏优质音乐产品的供给。缺乏差异化是音乐小镇发展的硬伤。

五 特色文化价值尚未彰显

特色文化是特色文化小镇的价值内核，是区别于其他特色小镇的根本标志。特色文化的充分彰显是特色文化小镇健康发展的主要标准。但是，有些特色文化小镇依然存在着本地文化挖掘利用不足、文化主题不鲜明、文化表达不恰当、文化场景营造不足等问题。

（一）本地文化挖掘利用不足

文化差异是体现特色的根本途径，挖掘利用体现本地文化是特色文化小镇的法宝，也是特色文化小镇的使命担当。对于一个国家而言，民族的就是世界的，越是民族的越具有国际竞争力；对于一个特色文化小镇而言，本地文化越浓郁，小镇魅力越强大。一些特色文化小镇往往忽视了本地文化的深入挖掘和利用，具体体现在以下几点。

一是，倾向于模仿外国风情。当前，一些特色文化小镇只是倾向于模仿外国小镇建筑风格；注重外观建设，却忽视了小镇的内涵挖掘。

二是，建设者对本地文化资源"家底不清"。一些地方政府和小镇投资者没有对本地的文化资源进行梳理，不知道本地的特色文化是什么，本地的优势文化资源是什么；没有将本地的文化资源与周边地区、相似区域、其他地区进行比较分析，未能找到本地的优势文化资源。对本地文化资源的"家底不清"，就不会很好地体现当地文化特色。

三是，对本地特色文化资源的开发利用不够。在厘清本地优势文化资源的前提下，深入挖掘文化内涵，开发文化产品，才能实现更大的文化价值。很多特色文化小镇即使拥有特色文化资源，也没有将其充分挖掘表现出来。没有充分挖掘利用文化资源，没有将这些资源进行符号化，没有形成文化产品，没有参与文化产业的运营过程，没有形成买家卖家，没有文化消费的场景；从而没有实现文化商圈化，是当前我国特色文化小镇在建设中存在的主要问题。

（二）文化主题不鲜明

没有鲜明的文化主题，就没有特色文化小镇的鲜明特色，就不能形成特色文化小镇的文化灵魂。文化主题的不鲜明主要体现在两个方面。一方面，是在发展规划中未体现鲜明的文化主题。有些特色文化小镇没有科学的发展规划；有的特色文化小镇规划只是注重了占地面积、道路交通、基础设施、投资额度等，而没有对文化主题进行科学论证和选定，重有形内容，轻无形内容。另一方面，是文化主题凸显不到位。有的特色文化小镇围绕小镇文化主题进行了标志性建筑的建设，但是，没有能够凸显文化主题的建筑、服务和产品。例如，街道小品的建设、街道的命名、商业店铺的布置、特色食品等方方面面没有集中体现文化主题，使得特色文化小镇的文化主线不清，文化凝聚力松散。

（三）文化表达不恰当

贴切的文化表达是特色文化小镇持续发展的基本要求。文化表达不恰当会造成文化资源的浪费和文化引领的失范，影响特色文化小镇高质量发展。当前特色文化小镇的文化表达不恰当主要体现在以下几点。

一是，文化表达的内容肤浅。文化功能是特色文化小镇的基本功能之一，特色文化小镇要表达的文化内容应该是厚重和深入的。有些特色文化小镇只是打着特色文化的旗号，建设几处文化景观，重点发展商业，小镇要体现的文化底蕴和文化精神并没有完全表达出来。要么有景观无文化，要么有文化无内涵。很多特色文化小镇没有将所处区域的特色文化集中体现出来，没有与周边的风土人情结合起来，没有形成"骨子里的文化"。特色文化小镇是优秀传统文化创造性转化和创新性发展的重要载体，应该更好地凝练和表达出不同区域的悠久灿烂的文化。

二是，文化表达的方式不适宜。有的特色文化小镇，没有根据小镇的文化定位来对特色文化小镇进行精心布置，出现了"崇洋、求大、喜怪"等不良倾向。一些细节与特色文化小镇的文化风格不相匹配，给人以不伦不类的感觉，接地气不够，文化韵味不足。

三是，文化表达的效果有待加强。特色文化表达的内容、方式需要与特色文化小镇的环境和整体设计有机融合,避免文化表达的突兀与不和谐。

(四) 文化场景营造不足

当前有些特色文化小镇缺乏活力,生命力不旺盛的一个主要表现就是文化场景营造不足。用文化场景感知特色文化小镇,成为特色文化小镇重要的叙事方式。注重营造特色文化小镇多样化的文化场景,充分满足人们对特色文化小镇的参与感和体验感,将有力提升特色文化小镇的文化感召力。文化场景营造不足主要表现为以下几点。一是,物理场景空间营造不足。特色文化小镇需要多样化的文化场景物理场所,如小镇客厅、特色博物馆、文化馆、交流中心、创意基地等。很多特色文化小镇缺少高品质的文化场景物理空间,影响了特色文化小镇的文化表达。二是,文化活动场景营造不足。节庆、赛事、会展、非遗展示、特色演艺是特色文化的活态表达,也是特色文化小镇极具活力的文化内容。很多特色文化小镇尚未围绕特色文化内核设计开发出多彩的文化活动场景,未能多方面地表达特色文化小镇的文化内容,降低了特色文化小镇的文化吸引力。三是,数字文化场景应用不够。很多特色文化小镇未能充分运用现代数字技术开发互动体验场景、沉浸式体验场景、线上数字全景体验场景、数字文化云平台等数字文化场景满足新生代文化消费群体的偏好。同时,在品牌宣传、线上营销、产品定制、活动预约、生活服务等方面应用智慧管理系统的程度不高。

戏曲是特色文化的重要内容,也是特色文化小镇的主要文化内容;因此,戏剧小镇是一类典型的特色文化小镇。从全国范围内来看,有石牌戏曲文化小镇、苏州昆曲小镇、汤显祖戏曲小镇、嵊州越剧小镇等。这些戏曲小镇在传承中华优秀传统文化、塑造地方特色文化品牌等方面发挥了积极作用。但是,总的来说,我国戏曲小镇的文化场景营造不足,没有紧密围绕戏曲内核形成丰富的文化业态和文化表达方式,制约了戏曲小镇的健康可持续发展。

深入思考和剖析目前特色文化小镇发展中存在问题的主要原因有特色文化小镇建设主体和管理服务部门的创新意识不强、创新思维能力不足、缺乏创意、工作做法缺乏创新等。制度创新、资本支持、草根创新效率、文化人才、特色文化资源损毁或流失等成为阻碍特色文化小镇创新发展的瓶颈。比如，特色文化小镇的产业支撑不足，是因为缺乏创新的理念和手段支持产品创新、生产方式创新、消费方式创新、文化场景创新。再如，特色文化小镇所需资金供应不足，是因为没有运用创新性的思维处理政府、市场和社会资本之间的关系。又如，特色文化小镇千镇一面缺乏特色，是因为没有对特色文化内涵和产业发展进行创新性的规划与运营。创新能力不足成为制约特色文化小镇健康可持续发展的根本原因。进一步激发创新活力，突破创新要素制约瓶颈、促进创新不断迭代是特色文化小镇健康可持续发展的关键；而提升创新能力就需要良好的创新生态系统。特色文化小镇要像自然界中形成多物种共生、相互作用的欣欣向荣的自然生态一样，构建较为完善的创新生态系统；才能营造良好的创新环境，形成持久的创新活力，增强创新黏性，取得长远的可持续发展。因此，积极构建创新生态系统，并建立长效的创新生态系统培育机制是提升特色文化小镇创新能力，实现特色文化小镇高质量发展的有力抓手。

第 二 章

特色文化小镇创新生态系统理论

基于创新生态系统理论和特色文化小镇的属性特征，形成特色文化小镇创新生态系统的逻辑主线，建立特色文化小镇创新生态系统理论，对指导特色文化小镇创新发展具有重要的作用。

第一节　特色文化小镇创新生态系统理论基础

创新生态系统的基本理论是特色文化小镇创新生态系统理论的基础，它为特色文化小镇创新生态系统的研究提供了理论依据和学术框架。

一　创新生态系统理论

（一）创新生态系统理论演进

1912年，熊彼特（Joseph A. Schumpeter，1883—1950年）在《经济发展理论》中将创新界定为，打破原有的生产要素组合，建立一种新的生产函数。关于创新认知活动的早期理论模型称为"创新的线性模型"，即给定了影响创新的因素值，就有一定的函数关系对应出相应的创新效应；创新与影响创新的因素有相对明确的因果关联。线性创新的主体是企业，企业通过技术研发实现创新行为；创新的环节集中在生产端，依托的基础理论为新古典经济理论的内生增长理论，称为第一代创新范式。第一代创新范式的创新战略重点是自主研发，价值的实现载体是产品；创新驱动模式是由需求和科研共同组成的双螺旋模式。第二代创新范式是基于国家创新体系理论，注重产学研协同的，以服务和产品为主要价值实现载体；政府、企业、科研共同构成三螺旋模式。在第二代模式的基础上，我们从单一创新转向创新系统,并不是要推动单一创新的实现;而应该将目光放得更加深远,去创造出适应创新的环境,激发创新的不断产生,带来创新的持久繁荣。第三代创新范式的理论基础是演化经济学与自组织理论,创新主体之间的关系是产学研用"共生",价值实现载体是体验、服务和产品,政府、企业、科研、用户共同构成四螺旋模式。更多的学者从不同的角度更加关注以创新理论为基础的国家创新政策、国家创新环境和政府治理的创新等。在第三代创新范式的基础上,创新的重点逐渐转向创新生态系统的研究和建设上。对三代创新范式的总结,见表2-1所示。

表2-1　　　　　　　　三代创新范式比较[①]

	创新范式1.0	创新范式2.0	创新范式3.0
理论基础	新古典经济理论与内生增长理论	国家创新体系	演化经济学与自组织理论
创新主体(关系)	强调企业单体内部	产学研协同	产学研用"共生"
创新战略重点	自主研发	合作研发	创意设计与用户关系
价值实现载体	产品	服务+产品	体验+服务+产品
创新驱动模式	需求+科研	政府+企业+科研	政府+企业+科研+用户
构成模式	双螺旋	三螺旋	四螺旋

被称为"管理学之父"的彼得·德鲁克(Peter F. Drucker,1909—2005年)在1995年提出,工业和商业正在不断地发生变化,引起生产方式和销售方式的伟大变革;重点不是以所有权为基础的企业关系,而是企业之间的合作伙伴关系。创新不单是某个企业或个体的行为,而是以集聚形式出现的集体行为;创新的重点由单个创新转向创新系统。回顾创新理论的历程,可以发现创新理论主要有两种学派。第一种是以曼斯菲尔德和施瓦茨等为代表的"新熊彼特学派"。该学派认为创新的重点是技术创新。技术创新并不是一个相对孤立的事件,也不是均匀地分布在某段时间轴上;而是更趋于组成集群,鱼贯而出。创新不是个主体的行为;而是发

---

① 李万、常静、王敏杰等:《创新3.0与创新生态系统》,《科学学研究》2014年第12期。

生在各个主体之间的相互作用过程中，形成创新的整体环境。[①] 第二种是以诺斯等为代表的制度经济学派。该学派认为创新的重点是制度创新，肯定了制度、环境等因素对创新的影响。技术创新通过专利发明、科技应用，改变产品的性能、更新生产方式、拓展销售途径、提升生产效率，从而促进创新行为的产生，最终作用于生产力变革。制度创新通过规章制度、人文环境，改变生产者的思维、理念、能力、关系，加速创新行动的进行，最终作用于生产关系变革。技术创新着眼于创新行为的内部条件，采用由内而外的作用路径。制度创新着眼于创新行为的外部条件，采用由外而内的作用路径。技术创新和制度创新相互结合，共同形成创新行为产生的内外条件支撑。生产力变革和生产关系变革共同进行，形成新的创新联结，促进创新要素之间的相互协同，提升创新效率。随着创新实践的不断进行，技术创新和制度创新逐渐融合，形成了新的创新系统，创新系统中的各类创新主体相互协同，创新过程得到进一步优化，创新从单一事件转换成系统事件。

　　生态学是研究生命系统与环境相互关系的科学。21世纪之后，越来越多的学者将生态学理论融入创新系统研究中，将自然生态系统的主体、环境与创新过程中的主体、环境相隐喻，进一步丰富和拓展了创新理论，实现了从创新理论到创新系统理论再到创新生态系统理论的升级。创新生态系统理论更多地融入了生态学理论中的整体观、系统观、自组织演化观等思维过程，体现了更高级的创新思维。[②] 同时，自组织理论和系统演化的基本观点与思维方式对创新过程有着宝贵的借鉴意义。整体观认为生态系统中的各个组成部分之间是相互关联的，要求将生态系统中不同种群、不同群落、不同层次的研究对象作为一个生态整体来对待，注重系统整体的生态特征，研究生态系统的整体特征。系统观认为具有特定功能的、相互之间有机联系在一起的生态要素之间相互共生、相互作用、难以隔离，形成生物进化和生态共生的系统。生态学中的系统观与整体观是密不可分的。自组织演化观认为，生态系统是在不同的物种不断应对和适应复杂多

---

　　① Moore J. F., *The Death of Competition*: *Leadership and Strategy in the Age of Business Ecosystems.*, New York: Harper Business, 1996, pp. 146, 167.
　　② 常杰、葛滢编著：《生态学》，浙江大学出版社2001年版，第3页。

变的环境过程中逐渐形成并进行持续的迭代更新，自组织的演化促使物种在生态环境中优胜劣汰，从低级走向高级。自组织演化观提示我们，对生态系统的观察和研究，既要体现遗传基因，又要注重多样性变异；既要研究一般规律，又要体现特殊规律。

在创新生态系统理论中，注重协同创新的创新系统理论与生态学理论的融合，主要体现在以下几个具体方面。一是，融入多物种共生特性。生态学主要包括动物生态学和植物生态学。生态系统包括了多样的动物种群和植物群落。正是这些丰富的生态物种促进了生态系统的多样性繁荣。多元的创新主体是创新生态系统的主要基石，没有丰富的创新主体就没有创新生态系统强大的生命活力。二是，融入多链条平衡特性。在生态系统中，各生物个体都处在一定的食物链条当中，它们通过捕食、寄生等方式，参与生态系统的自然平衡。通过生物链条的建立和动态平衡，生态系统得以实现长久稳定。因此，只有形成多元的创新链条，更好实现创新资源的优化配置，促进创新效应的提升；才能更加有效地促进创新生态系统的平衡和发展。三是，融入生态位适宜特性。不同的生物物种在生态系统中占有不同的位置，发挥不同的功能作用，这种不同的地位和作用成为物种在生态系统中的生态位。不同的生态位决定了不同的资源利用范围，形成了生态系统的错位利用，有利于生态系统的稳定。因此，在创新生态系统中，各创新主体形成层次合理的创新生态位，保持较高的创新生态位适宜度，有助于创新效应的提升。四是，融入环境依赖特性。生态系统包括各种各样的生命维系所需要的环境要素，如阳光、水分、空气、温度、湿度等。这些环境要素既是生态系统的重要组成部分，又是维系物种生命的基本保障。依据生态系统的环境特征，地球上的生态系统包括森林生态系统、荒漠生态系统、水域生态系统等。在创新生态系统中，各类制度保障、良好的创新文化等是必不可少的创新环境。五是，融入生命周期特性。不同的生物物种在基因的主导下，不断适应环境，调节自身，获得不同的生命周期。经过出生、生长、扩张、衰退、消亡，生命物种逐渐走向更高阶段的进化。在创新生态系统中，每一个创新行为也要经历创新的萌芽期、初创期、成长期、衰退期；之后进入新的创新行为过程，实现创新的不断迭代。在上述研究基础上，作者整理出如图 2-1 所示的"创新生态系统理论演进图"。

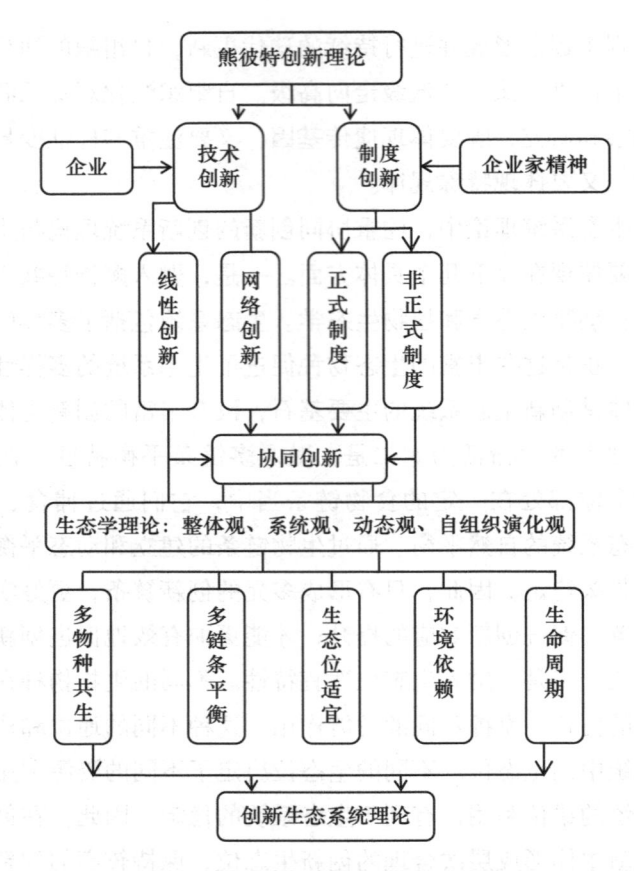

图 2-1　创新生态系统理论演进

资料来源：笔者根据相关资料整理绘制。

(二) 创新生态系统理论范畴

目前，创新生态系统的研究范畴涉及企业创新生态系统、产业创新生态系统、区域创新生态系统、国家创新生态系统等。

第一，关于企业创新生态系统。企业创新生态系统最早源于 Moore 提出的商业创新生态系统。Adner 进一步研究和强调了创新在企业生存与发展中的重要作用；并且指出，企业创新行为的实现需要与相关的合作方建立相互关联的创新链条，提高与客户进行沟通和交流的效率。企业自身的技术创新和研发、销售创新不是"单枪匹马"的；企业处于创新生态系统的重要位置，是创新生态系统的核心要素。[1] 企业选择一个地方发展和企业之间的聚集与地理环境、基础设施、政府扶持政策等生长环境密切相关。所以，企业的创新生态系统应该包括技术人才、技术研发资金、研发设备、企业发展基础、企业领导者素养、企业创新氛围、企业选址自然环境、企业选址人文环境、政府扶持政策等。创新是提升企业效率的关键要素；而企业创新的主要途径是学习，是企业员工通过面对面的学习，共同探讨交流，及其思想的碰撞。

第二，关于产业创新生态系统。产业创新系统更加侧重于企业和企业之间的相互联结，强调产品生产的延伸性。Gawer 等人认为产业创新生态系统需要以基础产业为核心，向上游和下游的相关产品和服务不断拓展。产业创新链条上的主体可以相互借鉴和利用创新的技术、产品与服务，实现产业链条的整体创新提升。产业创新是由许多有着相似生产内容的企业联合构成。企业之间的交互、合作是为了实现产业内部的资源的最优化配置，这是产业创新的重要内容。企业的外部增长包括企业之间的兼并重组、合作共赢等，这些都有利于企业和产业创新行为的实现。在实践中，许多企业不仅局限于企业内部的技术创新和管理创新，更是把发展视野放在企业与企业之间即产业发展的环境中，采取兼并、重组等多元化的发展战略，实现产业资源的重新分配和组合，达到最优化效果。不同类型不同规模的企业相互合作将激发无穷的创新效应，这是产业创新增值的过程。产业内部的资源重组能够激起资金、人才、信息、技术之间的创造活力，产生创新红利，形成新的创新生态系统。

第三，关于区域创新生态系统。1992 年，Cook 教授发表了《区域创新系统：欧洲的竞争规则》，首次提出区域创新生态系统。[2] 创新不是随意分布在任何时空点的独立的活动，创新过程具有明显的地域特征。这是因为不同区域内的创新主体、技术支持、资金来源、服务设施、保障措施、市场环境、政策制度等具有明显的空间属性。不同于自然生态环境，

---

[1] Moore J. F., *The Death of Competition: Leadership and Strategy in the Age of Business Ecosystems.*, New York: Harper Business, 1996, pp. 146 – 167.

[2] Cook P. Regional Innovation System, "competitive regulation in the new Europe", Geoforum, Vol. 23, No. 2, 1992.

创新必须充分发挥人的主观能动性，是一种社会化的内化过程。区域创新生态系统是区域内各个创新主体、创新环境、创新机制的有机融合，是区域创新性发展的首要条件。但是，区域的边界很模糊，我们可以按照行政区划、地理位置、经济聚集区等不同的维度划分区域，或者可以根据行政空间、地理空间、经济空间、社会空间、文化空间进行划分。

第四，关于国家创新生态系统。从国家创新生态系统治理的角度来看，相关学术研究更加关注国家的创新政策、制度环境、政府治理创新等。1987年，英国经济学家克里斯·弗里曼（Chris Freeman）在《技术和经济运行——来自日本的经验》中，首次使用了国家创新生态系统的概念。不同国家的创新生态系统构成不尽相同，创新机制不同，方式不同。考虑到政府和市场的关系以及系统失灵的问题，OECD给予国家创新系统新的定义是："国家创新系统是以追求更高的经济价值和更具公众认同的社会价值为目标，由政府、企业、科研机构、社会组织共同参与构成的，通过相互学习、协作等方式连接在一起的有机整体。"[①]

创新生态系统理论是以企业生态种群为核心，逐渐向企业与企业之间、企业与用户之间、企业与研发之间、企业与环境之间深度扩展，形成密切的创新关联，从而改变创新的内涵和构建，形成新的创新理论研究范式和创新实践形式。企业创新生态系统、产业创新生态系统、区域创新生态系统、国家创新生态系统是当前创新生态系统理论研究的四个层次。企业创新生态系统是从微观角度出发的创新生态系统，强调的是企业的创新战略和创新效率提升。产业创新生态系统和区域创新生态系统是从中观角度出发的创新生态系统。产业创新生态系统是以产业为边界，强调的是以企业之间的互联为主线形成不同的产业链条，包括金融链条、服务链条等，形成完善的价值实现链条，促进创新生态系统的演化进步。区域创新生态系统是以区域为边界，注重区域内部的经济、社会、文化等发展环境对创新的影响，创新效应的发挥具有明显的区域属性。国家创新生态系统是从宏观角度出发的创新生态系统，强调的是跨产业、跨地域、跨组织的创新，是以提升国家创新能力为主要目的的创新生态系统。企业创新生态

---

① Cooke P., "Regional Innovation Systems: Competitive Regulation in the New Europe", Geoforum, Vol. 23, No. 3, 1992, pp. 365-382.

系统是基本单元，企业创新生态系统、产业创新生态系统、区域创新生态系统是国家创新生态系统的重要组成部分，四者相互融合、相互促进。因此，创新生态系统理论是适用于企业等多种经济形式和不同区域范畴的创新理论研究范式，创新生态系统适用于企业等多种经济形势和不同区域范畴的创新实践。

特色文化小镇包括文化企业的发展、文化产业的发展，注重经济发展效益的提升，同时包括文化内涵的凸显、文明素养的提升、人居环境的优化，注重社会和文化效益的提升。特色文化小镇创新生态系统理论是建立在企业创新生态系统理论、产业创新生态系统理论、区域创新生态系统理论、国家创新生态系统理论的基础上，形成的特定载体的创新生态系统理论。特色文化小镇创新生态系统有利于文化企业创新、文化产业创新和区域创新，是国家创新生态系统的有机组成部分，有利于激发大众创新的活力，促进国家创新能力提升。

（三）创新生态系统理论框架和观点

1. 创新生态系统理论框架

创新生态系统理论是在系统协同创新理论中融入生态学中的多物种共生、多链条平衡、生态位适宜、环境依赖、生命周期等特性，演化而成。因此，创新生态系统理论的基本构件包括了五个大类。一是，创新主体。创新生态系统中的创新主体是与生态系统中的生物物种相对应。创新主体是指参与创新、生成创新的来源和主体，有创新源、创新物种、创新种群、创新群落等。二是，创新方式。创新生态系统中的创新方式是与生态系统中的生物链条相对应。创新方式是指创新产生和扩散的路径与形式，包括创新链条、创新网络、创新平台、开放式创新等。三是，创新条件。创新生态系统中的创新条件与生态系统中的生态位适宜相对应。创新条件是指有利于提升创新效应的结构、资源等条件支撑。创新条件包括了创新生态位、创新催化、政策保障等。四是，创新环境。创新生态系统中的创新环境是与生态系统中的环境依赖相对应。创新环境包括有利于创新的基础设施、人文历史、区域特征、文化氛围等。五是，创新过程。创新生态系统中的创新过程与生态系统中的生命周期相对应。创新过程是指创新孕育、创新孵化、创新生成、创新扩散、创新衰退、创新迭代等。这五大要件构成了创新生态系统理论的基本框架。

2. 创新生态系统理论核心观点

一是，多元的创新主体有利于激活系统创新动力。丰富的自然生态物种和群族促进了生态系统的繁荣发展，多元的创新主体是创新生态系统的力量源泉。创新主体越丰富，创新链接越紧密；创新动力越强劲，越能激活系统的创新活力。基于复合协调度模型，对高新技术产业的创新主体及创新主体之间的协同创新进行研究发现，不同行业的创新主体的参与度和协同度之间存在差异；需要培育行业组织、协会等创新主体，建立以企业为核心的多主体协同的创新网络关系，才能提升行业的创新效应。[①] 不同类别的高等院校与不同类别的企业联合创新，能够产生不尽相同的专利发明。高等院校与企业通过跨组织的合作创新，有效地推动了高等院校科研水平的提升，有利于发挥人才培养、科学研究、服务社会的功能，同时更好地促进了企业学习能力的提升，强化了企业竞争优势，提升了企业可持续发展能力。[②] 文化企业、辅助型企业、孵化器、中介服务组织等多元的创新主体能够充分激发企业创新动能，提升园区、开发区等区域产业发展质量。创新主体越丰富，创新活力越强劲。

二是，先进的创新方式有利于建立高效的创新行为链接。封闭式创新、开放式创新、个体创新、协同创新、颠覆式创新、模仿式创新等都是不同的创新方式。不同的创新方式适用于不同的创新领域和不同的阶段，也会带来不同的创新效果。落后的创新方式会阻碍创新主体动能的激发，降低创新要素的产出效率，影响创新成效。创新方式的不断更新和进步有利于创新行为的产生。互联网的广泛应用带来了数字化变革，数字技术催生了文化生产、传播和消费领域的颠覆式创新，带来了多种多样的创新行为。数字内容生产技术的创新使得传统的文化产业能够突破时间限制、地理空间限制、消费群体规模限制，实现跨区域、跨时间、跨群体、跨角色的突破式发展。比如，传统的演艺模式，只能是表演团队在相对固定的人员构成、演出时间、演出场地情况下进行，且受到观演者规模的影响。当

[①] 张萌、戚湧：《基于复合协调度模型的创新主体协同机理研究》，《科技管理研究》2020年第18期。

[②] 朱容辉、刘树林、林军：《产学协同创新主体的发明专利质量研究》，《情报杂志》2020年第2期。

互联网技术普及和数字应用场景广泛拓展时，线下演艺可以通过互联网视频展示和传输，大大拓展了演艺的生产空间和消费空间；同时演艺场景可以进行有效存储，实现更加灵活的文化消费模式，增强了文化演艺产业的可贸易性，拓宽了文化产业的市场空间。网络游戏、网络文学、网络音乐等互联网文化内容，以及优酷、B站等众多的互联网内容平台的发展，创造了海量的数字文化内容，以及众多的文化创作、生产、消费新模式。一方面，创新了文化产业新模式、新业态，丰富了人们的文化生活；另一方面，给文化产业的管理和服务带来了巨大的挑战。新型文化业态突破了文化、宣传等文化管理部门的治理需求，拓展了对网信、公安等多部门的治理需求，要求更加多元、开放的协同创新治理模式。创新方式的进步能够更加有效地激发创新动能，提升创新成效。

三是，高质量的创新条件是提升创新效能的保障。创新生态系统的构建离不开良好的创新条件支撑。创新生态系统所需的创新条件包括优质的创新政策、适宜的创新生态位、完善的创新链条等，其中体现了多元复合的创新逻辑。比如，创新政策包括政策制定、政策执行和政策评估等多个环节，政策制定既需要单个主管部门的制定发布，更需要多个相关部门联合进行政策的出台，才能增强政策制定的科学性和有效性。同时，政策执行过程往往不是单一部门的操作，而是涉及多个部门的协同执行。在此基础上，还需要建立多元主体参与的政策绩效考核评估机制，对政策的绩效进行有效评估，检验政策带来的实际效果，及时修改完善。又比如，建立适宜的创新生态位，保持资源的合理占有和分配；错位发展是良好创新生态系统的重要内容。不同创新主体找到其在整个创新生态系统中的位置，具有各自的功能和作用，实现了最优的价值效率；才会提升创新能力，促进形成更加强劲的创新黏性，形成创新生态系统。再比如，完善的创新链条也是创新生态系统的有机组成部分。只有形成完善的资金投入、使用、收益链条，完善的专业运营和自组织运营管理服务链条等创新链条；才能保证创新过程的顺畅进行。

四是，优良的创新环境与创新能力提升密不可分。森林生态系统、草原生态系统等自然生态系统与所在地的自然地理地貌和生态环境融合共生，区域环境与自然生态系统息息相关。同样，创新生态系统是建立在所在区域的综合发展条件之上的，与所在区域的资源禀赋、政府服务、经济发展水平、社会治理状况、文化传统、风俗民情等密切相关。比如，人口越发成为创新生态系统的基本条件，人口流入成为创新生成的重要动力源，人口净流入量成为衡量创新生态系统质量的生动指标。近些年来，深圳、杭州、成都等文化特色相对鲜明的区域人口净流入相对较多，有利于这些区域整体创新能力的提升；而一些人口流出较严重的地区整体创新环境受到一定制约。又比如，区域的营商环境会影响民营企业等创新主体的创新积极性，影响创新生态系统的构建。政府的公共服务能力对创新生态系统的构建发挥着重要作用。再比如，教育环境、文化氛围、人口多样性、社会包容性和开放性影响创新人才的培养与供给和大众创新活力的激发，进而影响创新行为的形成。同时，区域的自然生态环境、经济发展水平、就业机会、生活成本、医疗服务、交通便利性、生活设施、文娱活动等都会影响创新要素的集聚。

五是，科学的创新过程是创新持续迭代的必然要求。生物物种在自然生态系统中不断进行着生长、成熟、消亡、新生的过程，促使物种的不断进化发展。在创新生态系统中，创新在孕育、产生、成熟、更新的过程中，通过创新过程的自组织演化，促进创新的持续迭代和升级。创新过程是持续而非连续的，是由不同的创新环节组成，各个环节相互依赖、相互联结。创新过程往往是逐渐的、累进的和同化的过程。不同创新方式具有不同的创新过程。颠覆性创新过程可以分为创意社会化、方案外显化、技术雏形化以及最终的产品商业化等环节。[1] 模仿式创新过程可以分为创新识别、学习交流、改进完善、创新实现、创新衰退等环节。同时，不同的创新对象具有不完全相同的创新过程，比如科技创新过程可以分为创新环境创设、创新发现、创新活动资助与支持、创新活动管理、创新成果评价、创新成果转化与应用等环节。[2] 在管理创新过程中，包括激励、发明、理论化与标签化等环节。[3] 在创新生态系统中，创新过程更加注重创新环节之间的相互作用和因果互联，更加注重创新过程的演化机理。在创

---

[1] 张光宇、曹会会、刘贻新等：《基于知识转化模型的颠覆性创新过程解构：知识创造视角》，《科技管理研究》2022 年第 7 期。

[2] 李杨：《创新过程视角下的上海科技政策变迁》，《中国科技论坛》2023 年第 4 期。

[3] Birkinshaw J., Hamel G., Mol M. J., "Management innovation", *Academy of Management Review*, Vol. 33, No. 4, 2008.

新生态系统中，各个创新主体通过开放协同进行创新构想、创新孵化、创新行动、创新实现、创新扩散、创新迭代，形成完整的创新过程，充分激发创新动能，提升创新效益。特别是对企业主体的创新，创新过程包括了创新生成、竞争优势战略和市场化选择、创新扩散等环节。科学的创新过程是创新生态系统理论与构建的有机组成部分，是创新持续迭代的必然要求。

二 开放式创新生态系统理论

随着信息技术的不断创新和迅猛发展，创新生态系统的企业互联、信息共享、即时交互等功能和特征不断面临新的挑战。大数据时代的信息获得、信息交换、信息使用逐渐打破传统创新生态系统的协同边界，促使创新主体产生跨时空协作、跨维度融合、跨角色互联的强大需求。一方面，在互联网技术的变革下，创新主体之间的互联模式，知识信息流的产生和获得路径，群体交互方式发生了明显的变化；互联网应用场景的扩张需要更加开放的创新生态系统。另一方面，全球创新协作的网络联结强度更大，联结密度更大；需要一种更加便捷快速的信息交换方式，需要更大程度上的数据开放。[①] 以互联网技术为基本支撑的开放式创新生态系统成为一种新的理论焦点和实践热点。开放式创新生态系统理论更加强调数据的开放性和共享性，是创新生态系统理论的升级和补充。

以计算机技术为基础，以互联网为主要媒介形成的网络互联模式成为当前经济社会发展的重要依托。在互联网时代，信息和数据成为关键的生产要素，人类可以通过互联网形成新的生产和生活方式，并催生出新型社会关系。在此背景下，以互联网技术为基本技术支撑，形成了新型的联结方式，孕育了新型社会生态环境。

互联网技术促进了创新生态系统的不断变化，促使传统的创新生态系统向开放式的创新生态系统转变。开放式创新生态系统是指广泛的大众用户基于开源共享的模式，充分利用大数据，与众多的企业组织联合形成结

---

① 林勇、张昊：《开放式创新生态系统演化的微观机理及价值》，《研究与发展管理》2020年第2期。

构上分散却高度协作的知识生态种群；利用相互对等的关系进行交流互动，共同对产品和服务进行创新的系统结构。从一定意义上来说，开放式创新理论是国家创新体系建设的基本理论。以互联网技术为基础的技术研发分散化和交互形式的网络化促使企业不断打破原有边界，参与开放式创新生态系统的构建，相互协作提升企业的创新能力。以互联网为技术支持形成的开放式创新生态系统在组织形式、联结方式、交互方式、合作方式等方面，与传统的创新生态系统不同，更新了创新生态系统的内涵。开放式创新生态系统更加注重知识的广范围学习交流和劳动的跨时空分工。依托于互联网技术，创新的主体从单一的组织或区域内部扩充到无限边界的大众用户端。充分利用数字化呈现之后的大数据，实现更广范围的协作，实现更大的创新价值。[1] 研发生态圈和商业生态圈是开放式创新生态系统的重要组成部分，两者的融合发展是开放式创新生态系统的表现特征；核心企业在不同的创新阶段发挥着重要的驱动作用，以生态系统的消费者、生态系统的生产者和生态系统的分解者的身份发挥主体作用；充分的金融支持、充足的市场资源、优质的共享平台是开放式创新生态系统的重要保障；整体性的创新协作能力与规范性的治理分配能力是开放式创新生态系统的关键因素；共创共赢是开放式创新生态系统的思想保障；创新创业环境、技术研发转化环境等是开放式创新生态系统的重要支持条件。[2] 开放式创新更加强调创新主体、创新要素以及创新环境的开放特征。营造适宜于创新的文化环境，促进创新主体的更广泛的协作，资源共享，价值共创，是开放式创新生态系统建设的目标。[3]

基于互联网的开放式创新生态系统与传统的创新生态系统相比，在结构、方向、空间、边界、交互等方面有了进一步的演进。从创新理念上来看，传统创新生态系统注重创新要素的培育，开放式创新生态系统注重创新要素的沟通和协作。从创新方向上来看，传统创新生态系统注重的是技

---

[1] 林勇、张昊：《开放式创新生态系统演化的微观机理及价值》，《研究与发展管理》2020年第2期。

[2] 吕一博、蓝清、韩少杰：《开放式创新生态系统的成长基因——基于iOS、Android和Symbian的多案例研究》，《中国工业经济》2015年第5期。

[3] 王高峰、杨浩东、汪琛：《国内外创新生态系统研究演进对比分析：理论回溯、热点发掘与整合展望》，《科技进步与对策》2021年第4期。

术和制度的相互融合；开放式创新生态系统基于互联网技术，强化了多种媒介对创新生态系统的影响，更加注重技术、制度、媒介的融合。从组织形态上来看，传统创新生态系统呈区域网络式组织，是建立在企业、产业、某个区域范围内的互相联结的传统组织；开放式创新生态系统呈平台式复合组织。从创新空间上来看，传统创新生态系统集中于有限的物理空间；开放式创新生态系统打破有限物理空间界限，着眼于无限的网络空间。从创新范式上来看，传统创新生态系统注重培育创新环境、优化创新条件，多要素共生的平面非线性范式；开放式创新生态系统着眼于跨时空的知识分享和知识分工，多维度的交互方式，多元的价值共创和利益分享形成的多维立体范式；从创新逻辑上来看，传统创新生态系统强调创新共生，独立的企业、组织或个体，依托资源共享，相互协作实现资源的最优化配置和整体利益的提升；开放式创新生态系统着眼于效率最优，企业、组织、个体可以跨越区域归属空间，在更广范围内突破资源制约壁垒，寻求最佳生产要素，以更高的效率实现价值共创。以上是关于传统的创新生态系统与开放式的创新生态系统的比较。为了让该比较更为直观，特以表格形式呈现。具体见表2-2所示。在互联网成为基本发展平台的社会，开放式创新生态系统更容易实现资源共享；风险共担的竞争合作机制，对创新能力的提升发挥出新的更大的作用。

表2-2　　传统创新生态系统与开放式创新生态系统比较

	创新生态系统	开放式创新生态系统
创新理念	创新要素培育	创新要素的沟通协作
创新方向	技术与制度的融合	技术、制度、媒介的融合
创新组织形态	区域网络式组织	平台式复合组织
创新空间	有限的物理空间	无限的网络空间
创新范式	平面非线性	多维立体
创新逻辑	创新共生	效率最优

第二节　特色文化小镇创新生态系统理论逻辑

创新生态系统理论和开放式创新生态系统理论是特色文化小镇创新生态系统理论的形成基础。按照创新生态系统理论的思想内容，生成特色文化小镇创新生态系统理论的逻辑主线，这些基本逻辑构成了特色文化小镇创新生态系统理论的逻辑基础，贯穿和引领着特色文化小镇创新生态系统理论。

创新生态系统理论的五大构件包括创新主体、创新方式、创新条件、创新环境、创新过程，开放式创新生态系统强调开源共享和数据应用的特征。因此，按照这五大构件和特征，生成了特色文化小镇创新生态系统的产业集聚、用户导向、开放协同、数字应用、多元复合、环境共生、低替代性七大逻辑。这七大逻辑相互关联，内生融合，共同作用。文化企业的创新直接影响着特色文化小镇的创新，特色文化企业以及企业相互关联带来的特色文化产业主体是特色文化小镇重要的创新主体。创新生态系统和开放式创新生态系统注重用户价值的导向，因此，特色文化小镇创新生态系统要更多地面向用户。产业集聚和用户导向逻辑属于创新主体构件。开放式创新生态系统的理论决定了特色文化小镇创新生态系统要注意开放协同和数字应用，这两大逻辑属于创新方式构件。多元复合逻辑强调了政府、企业、社会组织等多方参与机制和创新生态系统的条件支撑，属于创新条件构件。环境共生逻辑强调的是创新孕育、产生、扩散的经济环境、文化环境、制度环境等，属于创新环境构件。顺畅的创新扩散和创新迭代机制是延长创新生命周期，提升特色文化小镇创新生态系统生命活力的必然要求，顺畅的创新扩散和创新迭代蕴含着差异性与低替代性的逻辑，只有保持强烈的低替代性才能促进创新过程的实现和持续，低替代性逻辑属于创新过程构件。这七大逻辑基于传统创新生态系统理论和开放式创新生态系统理论，奠定了特色文化小镇创新生态系统理论的逻辑基础。该逻辑如图 2-2 所示。

一　开放协同逻辑

协同创新是创新理论的新范式，特色文化小镇创新生态系统理论遵循

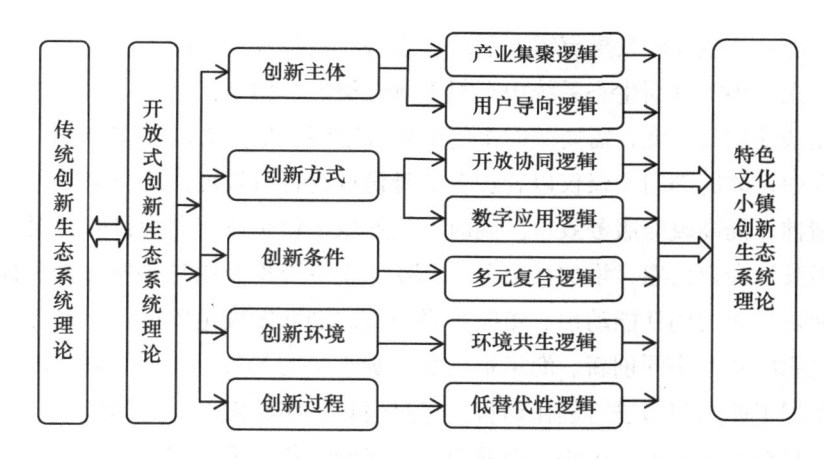

图 2-2　特色文化小镇创新生态系统理论逻辑

　　的一个重要逻辑就是开放协同。与物种的进化过程相类似，协同创新能够使得创新主体之间相互共生。特色文化小镇是一种新型的适宜创新创业的综合空间，其中涉及企业、产业等经济组织；还包括社区、物业、设施管理等生活组织，以及政府和社会组织等其他服务组织。在实现创新的过程中，需要参与者之间的相互协同。协同的必然要求就是开放，企业之间不能相互独立封闭，而应该相互沟通，互利共赢；政府部门之间不能各自为政，政出多门，而应该思路共享，政策相互衔接。特色文化小镇创新生态系统的开放协同主要体现在以下几个方面。

　　一是，企业和企业之间的开放协同。特色文化产业和与其相互配套的生产型服务企业、销售型服务企业及其相关的上下游企业之间需要相互沟通联系；在生产类别、生产规模、衍生产品开发，以及围绕核心产品进行的体验服务开发中都需要企业打破自我发展的圈限，树立开放的思想，实现真正意义的合作协同。这样才能实现特色文化产业的产业链条延伸和价值的最大化。北京宋庄艺术小镇是北京市确定的通州区重点建设的三个小镇之一，有小鸡科技、大运河礼物、吉兔坊等 262 家文化企业，涉及文化体验、艺术创作、展示交流等行业门类，成立了宋庄新联会、宋庄艺术促进会等 4 家文化行业协会，形成了完善的企业创新链条和产业创新链条。

　　二是，企业和政府之间的开放协同。与一般的生产性产业有所不同，文化产业的核心生产要素是创新和创意。创新创意转化具有较大的风险性，因此其成长和发展更需要财政、金融、税收等部门的支持；尤其是在特色文化小镇创新生态系统中有很多草根类的初创型文化企业，面临着更加复杂的创新困境，需要政府部门的更大范围、更大力度的支持。在这个过程中，政府部门不仅仅以管理者的身份进行行政管理，还应该具有企业家精神，提高政府服务效率。同时，企业也不仅是以盈利为目的；而应该增强其社会责任感，增加社会公共利益。正确处理企业与政府的关系有利于激发企业的创新能动性。馆陶粮画小镇的创新发展主要得益于政府和企业之间的相互协同创新。海增粮艺是粮画小镇的龙头企业，原来是在馆陶县城租了四间门市进行创作销售，经过短短几年的发展，几间门市已经不能满足企业的发展；于是，企业负责人找到时任县委书记，请求在县城批下一块地扩大规模。在县委书记的大力支持下，海增粮艺找到了新的发展地；自此，贫困村寿东村就开始了特色文化小镇的创新发展之路。在这个过程中，县委、县政府成立特色文化小镇专班，提供了人才、土地、财政等多方面的支持。企业与政府形成良性互动，共同优化创新环境，完善创新条件，促进了企业和政府的协同创新，提升了粮画小镇的创新能力。

  三是，政府与政府之间的开放协同。政府与政府之间需要相互开放和协同，才能实现更好的治理效果。佩里·希克斯（Perri Six）在《整体性政府》中提出了"整体性政府"的概念，强调政府之间的相互协同和整合，从而达到无缝隙治理和整体性治理的目标。发达国家的跨部门协同主要表现为"横向协同""纵向协同"和"内外协同"[1]。从水平分工来看，特色文化小镇创新生态系统的建设涉及发改、住建、宣传、文旅等政府部门；随着大数据的发展和智能化的发展，特色文化小镇的发展越来越多地涉及网信、公安等部门的管理。从垂直分工来看，特色文化小镇由国家、省级、市级、县级等多层行政部门管理。因此政府之间应该加大开放交流，做好"上下协同""左右协同""内外协同"，实现特色文化小镇资源的最优化配置和最优化管理。

  特色文化小镇创新主体多样化，只有主体之间相互开放协同才能实现整体的协同创新。特色文化小镇创新生态系统构建不是某一个单一主体的

---

[1] 周志忍、蒋敏娟：《中国政府跨部门协同机制探析——一个叙事与诊断框架》，《公共行政评论》2013年第1期。

责任，也不是单一主体可以独立完成的工作，而是需要整体的协同。任何一类主体的观念和行为滞后于整体创新的步伐，都将影响特色文化小镇创新机理的形成，影响特色文化小镇创新生态系统的建立和创新效果。

二 环境共生逻辑

创新的孕育、产生、生长离不开其所处的环境，其中最重要的就是有利于创新的文化环境。文化环境是从区域历史文化背景和历史积淀出发，形成的与历史文脉一脉相承的文化氛围和文化条件。创新的根本环境是其所在的文化环境；正是因为有了涵养创新的文化生态，才成就了更多的创新。"硅谷"之所以成为全球创新的"楷模"，深圳之所以成就"草根创新"科技巨人，中关村之所以成为中国信息网络科技创新的乐园，张江高科技园区之所以成为跨国公司研发基地的首选和留学人员回国实现创新创业梦想的地方，都与其独特的地理人文环境和历史积淀分不开。[①] 特色文化小镇要想成为一种新型的创新创业平台，必须形成有利于创新的文化；开放式创新生态系统强调系统中各个要素之间的有机融合以及要素与周围环境的共生。特色文化小镇的创新生态系统的建立与特色文化小镇独有的文化特征密不可分。特色文化小镇创新生态系统的文化特征主要通过以下几个方面体现。

一是，特色文化产业。特色文化产业是特色文化小镇的立镇之本，是特色文化小镇创新生态系统建设的基本支撑。特色文化小镇的文化特征受到小镇支柱性特色文化产业的重要影响。特色文化小镇的主题选择和文化定位往往依托当地的特色文化产业优势，从特色文化产业的市场选择展开产业的不断延伸以及业态的丰富。特色文化企业的企业文化直接影响特色文化小镇创新生态系统的文化氛围，特色文化企业的技术创新、产品创新、服务创新深刻影响着特色文化小镇的创新生态。同时，特色文化小镇的文化特色品牌的培育和形成，可以提高特色文化产业的影响力与知名度，扩宽产业发展的更广阔的市场空间。

二是，特色文化资源。特色文化资源是特色文化小镇的优势资源禀

[①] 张爱平、孔华威：《创新生态：让企业相互"吃"起来》，上海科学技术文献出版社2010年版，第2页。

赋，是特色文化小镇创新的主要源泉。特色文化小镇多分布在特色文化资源相对集中的县域范围内或民族地区。特色建筑或文物遗址等物质文化资源，手工技艺、传统绝活等非物质文化资源中蕴藏着丰富的文化特色。这些特色文化资源的长期熏陶形成了各个区域的不同文化特色。创新性的传承、开发和利用特色文化资源是特色文化小镇创新能力提升的表现。

三是，特色文化小镇周围的文化制度环境。特色文化小镇创新生态系统的培育和发展在实践中出现了一种这样的情况，相似文化主题和相似文化定位的特色文化小镇在不同的区域，培育和发展的效果相差很大。由此可看出，特色文化小镇不是"独门独院"，而是与周围文化环境有机融合在一起的。文化产业的发展不能只从产业发展本身来评判，更应该将其放在所处的城镇发展环境中考量，文化产业的发展状况与所在城市的发展风格、地域特色紧密相连。周围区域长期形成的民风民俗、风土人情、理念观念、制度环境等与特色文化小镇的文化特色共生共依，影响着特色文化小镇创新文化。

景德镇具有深厚的陶瓷文化底蕴，各类创新主体与当地的陶瓷文化环境、文化底蕴相互影响，形成良性互动。景德镇市三宝瓷谷文旅小镇位于景德镇市珠山区的一条狭长山谷中的小村庄"三宝村"；它不仅是一个具有国际艺术气质的陶艺村，还是众多陶瓷艺术家享受创作、沁润生活的艺术圣地。在这里既有各类的艺术大展，又有丰富的沉浸式的和场景式的文旅体验项目，还有一些极具小镇特色的文创产品和服务；这是一个艺术创作、陶瓷生产、个性化消费、多元化体验的综合体。景德镇市三宝瓷谷文旅小镇是在景德镇文化品牌的影响下，在景德镇悠久的陶瓷创作生产的文化底蕴之上，由著名陶艺家李见深教授创办，艺术家们自发聚集形成的；该小镇充分体现了景德镇陶瓷文化的吸引力。小镇主要是由三宝村的老式农宅和一些陶艺作坊组成，优美的自然环境和独特的陶瓷文化气质吸引了众多艺术家来到这里进行艺术创作，逐渐衍生出更加多元的文化业态和文化场景。宁钢、俞军、李游宇、占少林、冯绍兴等优秀艺术家来到小镇进行艺术创作和生活，为小镇的持续创新提供了有力的持续力量。在艺术家们的引领下，小镇创新活力持续激发，文化创新环境不断得到优化，创新条件逐渐完善，创新过程更加顺畅，取得了良好的创新成效。

三 用户导向逻辑

开放式创新生态系统更加注重角色的转换，消费者也是生产者，体验者也是创造者。在开放式创新生态系统中，价值的创造是由多方参与主体共同完成，并且以多元交互方式实现效率最优。用户在消费过程中根据自身的消费体验对产品进行改良和创新，这些创新是基于消费端体验产生。在这个过程中，一些具有较强的创新意识和创新能力的领先用户在用户创新中具有更加重要的作用。在创新生态系统中用户成为重要的创新主体，具有较强的创新能动性。民主化创新原本主要是针对企业发展的产品创新，随着创新范式的不断变化，其应用范畴不断扩大。特色文化小镇的创新不仅有文化企业的创新，还有商业的创新、消费场景的创新、文化业态的创新、生活场景的创新等，这些创新都离不开用户的参与，用户导向是特色文化小镇创新生态系统理论的一项重要逻辑。用户导向逻辑贯穿特色文化小镇创新生态系统的主要体现有以下几个方面。

一是，生产与消费的同步性。文化产品的价值主要体现在体验性和获得感，并不主要在于其使用价值。普通产品在被购买之后，往往具有一定的实物形态，并能够带来一定时期的消费期限。而文化产品的消费具有即时性，我们购买一张演出票，当观看完毕其产品消费过程即结束。电竞游戏的参与者既是游戏活动的表演者也是游戏活动的消费者。特色演艺是很多特色文化小镇的重要文化消费场景，演艺和观演过程既是小镇文化生产过程也是文化消费过程，用户的感受体验就是生产效果的体现。特色文化小镇注重用户的体验，其文化产品和文化服务具有较强的生产消费同步性特征；因此，用户的创新能动性更强，用户的创新空间更大。

二是，用户消费的导向性。特色是特色文化小镇的主要价值支点，而特色的实现更加注重消费者的特色化需求和特色化体验。个性化、差异化的消费需求对特色文化小镇的产品创新和服务创新具有重要的导向作用。在一些雕刻小镇中，一件雕塑产品的创作可以由创作者的灵感驱动，这样的产品是生产者导向的。在消费过程中，消费者按照自己的消费意愿和消费倾向，进行创意设计，个性化定制，再由艺术工作者进行雕塑或制造就是用户导向的。雕刻小镇通过开放生产空间增强了消费者创新的能动性。消费者可以在专门人员的指导下自己设计和创作产品，消费者的需求就是小镇的创新导向。随着科学技术的不断发展和消费理念的更新，这种以用户消费倾向为导向的生产越来越普遍。用户导向成为特色文化小镇创新的重要特征和理念。

三是，多元角色的融合性。多元角色融合是特色文化小镇创新生态系统中的一个体现。多元角色的融合扩展了特色文化小镇的创新空间，拓宽了特色文化小镇的创新路径。例如，在一些特色文化小镇的创新发展过程中，直播带货是一种常见的宣传营销方式，特色文化小镇所在地的政府官员、小镇籍大学生等成为网红直播达人，他们在特色文化小镇创新生态系统建设中充当了多元角色。在特色文化小镇的创新发展过程中，不同主体的跨角色融合增强了用户的体验感，增强了创新生态系统的开放性。

四 低替代性逻辑

特色文化小镇的生命活力在于特色，特色是特色文化小镇创新的重要着力点。特色文化小镇未能实现持续发展的重要原因之一就是缺乏特色，或者说是可替代性较强。因此，低替代性是特色文化小镇创新生态系统构建的基本逻辑之一，也是特色文化小镇培育建设的基本准则。迈克尔·波特（Michael E. Porter）曾指出，文化是最根本、最难替代和模仿的，也是最持久和最核心的竞争优势。低替代性是特色文化小镇创新生态系统构建的基本逻辑，也是特色文化小镇建设中文化凸显的基本准则。特色文化小镇创新能力的提升有赖于特色文化的彰显。总的来说，特色文化小镇低替代性逻辑主要体现在以下几个方面。

一是，文化内涵的低替代性。文化内涵是特色文化小镇的灵魂内核，没有独特的文化内涵，特色文化小镇创新生态系统便缺乏源头活水。特色文化小镇的文化内涵来源有两种途径。一是当地特色文化积淀的自然生成。其凝聚着当地的文化基因、文化传承。二是后天开发的。它是根据特色文化产业，或者具有吸引力的文化 IP 深入挖掘和体现出来的。无论是哪种来源的文化，都要遵循文化内涵的低替代性原则，相同的文化内涵很难做出具有特色的小镇。

二是，文化体验的低替代性。特色文化服务和令人难忘的文化体验是消费者在特色文化小镇的主要消费追求。文化体验是通过声音、景象、美食、肢体等各种感官刺激来实现的消费获得感，这种文化体验也要具有较低的替代性。农家院和大锅菜成为很多北方特色文化小镇的标配,油坊、染坊在很多特色文化小镇都是主要体验项目,这些文化体验降低了特色文化小镇的创新力。

三是,文化气质的低替代性。特色文化小镇的文化气质是与生俱来的,渗透在特色文化小镇的方方面面,能够给人带来潜移默化的影响。特色文化小镇的文化气质能够产生难以模仿、难以复制的效果,是创新生态系统构建的重要组成部分。特色文化小镇的文化气质可以通过整体设计风格、建筑类型、文化设施、建筑小品、街景设计、文化精神以及多样化人群等文化场景得以体现。文化气质是在有形的空间内形成的独特的难以替代的力量。

湖南省浏阳市的文家市文旅小镇以红色旅游和花炮产业为支柱产业。红色旅游和花炮产业是特色文化小镇创新生态系统的产业创新支撑。如何进一步创新文化体验内容和文化消费内容是摆在文家市文旅小镇面前的重要问题。特别是围绕花炮产业的创新发展,怎样实现花炮产业与文旅产业的深度融合并体现特色,是文家市文旅小镇实现创新发展的着力点。花炮产业是整个浏阳市的支柱产业,仅文家市镇就有花炮企业68家;那么在众多的花炮企业发展中,如何突出文家市文旅小镇的特色,彰显其特有的文化内涵,生产具有低替代性的创新产品和服务内容是影响文家市文旅小镇创新发展的现实困境。低替代性的文化内容、文化产品、文化服务、文化场景是特色文化小镇创新生态系统建设的基本逻辑之一。

五 产业集聚逻辑

坚实的产业基础是特色文化小镇创新生态系统构建和创新能力提升的根基。没有发达的产业,特色文化小镇就难以实现长远的发展。特色文化产业既是特色文化小镇创新能力提升的重要部分,又是特色文化小镇创新能力提升的基础保障。产业集聚就是围绕核心产业内容形成的上下游企业、不同类型企业之间的集聚。企业与企业之间,企业与其所在区域的环境之间形成的具有生态协同关系的特有的群落。企业的集聚与创新活动频繁的产业发展形成相辅相成的关系;企业的集聚推动产业创新,产业创新吸引企业集聚。例如,硅谷是很多高科技企业集聚形成的创新地,华尔街是很多金融企业集聚形成的金融业创新地,好莱坞是很多娱乐企业集聚形成的文化产业创新地,巴黎是很多时尚企业集聚形成的创意产业创新地。黄桥琴韵小镇是以提琴产业为支柱产业形成的特色文化小镇。提琴产业的"专而强"为小镇的创新发展提供了坚实的保障支撑。黄桥乐器企业达220多家,提琴产业的国内市场占有率达70%以上,国际市场占有率达40%以上,产生了较强的产业集聚效应。产业集聚助力琴韵小镇成为"中国提琴产业之都"。同时,琴韵小镇依托提琴的制造,衍生出音乐体验、音乐节庆、文化旅游等行业业态。通过连续举办国际乐器演奏日等活动,进一步提升了琴韵小镇的文化品牌影响力,优化了小镇的创新生态环境。特色文化小镇产业集聚逻辑主要体现在以下几个方面。

一是,形成特色文化产业集群。小产业大市场是对特色文化小镇产业发展的要求,也是特色文化小镇产业发展要遵循的基本逻辑。只有"小",才能细分市场,做出特色;只有占据较高的市场份额,提升市场占有率,才能实现市场的开拓,才能有量地提升,夯实坚实的产业基础。特色文化小镇的产业发展不能只靠某一个单一的文化企业支撑,应该形成集群式发展;只有这样才能更具创新的抗风险性。同时,随着主营业务企业的不断发展壮大,相关业务企业逐渐出现,文化产业发展实现更大的范围经济效应。因此,特色文化小镇创新生态系统构建要注重激发相关企业的集聚发展动力,增强企业与企业之间的生态黏性。

二是,充分延长产业链条。文化产业链条的延长既是对文化产业价值的充分挖掘,又是对特色文化小镇业态的充实和丰富。文化产业链条延伸可以围绕核心文化IP产品创造更多的衍生品,使得文化IP价值最大化;还可以增加参与、体验的项目,提升特色文化小镇对用户的吸引力。特色文化小镇应该围绕核心文化产品,向教育、娱乐、亲子等业态创新拓展,增强特色文化小镇文化创新的丰富度。

六 数字应用逻辑

互联网是开放式创新生态系统的技术基础。特色文化小镇创新生态系统是基于开放式创新生态系统中的理论和实践创新。因此,互联网思维和大数据思维是贯穿于特色文化小镇创新生态系统中的一条重要逻辑。当今世界万事互联,信息开放、共享开放成为发展的主流。大数据和互联网使得人类世界成为一个知识丰富且相互通达的世界。① 将互联网思维充分融入特色文化小镇的创新生态系统构建中，是提高特色文化小镇创新能力的关键突破口；也是适应经济和社会发展趋势，实现特色文化小镇持续发展的必要条件。在互联网思维之下，特色文化小镇应该充分激发大数据在创新生态系统的培育和建设中的重要作用。互联网和数字应用思维在特色文化小镇创新生态系统构建中的应用重点主要集中在以下几个方面。

一是，培育具有互联网精神的文化企业。特色文化小镇中的文化企业首先要打破陈旧的发展思维和发展模式，充分地与互联网相融合。一方面，要加快生产过程的数字化建设，实现文化产业数字化；另一方面，要创新营销环节的数字化建设。除了传统媒介之外，还可以利用直播、微博等新型传播平台对产品和服务进行展示销售。

二是，加强文化服务贸易发展。互联网技术使得服务的可贸易性增强，处于网络空间下的文化产业正在以极大的速度进行创新和发展。② 通过互联网和数字化技术，文化服务业的规模经济效应明显提升。例如，在特色文化小镇举行的特色演艺活动受天气、季节、人员限流等因素影响较大；如果对特色演艺进行数字化加工，利用互联网的知识付费平台进行销售和贸易将有效增强产品的价值实现。

三是，创新文化体验方式。通过数字技术下的 VR 技术创新跨域文化体验，利用文化资源的数字化技术，实现跨区域、跨时段的特色文化小镇的景观感受、文化产品体验、文化服务享受。长沙市望城区铜官文旅小镇是以再现盛唐文化为主题的特色文化旅游小镇，包括 5D 影院、飞行影院、黑石号特技秀、铜官窑传奇秀、铜官水秀等世界顶级数字化娱乐体验项目。其中飞行影院采用了现代高科技技术，聘请国外先进的设计团队，进行了内容的制作和场地的建设，将湖南省的历史文化资源用现代数字化的方式很好地呈现在消费者面前；从而创新了消费体验场景，丰富了小镇的文化体验内容，提升了小镇的创新价值。

---

① Sultan N. Knowledge, "Management in the Age of Cloud Computing and web 2.0: Experiencing the Power of Disruptive Innovation", *International Journal of Information Management*, Vol. 33, No. 1, 2013.

② 江小娟：《网络空间服务业：效率、约束及发展前景——以体育和文化产业为例》，《经济研究》2018 年第 4 期。

七 多元复合逻辑

在特色文化小镇创新生态系统中，既包括企业创新生态系统、产业创新生态系统、区域创新生态系统等不同范畴的创新生态系统，又包括管理创新、组织创新、制度创新、文化创新等不同角度的创新，还包括基于互联网技术的线上创新和传统方式的线下创新。特色文化小镇的创新生态系统是一种多层次、多角度、多领域、多途径的多元复合创新生态系统。因此，特色文化小镇创新生态系统构建不能只从单一视角出发构建，而应该从多维度出发建立复合映射关系，从而形成多元复合的创新生态系统。这种逻辑主要是基于特色文化小镇涉及要素的复杂性和多样性特征，重点体现在以下几个方面。

一是，涉及要素的领域比较广泛。特色文化小镇的发展建设中，会涉及技术、组织、政策、机构、服务等多个方面，必然需要正确处理政府、市场、社会等多方面的协同关系。

二是，涉及的相关指标较难衡量。特色文化小镇既涉及资金投入、基础设施建设、土地供给、经济增长速度等硬性指标，也涉及文化资源的保护开发利用、特色文化的传承、创新文化的建设、文明素养的提高等软性指标。这些指标的数据采集和应用在政策制定与考核评定中较难控制。

三是，涉及要素之间的关联方式复杂。特色文化小镇要素的发展不是单一主体的独立发展，而是多种要素之间的协同发展；不是单一方向的线性发展，而是时间和空间相互交叉的融合发展。其中，要素与要素之间、原因和结果之间难以剥离。

第三节 特色文化小镇创新生态系统理论建立

在创新生态系统理论和开放式创新生态系统理论，以及由这两大理论生成的特色文化小镇理论逻辑的基础上，生成特色文化小镇创新生态系统理论。特色文化小镇创新生态系统与自然生态系统具有内在关联的仿生机理，具有自身的理论框架、主要观点和实践价值。

一 特色文化小镇创新生态系统理论框架

创新生态系统理论和开放式创新生态系统理论生成了包括创新主体、创新方式、创新条件、创新环境和创新过程主要构件的理论框架，蕴含了特色文化小镇创新生态系统理论的基本逻辑：产业集聚、用户导向、开放协同、数字应用、多元复合、环境共生、低替代性。因此，特色文化小镇创新生态系统理论是对创新生态系统理论和开放式创新生态系统理论的创新与应用。

特色文化小镇包括文化企业、特色文化产业、当地居民的生活、区域的综合发展和治理。从理论范畴来看，特色文化小镇创新生态系统理论是企业创新生态系统、产业创新生态系统、区域创新生态系统的综合应用。特色文化小镇创新生态系统是以特色文化资源的开发利用、特色文化产业的发展、特色文化功能的发挥为核心，以文化的经济价值和社会价值实现为导向，以特色文化小镇创新能力提升为主要目的。特色文化小镇创新生态系统理论的框架依然是创新主体、创新方式、创新条件、创新环境、创新过程这五大构件以及这五者之间的相互联结和相互作用。但是，最重要的是特色文化小镇创新生态系统的建构是以特色文化为内核，将特色文化内化于创新主体、创新方式、创新条件、创新环境和创新过程中。特色文化小镇创新主体包括特色文化企业、小镇相关高校、艺术家、非遗传承人、消费者、游客等创新生产者和创新消费者，以及各类孵化器、中介服务平台等创新分解者。特色文化小镇创新方式包括政府、企业、社会的多元参与创新，以及鼓励大众创新、注重数字化应用等。特色文化小镇创新条件包括资源、信息、技术、人才等创新要素，供应链、销售链、资金链等创新链条，以及错位竞争等合理的创新层次。特色文化小镇创新环境包括基础设施、制度规范、创新文化等。创新过程包括良好顺畅的创新生成、创新扩散和创新迭代等。以特色文化为内核的创新主体、创新方式、创新条件、创新环境、创新过程相互作用、相互联结，共同构成特色文化小镇创新生态系统理论的框架，具体情况如图 2-3 所示。

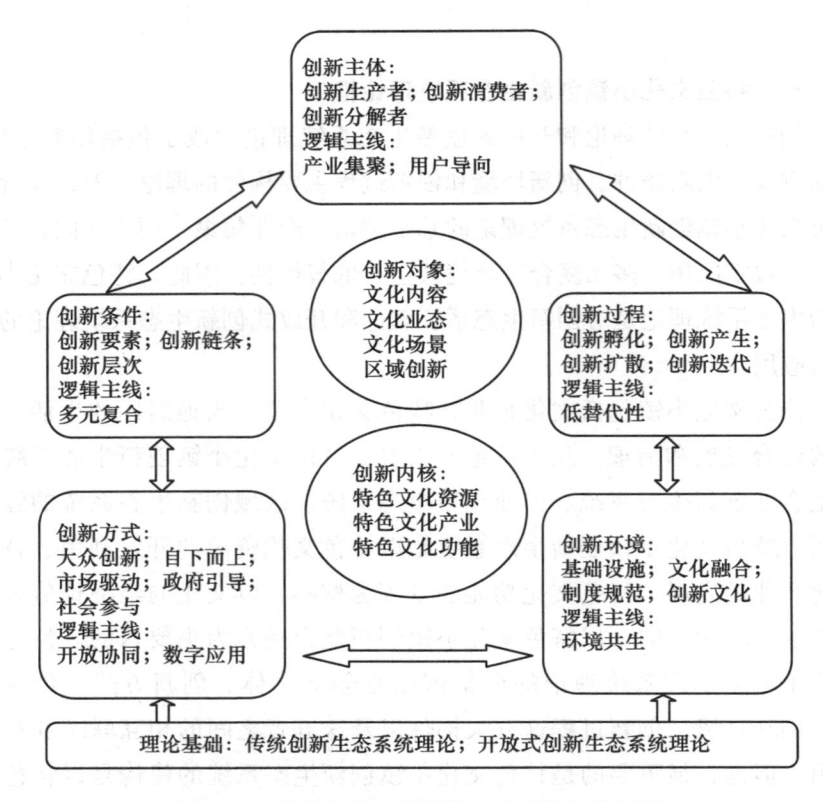

```
                    创新主体：
                    创新生产者；创新消费者；
                    创新分解者
                    逻辑主线：
                    产业集聚；用户导向

创新条件：           创新对象：              创新过程：
创新要素；创新链条；   文化内容              创新孵化；创新产生；
创新层次             文化业态              创新扩散；创新迭代
逻辑主线：           文化场景              逻辑主线：
多元复合             区域创新              低替代性

                    创新内核：
                    特色文化资源
                    特色文化产业
                    特色文化功能

创新方式：                                 创新环境：
大众创新；自下而上；                        基础设施；文化融合；
市场驱动；政府引导；                        制度规范；创新文化
社会参与                                   逻辑主线：
逻辑主线：                                 环境共生
开放协同；数字应用

        理论基础：传统创新生态系统理论；开放式创新生态系统理论
```

图 2-3 特色文化小镇创新生态系统理论框架

二 特色文化小镇创新生态系统理论主要观点

（一）关注大众创新是思维起点

特色文化小镇创新生态系统构建的思维起点是关注大众创新。特色文化小镇是新型创新创业平台，首先要着眼于公众参与的大众创新。只有大众创业万众创新，才能形成更具活力的创新源泉。特色文化小镇根植于特色文化和特色产业，与周边的城镇、村庄有机融合，对大众创新群体有着天然的亲和力和吸引力。大众创新群体被认为是创新活动的重要参与者，能够更好地促进生产端和消费端的可持续转变。[①] 激发大众创新经济的活

---

① Monaghan A., "Conceptual Niche Management of Grassroots Innovation for Sustainability: the case of Body Disposal Practices in the UK", *Technological Forecasting & Social Chang*, Vol. 76, No. 8, 2009.

力能够更加有效地促进特色文化小镇的发展，带动周边区域的经济发展水平和周边就业。因此构建特色文化小镇创新生态系统要充分融入这些创新群体，激发群体的能动性，才能使得特色文化小镇创新更接地气，更加凸显特色。特色文化小镇创新首先关注大众创新，关注民间创新，倡导的是自下而上的创新过程。

石家庄市藁城宫灯小镇的宫灯产业的发展是始于改革开放之后。在宫灯传承人的带动下，一传十、十传百，村里愿意制作宫灯、会制作宫灯的乡亲越来越多，同时吸引了周边村镇中的居民来到屯头村做宫灯、学技艺，宫灯制作生产逐渐红火起来。从开始的关起门来做宫灯、内部分工秘密生产，到敞开大门、大胆生产、发家致富，宫灯成为小镇的支柱产业。"家家有手艺，户户是工厂"是宫灯小镇现有基本生产组织模式，宫灯小镇的主要创新主体是当地居民，生产方式依然是家庭作坊式，这样有利于调动广大居民的参与积极性，提高创新能动性。藁城宫灯小镇的创新生成基本模式是模仿式创新，创新扩散的基本模式是自组织扩散。宫灯小镇的创新主体主要包括当地的非遗技艺传承人和当地的企业家，以及由当地艺人培训培养出来的工人。技艺的改良创新、产品的拓展创新主要是自组织创新；当地居民在生产实践中自己琢磨产生创新想法，并进行自我技术创新，形成了较强的自组织创新能力，形成了自下而上的创新生成机制。

（二）文化 IP 的开发和成长是价值支点

特色文化小镇创新生态系统的价值支点是文化 IP 的开发和成长。文化是特色文化小镇生存发展的内核，更是特色文化小镇的价值核心。没有文化，特色文化小镇就没有灵魂；没有特色文化，特色文化小镇就没有持续发展的源泉。特色文化小镇创新生态系统的构建是要以文化资源的开发和利用为内核，在产品、服务等方面形成有利于创新的优质生态。因此，文化 IP 的开发和成长是特色文化小镇创新生态系统的价值支点。怎样围绕特色文化开发出符合特色文化小镇主题定位的文化 IP；并进行精心培育，有效宣传营销，开发衍生产品，不断丰富业态是特色文化小镇价值创造和价值实现的有力支点。同时，文化 IP 的成长也离不开特色文化小镇精准的主题定位和创新方向，文化 IP 的成长与创新生态系统的构建相辅相成。没有文化 IP，就没有创新生态系统的价值核心；同样，没有创新生态系统，就没有文化 IP 的良好成长环境，就不能形成其健康生长的生命周期。

(三) 开放创新是理论特质

特色文化小镇创新生态系统的理论基础注重开放式创新生态系统理论。开放式创新生态系统是基于现代互联网技术形成的，充分利用大数据以及现代交互形式的创新生态系统。基于数字化发展的大趋势和背景，充分利用互联网技术，联结更加多元的创新主体，促进更加便捷的信息共享，形成更加开放的协同创新是特色文化小镇创新生态系统形成的必然选择。以开放式创新生态系统理论为基础，构建特色文化小镇的创新协同、价值共创、利益共享系统能够更加有效地激发多方创新主体的能动性，形成更加有利于创新的综合条件和整体氛围，提升特色文化小镇的创新能力。在大数据发展变革下，文化消费的主要动力包括新业态、新技术、新群体、新媒介，比如以露营、剧本杀为代表的新业态，以元宇宙为代表的新技术，以亲子为代表的新群体，以抖音为代表的新媒介等。特色文化小镇需要建立开放的创新生态，深度与新技术、新场景、新需求相融合，才能满足更加多元的消费需求，才能适应开放式的消费方式。据巨量引擎城市研究院的数据显示，超 4 亿用户在抖音关注旅游；从 2022 年 1 月到 2023 年 3 月，"旅游+相关视频"总播放量近 105 亿次，研学等新业态备受关注。同时，文化产业数字化已经成为文化产业发展不可逆转的趋势，文化生产方式、消费方式、体验方式发生了明显的变化。特色文化小镇只有更加注重开放创新，才能实现更高质量的产业发展、更高效率的发展成效和更高品质的文化提升。

(四) 系统孕育和反哺是基本定律

特色文化小镇创新生态系统的基本定律是系统孕育创新，创新反哺系统。构建创新生态系统的直接目的是提升特色文化小镇的创新能力，创新生态系统与创新能力提升之间相互依存、相互支撑。创新生态系统培育得好，创新能力就会更好地得到提升；同时，当特色文化小镇创新能力有效提升之后，创新生态系统之间的内在联系会更加密切，相互协调机制会更加顺畅，创新生态系统会更加完善。硅谷之所以能成为全球创新的价值高地，并不主要在于其拥有某个或某些创新企业，更重要的是在硅谷形成了一个运营高效的创新生态系统。[①] 因此，特色文化小镇创新生态系统遵循的基本定律是创新生态系统孕育创新，创新的实现反哺创新生态系统。

（五）立体螺旋式发展模式

特色文化小镇创新生态系统的发展模式是立体螺旋式。在熊彼特提出创新理论之后，创新范式不断递进，创新应用的领域越来越广，创新的决定因素也逐渐从技术、制度、文化等角度不断拓展。从创新到创新系统，再到创新生态系统，创新的研究与实践逐渐走向深入。特色文化小镇创新生态系统的构建与发展呈现立体的螺旋式，既有纵向的演进，又有横向的繁荣。从纵向维度来看，其遵循自组织进化的规律，创新参与者的建立以及参与者之间的协同逐渐从混沌无序的初态走向稳定有序的常态；创新参与者之间相互影响，逐渐适应环境并调整自身，从竞争走向共生。从横向维度来看，创新的主体越来越丰富，创新范畴涉及企业、产业、区域等多领域，创新链条更加多样和延展。特色文化小镇创新生态系统是多系统融合形成的立体的创新生态系统，并呈螺旋式发展态势。

（六）创新的持续迭代和有效扩散是生命活力

特色文化小镇得以健康可持续发展的生命活力就在于创新的不断产生、迭代和有效扩散。特色文化小镇必须讲求特色，而特色的本质要求就是创新，没有创新就没有独特的魅力。例如，特色美食是特色文化小镇的一项重要产品内容，小镇需要不断更新其菜品和服务，才能保持更加长久的美食吸引力；特色文化小镇的特色文化体验内容也需要不断更新，以顺应现代消费理念和消费需求。没有持续的创新就会逐渐被市场淘汰。哈佛大学教授克里斯坦森（Clayton M. Christensen）认为，持续性创新和颠覆性创新是创新的两难选择。特色文化小镇中的文化企业同样面临持续性创新和颠覆性创新的选择，需要在现有产品的不断改革和推翻中寻求新的发展活力，在此基础上，促进创新的有效扩散，加速创新的价值实现。

三 特色文化小镇创新生态系统的核心要素

特色文化小镇创新生态系统理论框架中的每一项构件都包括了丰富的

[①] 李钟文等主编：《硅谷优势——创新与创业精神的栖息地》，人民出版社2002年版，第3页。

要素，众多要素共同充实特色文化小镇创新生态系统的框架。在众多的特色文化小镇创新生态系统要素中提取核心要素，是特色文化小镇创新生态系统构建的前提。丰富的创新基石、合理的创新生态位、延展的创新链条、优良的创新文化环境、持续的创新迭代与扩散，是特色文化小镇创新生态系统的核心要素，成为特色文化小镇创新生态系统构建的重要抓手。

（一）创新基石

创新生态系统是特色文化小镇实现可持续发展和高质量发展的基础；只有形成完善的创新生态系统，才能形成更加有利于创新的环境和条件，才能更加有效地提升特色文化小镇的创新能力。进一步讲，特色文化小镇创新生态系统的构建同样需要更加坚实的创新基础，即创新基石。创新基石是特色文化小镇创新生态系统的核心要素，也是特色文化小镇创新能力提升的关键因素，是特色文化小镇持久健康发展的基础和引领。

特色文化小镇创新基石主要包括三个主要部分。一是，基石理念。特色文化小镇的总体发展理念是引领特色文化小镇创新生态系统构建和小镇长远规划的根本。特色文化小镇的主题定位、产业选择、市场细分是基石理念形成的根据，鼓励创新的政策制度是基石理念形成的抓手，乡村振兴、城镇更新、全域旅游是基石理念的相关载体。二是，基石人物。特色文化小镇创新生态系统构建的基石人物主要是指各类创新主体。例如，文化企业家、文化遗产传承人、手工艺人、来自社会各个领域的创客、技术研发团队、当地居民等。三是，基石组织。特色文化小镇创新生态系统构建的基石组织是指为创新的产生、实现和扩散发挥积极作用的各类组织。例如，宣传、文旅、发改、财税、住建等相关部门；再如，为特色文化小镇创新活动服务的法律中介、财税中介等中介服务组织；又如，微信群、公众号等营销和服务组织，以及其他参与特色文化小镇运营的各类机构组织。

（二）创新生态位

在生态学中有一个重要的概念是生态位，其表示不同的物种在自然环境中所处的位置或所发挥的作用。美国学者 Johnson 在对生态位的阐释中，指出不同的生物物种在其所处环境中可以占有不同的生态位。[1] 从地

---

[1] Johnson R. H., "Determinate Evolution in the Color Pattern of the lady-beetles", Washington: Carnegie Institution of Washington Public, 1910, p. 122.

理空间维度来看,生态位是指物种在不同空间位置上的分布,因此被称为空间生态位。从功能空间维度来看,生态位是指物种在所处环境中发挥的不同作用,因此被称为功能生态位。生态位的概念逐渐在资源配置、产业布局、技术研发等领域得到进一步应用。生态位在创新生态系统构建中同样具有重要的研究和实践价值,成为特色文化小镇创新生态系统中的核心要素之一。

特色文化小镇创新生态系统在构建中生态位的作用主要体现在两个方面。一是,特色文化小镇各类参与主体的整体空间布局。没有合理的空间布局将不利于形成健全的创新生态主体,难以促进创新生态系统的有序运行。二是,特色文化小镇各类参与主体的功能布局。在特色文化小镇创新生态系统中的各个参与主体不是彼此孤立的,而是相互作用的。因此,生态位是特色文化小镇创新生态系统构建的核心要素。

(三) 创新链条

创新活动贯穿于实现技术成果转化、提高生产力的全过程,这一过程包含了以创新为目的的相互作用、相互联结的完整体系,称为创新链条。创新是贯穿特色文化小镇生命周期的主线,涉及特色文化小镇发展的方方面面。围绕核心技术或核心产业形成充分的创新链条能够更加有效地挖掘特色文化小镇的创新潜力,创新链条是特色文化小镇创新生态系统框架的主要组成部分。

特色文化小镇创新生态系统包括的主要创新链条有以下几项。一是,企业生产创新链条。企业是特色文化小镇重要的创新主体,集聚了产品的设计、生产、营销等多个环节。只有企业具有强有力的创新能力,才能为特色文化小镇的持续发展提供源源不断的内容创新。企业要形成自身良好的创新生态首先要形成以产品为核心的创新链条。二是,产业发展创新链条。形成特色文化小镇主导产业的良好发展是特色文化小镇取得成功的必要基础;围绕有代表性的重点企业,促进企业的相互协作,更好地进行产品的上下游开发。三是,资金创新链条。充足的资金支持是特色文化小镇取得成功的重要条件和保障。完善的资金创新链条需要在融资、投资等环节进行持续创新,以保证特色文化小镇对资金的需求。四是,文化IP成长创新链条。文化IP的形成和成长是特色文化小镇创新的持续动力源泉,是特色文化小镇品牌塑造的重要依托;完善文化IP成长链条是特色文化小镇创新生态系统创新链条建设的重要内容。五是，运营管理创新链条。特色文化小镇不是工厂，不是城镇，不是园区，而是一个综合性的创新空间；因此，需要更加科学合理的运营管理。从政府的公共服务到社会组织的协同服务，再到专业运营团队的集中管理，形成完善的运营管理链条必不可少。

（四）创新文化环境

在自然生态系统中，物种生存繁衍的环境包括空气、水分、气候、阳光等。相较于自然生态系统，特色文化小镇的创新生态系统同样需要创新行为赖以生成的创新环境。各类创新主体只有在良好的创新环境中才能生发各种创新行为。

特色文化小镇的创新文化环境体现在以下几个方面。一是，创新文化。以创新为导向，尊重创新、崇尚创新是特色文化小镇的独特气质。只有营造一个乐于创新、善于创新的文化氛围，才能凝聚起特色文化小镇的创新热情。二是，制度规则。适者生存、优胜劣汰是大自然的生存法则。在特色文化小镇的创新生态系统中，相关的制度和规则必不可少；只有制定并遵循了科学的制度才能在约束中保证创新的自由，才能维护好创新的秩序。创新的制度规则主要源于以下两个方面。一方面，来自相关管理部门，以文件条款等形式形成正式制度；另一方面，来自民间形成的风俗等非正式制度。三是，信任交流。创新的价值实现主要以创造者和接受者的信任为基础，交流是激发创新火花，催生创新的重要路径。营造充分信任的环境，提供相互交流的平台是特色文化小镇创新环境的一部分。四是，设施场景。设施场景既是有形的环境，又是无形的环境。文化设施和文化场景既可以优化硬件环境，又可以增强特色文化小镇的独特魅力，创造有利于创新的文化环境。

（五）创新迭代与扩散

创新的不断迭代和扩散是特色文化小镇的活力源，是特色文化小镇创新生态系统构建的核心要素之一。建立持续的创新迭代机制，形成持久的创新扩散效应能够保证创新效果的快速呈现，促进创新主体的相互协同。特色文化小镇的创新迭代与扩散主要包括以下两个方面。一是，颠覆式创新的迭代与扩散。特色文化小镇的颠覆式创新主要体现在立足小镇特色，基于创意生产具有领先技术和领先工艺的新产品、新服务和新体验，具有较强的开创性。二是，模仿式创新的迭代与扩散。模仿式创新主要体现在围绕现有核心产品进行的技术升级、工艺改进，并通过学习和模仿等形式实现创新，促进创新效应的扩散。

四　特色文化小镇创新生态系统实践价值

构建特色文化小镇创新生态系统对特色文化小镇的创新能力提升和可持续发展具有重要的实践价值。

（一）有利于激发特色文化小镇创新活力

特色文化小镇的生命力在于创新，没有创新就没有特色文化小镇的生存之本，没有创新就没有特色文化小镇的独特吸引力。当前特色文化小镇中的各类创新主体还不够丰富，创新主体的创新动力还不够强劲，崇尚创新、依靠创新的氛围还不够浓厚，创新活力尚未完全激发。构建特色文化小镇的创新生态系统就是要促进创新主体的多元化发展，形成更加强大的创新黏性；鼓励各类主体，特别是草根类创新主体开拓思路，大胆创新，充分激发创新活力，有效改正和避免缺乏特色、同质化发展、文化品位不高等问题，提高特色文化小镇的发展质量。

（二）有利于突破特色文化小镇创新藩篱

特色文化小镇的发展受到文化资源保护利用情况、政府管理理念、区域经济发展理念与考核机制、城镇发展基础、行政管理方式、金融工具、土地政策等多方面的制约，亟须创新思维和创新理念，突破多方面的创新制约瓶颈，形成有利于创新的特色文化小镇建设机制。特色文化小镇创新生态系统融入了企业、产业、消费者、政府、社会组织等诸多参与者，需要从特色文化小镇的产业发展、资金支持、运营管理等多个维度寻找影响特色文化小镇发展的主要因素，并建立创新要素之间的相互联结，增强创新效应。特色文化小镇创新生态系统注重创新主体能动性的激发、创新条件的完善、创新方式的更新、创新环境的营造和创新过程的优化，有利于突破各种创新藩篱，提升特色文化小镇创新能力。

（三）有利于加速特色文化小镇创新迭代

创新引领特色文化小镇的发展，创新一旦停止，特色文化小镇就缺少了发展的动力。创新在特色文化小镇持续发展中发挥着至关重要的作用，但是，特色文化小镇的创新并不是一劳永逸的，而是需要永续迭代。随着市场变化、技术变化、需求变化、环境变化，特色文化小镇需要在产品研发、服务提供、特色体验等方面进行持续的创新；通过迭代创新来降低创新成本，避免竞争内卷，提高创新能力。特色文化小镇创新生态系统遵循低替代性逻辑，注重差异化的形成，注重创新行为的产生、创新效应的扩散和创新的持续迭代。因此，构建特色文化小镇创新生态系统有利于加速创新迭代，促进特色文化小镇高质量可持续发展。

第 三 章

特色文化小镇创新生态系统构建

在特色文化小镇创新生态系统框架下，围绕创新基石、创新生态位、创新链条、创新文化环境、创新迭代与扩散五项特色文化小镇创新生态系统的核心要素，进行特色文化小镇生态系统构建。特色文化小镇创新生态系统构建的执行路径包括培育多元创新基石、建立合理创新生态位、建立完善的创新链条、优化创新文化环境、促进创新生成—创新扩散等。

第一节 培育多元文化创新基石

在自然生态系统中，有一种重要的生物物种，被称为"基石物种"（Keystone Species）。基石物种处在自然生态系统的核心位置，它是联系生态系统中其他繁多物种的纽带，能够起到引领带动的重要作用；如果没有基石物种的存在，很多其他物种就会消失，自然生态系统就会失去活力。[1] 同样，在特色文化小镇创新生态系统中，也应该有一个起到引领带动作用的基石，发挥与其他核心要素之间的强联结作用。创新基石是创新生态系统构建中的核心支撑，没有多元的创新基石，创新生态系统就难以建立，特色文化小镇的创新基石可以从理念、人物、组织等角度设立。

一 树立创新基石理念

创新的思维和理念能够对产业发展、价值创造发挥巨大的作用。苹果

---

[1] L. Scott Mills, Michael E. Soule and Daniel F. Doak, "The Keystone-Species Concept in Ecology and Conservation", *BioScience*, Vol. 43, No. 4, 1993.

公司的 ipod 播放器战胜了索尼的随身听，星巴克凭靠其咖啡文化和独有的氛围给传统咖啡店以沉重一击，获得快速发展。弗朗斯·约翰松（Frans Johansson）提出的"美第奇效应"，是指在某一地理空间或市场空间内产生的许多新奇的想法被结合在一起，从而创造出惊人的新事物。中国遍布艺术和社会创新创业中心，这些中心不仅提出了想法，而且正在把这些想法付诸实践。① 特色文化小镇是一个创新创业的新平台，立足文化的创新，将更多的创新理念应用到特色文化小镇的规划和发展中，从而实现更高的创新价值。特色文化小镇首先要形成自身的基石理念，主导特色文化小镇的规划，引领特色文化小镇长远发展。总的来说，特色文化小镇的创新基石理念可以从以下几个角度形成。

（一）特色文化小镇的发展目标

特色文化小镇的发展愿景是指特色文化小镇的发展要实现的总体发展目标，或者说是指特色文化小镇在区域发展格局中要实现的发展定位。例如，通过建设和发展，特色文化小镇要成为引领区域特色产业发展的价值高地。再例如，特色文化小镇要成为区域城乡融合发展的示范基地等。"花果飘香，国歌嘹亮—田汉花果宜居宜业和美乡村示范片区""朱备禅修小镇—人文康养福地乡村振兴高地""古堰画乡—以文旅融合打造富裕宜居乡村小镇"等都是特色文化小镇的发展愿景，凝聚了发展共识，引领着特色文化小镇建设的各项工作。

（二）特色文化小镇的主题定位

特色文化小镇以文化要素的挖掘和利用为内核，可以分为多种类型，包括特色文化产业带动型、文化遗产传承型、自然风光欣赏型、特色风情体验型等。无论哪种类型的特色文化小镇都需要一个鲜明的主题定位，例如青瓷小镇以青瓷技艺的传承和创新为主题，巧克力甜蜜小镇以巧克力和甜蜜文化为主题定位。围绕鲜明的主题定位，寻找消费者目标群体，形成针对不同消费主体的发展理念。

（三）特色文化小镇的发展策略

特色文化小镇的发展策略是指围绕发展愿景和目标实施的不同路径。

---

① ［美］杰夫·戴尔、［美］赫尔·葛瑞格森、［美］克莱顿·克里斯坦森：《创新者的基因》，曾佳宁译，中信出版社 2013 年版，第 33 页。

例如，特色文化小镇与乡村振兴在发展内容、实现目标上具有较高的相似性，因此，将特色文化小镇建设和乡村振兴建设有机融合是一项积极有效的策略。再如，特色文化小镇的发展可以与全域旅游有机融合，特色文化小镇的3A级旅游景区的标准以及承载的旅游服务功能与全域旅游的基本要求相契合；两者有机融合可以实现政策的共享，提升特色文化小镇发展效率。

二 培育创新基石人物

自然生态中，丰富的物种是保证自然生态系统繁衍生息的重要条件。物种多样性是生物多样性的核心。在特色文化小镇创新生态系统中，培育多样的基石人物至关重要。只有丰富的创新基石人物才能构筑起完善的创新网络，才能拥有多元的创新主体。特色文化小镇创新基石人物包括艺术家、非物质文化遗产代表性传承人、大学生创客等主体。

（一）艺术家

艺术家融入特色文化小镇的发展，将为特色文化小镇的创新发展发挥强大的杠杆作用。艺术家凭借自身在某一艺术领域的影响力带动特色文化小镇的品牌打造，引领特色文化小镇的发展方向。发挥艺术家对特色文化小镇创新生态系统的积极作用，可以重点从以下几个方面着手。一是，将艺术家与特色文化小镇的发展定位相结合。从特色文化小镇立足的文化艺术领域出发，寻找该领域具有影响力的艺术家，将艺术家的专长与特色文化小镇的发展愿景相结合，增强艺术家与特色文化小镇的契合性。例如，陶瓷小镇就要与陶艺专家相结合，雕刻小镇就要与雕刻艺术家相结合。通过相互吻合的文化艺术领域，吸引艺术家参与特色文化小镇的建设中。二是，将艺术家的作品与特色文化小镇的主题定位相结合。艺术家不一定必须入驻特色文化小镇，也可以通过将艺术家的代表性作品与特色文化小镇的文化内涵、建筑设计、景观设计等相结合，拓展特色文化小镇的内容表达。三是，将艺术家的生活与特色文化小镇的环境建设相结合。在特色文化小镇创造适合艺术家生活的空间和符合艺术家文化品位的生活环境，吸引艺术家到特色文化小镇创作生活，能为特色文化小镇带来更加鲜活的文化韵味，提高特色文化小镇的艺术吸引力。

众多艺术家成为宋庄艺术小镇重要的创新主体，形成了独特的文化气质，提升了宋庄的知名度，为小镇带来了宝贵的精神财富。同时，宋庄艺术小镇不局限于艺术品的创作和生产，还积极向艺术品交易领域拓展。2021年，抖音书画直播基地成功引入运营。中国艺术品交易中心于2023年建成运营，完善了小镇艺术产业链条，壮大了小镇的发展实力。同时，小镇营造了尊重艺术、关爱艺术的良好氛围，出台了多项政策解决艺术家的职称评聘、子女教育等问题，让艺术家能够安心生活在小镇。艺术家入住、艺术品的创作生产为宋庄艺术小镇注入了强大的动力。

(二) 非物质文化遗产代表性传承人

我国有着极其丰富的非物质文化遗产，包括民间文学、传统音乐、传统舞蹈、传统戏剧、曲艺、传统体育、游艺与杂技、传统美术、传统技艺、传统医药、民俗等门类。我国入选联合国教科文组织非物质文化遗产名录（名册）项目共有42项。2006年5月，国务院批准文化部（2018年改为文化和旅游部）公布了我国第一批国家级非物质文化遗产名录，共518项。2008年6月，国务院公布第二批国家级非物质文化遗产名录，共510项；国家级非物质文化遗产扩展项目名录，共147项。2011年6月，国务院公布第三批国家级非物质文化遗产名录，共191项；国家级非物质文化遗产名录扩展项目，共164项。2014年7月，国务院公布第四批国家级非物质文化遗产代表性项目名录306项，其中包括新入选153项，扩展项153项。2021年5月，国务院公布第五批国家级非物质文化遗产代表性项目名录，共185项；国家级非物质文化遗产代表性项目名录，扩展项目名录140项。这些宝贵的非物质文化遗产是特色文化小镇丰富的文化内容。传承、展示、创新非物质文化遗产，是特色文化小镇发展的优势载体，也是特色文化小镇的使命担当。河北武安的太行戏曲小镇，传承赛戏、傩戏、平调落子，在传承非遗中发展地方特色文化品牌。浙江汤显祖戏曲小镇，湖北黄梅戏曲小镇等，对传统戏剧进行了传承和创新。非物质文化遗产代表性传承人成为特色文化小镇重要的创新基石人物。但是，受非遗技艺的市场价值转化率低等因素的影响，很多宝贵的非遗技艺后继无人，危及非遗技艺的传承。因此，加强对非物质文化遗产代表性传承人的支持和培养是特色文化小镇创新生态系统构建的一项重要任务。

(三) 大学生创客

大学生创客以创新理念为引导，着重通过实践，运用自己所学的知识，将创意转化成现实。在这个过程中，大学生思维敏捷、思想活跃，有利于形成浓厚的创新氛围、激发创新潜力。但是，大学生相对缺乏实践经验，缺少可支配的资源，受到资金、市场等多方面的制约。特色文化小镇立足创新创业平台的搭建，为大学生创客提供了良好的平台。大学生创客成为特色文化小镇重要的创新主体。可以重点从以下几个方面发挥大学生创客的创新能动性。一是，加强宣传，让更多大学生了解特色文化小镇。根据特色文化小镇的发展愿景和主题定位，重点选择与小镇发展内容相关的艺术类、管理类、技术类等专业，到高等院校进行宣讲，让更多的大学生了解特色文化小镇，形成对特色文化小镇的价值认同，吸引大学生创客到特色文化小镇进行创新实践、创新创业、项目转化。二是，加强服务，让更多的大学生享受到创新创业的便利。通过提供工商注册、法律咨询、税务登记、贷款融资等服务，为大学生创客营造良好的创新创业环境；同时，在房屋租赁、生活配套等方面给予充分关注，提高大学生创客在特色文化小镇创新创业的舒适度。三是，加强营销，让更多的大学生获得更多的价值回报。在特色文化小镇的设计布局中，充分体现对大学生创客的重视，设立大学生创客中心，在项目推介中，加强对大学生创客项目的宣传推介，助力大学生创客实现更大的价值回报。河北黄瓜小镇，就专门设立了大学生创客中心，配有房屋、组织和服务，加上富有创意的空间设计，为大学生创造了优良的创新创业环境，也为小镇增添了亮丽的色彩。

（四）当地居民

特色文化小镇强调的是特色文化的体现，与周围的自然条件、人文环境密切相关并相互融合。因此，本地居民在推动本土文化资源传承创新中发挥着不可替代的作用。在特色文化小镇创新生态系统构建中，可以重点通过以下几个路径培育当地居民的创新能力，发挥当地居民的创新主体作用。一是，培育当地居民的文化技能，培养当地人才。浙江东阳木雕小镇的做法如下。一方面，高品质打造"大师之家"，吸引浙江省级以上工艺美术大师的到来；另一方面，高规格构筑"传承殿堂"，依托工艺美术大师核心资源，在传统师徒传承的同时，通过校企合作创新现代学徒制，构建产教融合新模式，打造综合性省级研学实训基地，走出了一条"中小学生研学+大学生实训实习+木雕从业者技能培训"的传承之路。通过外来引进和本地培养双管齐下，当地居民的雕刻技能和创新能力得到有效提升，创新氛围更加浓厚。二是，调动当地居民参与小镇建设的积极性。组织当地居民参与小镇的管理服务，激发创新能动性，充分发挥其主人翁作用；既有助于特色文化小镇的高效运营，又可以增加就业机会，为当地居民增收。广东省禅城陶谷小镇制定了《陶谷公约》，在全社区形成了发展共识，建立了区域党建和片区联席会议的日常管理机制，有力保障了《陶谷公约》的实施，调动了镇、村、企的共建共享积极性，保证了小镇建设多方参与主体的共赢。三是，传承创新本地特色文化技艺。当地居民不仅是特色文化小镇创新发展的参与者，更是特色文化小镇创新发展的主人。他们的生产生活是特色文化小镇不可或缺的组成部分，做好当地居民的生产活动，维护好当地居民的传统文化习俗是对特色文化小镇的重要贡献。我们可以通过建立和完善文化遗产传承人制度，建设文化体验传承示范区、加强文化社区建设等方式强化小镇居民文化创新意识，增强居民的文化自豪感。在位于秦皇岛昌黎县的干红小镇中，有一位当地农民创新者——耿学刚建立了自己的家庭酒堡，自己种葡萄，自己酿成酒，再自己把酒销售出去；他的酒不加糖和任何防腐剂，百分之百的葡萄原汁酿造。20世纪90年代起，他就致力于葡萄新品种的引进和研发并不断完善葡萄栽培管理、葡萄保鲜储藏、葡萄酒酿造技术，他让女儿和儿子在大学学习了葡萄酒专业，学成后返乡投入小镇的创新发展中。"不做百强，只做百年"，家族传承是耿学刚想要实现的理想，葡萄酒制作工艺以及葡萄酒文化在小镇得以有效保护创新和发展。

（五）本地精英

不同区域有着不同的地域文化，特别是乡村，更是具有突出的文化延展性和文化地域性。特色文化小镇在创新发展过程中，一方面，依靠外来精英的入住和参与；另一方面，要靠本地精英的引领和带动。在发展本地特色经济、处理本地利益纠纷等方面，本地精英发挥着更加显著的作用。具体包括以下几点。一是，充分发挥乡贤的引领作用。乡贤对自己生活或生活过的乡村和环境具有浓厚的情怀，是联结乡村与外界先进生产力的重要桥梁。以特色文化小镇的发展愿景来感染乡贤，督促乡贤更主动发挥作用，吸引在外乡贤通过回乡创业、资金支持、技术支持、管理支持等方式参与特色文化小镇建设，形成强有力的创新主体，促进特色文化小镇发展。二是，重视小镇中德高望重的族人。乡村社会重视族人的交往，德高望重的族人在处理乡村群体的社会生活事务时有着明显的优势。特色文化小镇在发展中面临的收益分配等问题有时难以用法律制度来解决，而是需要非正式制度来处理。因此，德高望重的族人在维护特色文化小镇创新环境中发挥着特殊的作用。三是，激发集体经济带头人的创造力。特色文化小镇中的集体经济带头人往往是本地特色产业的开创者、领导者，对本地经济发展有着较为深入的了解，能够为特色文化小镇的产业发展提供思路、资金等方面的重要参考，同时在特色文化小镇中具有较强的发言权；因此，重视集体经济带头人、充分激发他们的创造力，对特色文化小镇创新生态系统的构建大有益处。

三 发展创新基石组织

（一）文化企业

文化企业是特色文化小镇创新的主力，是特色文化小镇创新生态系统的主要支撑者，承载着更加集中的产品创新、技术创新、服务创新。文化企业为特色文化小镇提供了主要的文化内容产品，促进了特色文化小镇的经济发展，是特色文化小镇产业发展的载体。但是，目前在特色文化小镇中文化企业还存在企业弱小、抗风险能力差、竞争力不强等问题，呈现民营企业多、传统产业多、小微企业多等特点。因此，构建特色文化小镇创新生态系统，要着力培育发展文化企业，具体做法如下。一是，加快传统文化企业转型升级。手工技艺、文化器材制造等传统文化产业门类是特色文化小镇主要的产业内容，加快传统文化企业的转型升级是特色文化小镇创新生态构建的主要任务之一。可以将传统产业内容与现代数字化的生产、展示、销售形式相融合，实现文化生产方式和文化消费方式的新变革。例如，创新传统产业产品内容，将优势产业内容与现代消费理念相结合，适应差异化、个性化的消费需求。又如，传统手工技艺借助现代科技手段实现线上展示和销售。二是，培育新型文化业态。新型文化业态的培育是指根据特色文化小镇的文化主题定位，培育新型平台型文化企业，更好地实现文化产业的跨界融合、跨纬度融合和跨角色融合。例如，依据特色文化小镇的传统民俗，开发影视、动漫、短视频等内容产品。又如，根据特色产业内容，开发研学、会展、节庆等相关文化业态。三是，加速产业集群建设。围绕特色文化小镇的核心产业门类，培育众多文化企业，充分延长产业链条，形成特色文化产业集群，壮大特色文化小镇的创新主体，是提升特色文化小镇创新能力的有效途径。

（二）技术支持团队

被称为"硅谷教父"的霍夫曼教授认为企业的长远发展离不开与高等院校和科研院所的合作。特色文化小镇不仅依赖企业的高效发展，还依靠相关的多种文化服务和体验的持续优化。高等院校、科研机构、各类研究院等是特色文化小镇的技术后盾，是特色文化小镇创新生态系统中重要的创新主体。培育技术支持团队可以重点从以下几个方面考虑。一是，促进特色文化小镇成为科研成果转化基地。科研转化率低是影响我国创新能力提升的一个重要因素。近几年来，国家出台了多项法律法规支持科技成果的转化，包括修订《中华人民共和国促进科技成果转化法》（2015）、《实施〈中华人民共和国促进科技成果转换法〉若干规定》（2016）和《促进科技成果转移转化行动方案》（2016）等。但是，目前我国科技成果转化比例依然较低，转化效果依然不佳。科学技术研究人员与相关企业、投资者之间的信息不对称成为影响科研成果转化的主要障碍。[1] 因此，特色文化小镇要主动寻找相关的科研机构，充分沟通，促进与科研机构的生产应用有机融合，促进特色文化小镇成为科研成果转化的重要基地。长沙县果园文旅小镇成为湖南省农科院的研究实践基地，诸多特色文化小镇与相关研究机构建立了密切的合作关系，取得了良好的协同创新效应。二是，形成特色文化小镇发展的咨询智库。特色文化小镇的创新发展离不开智库团队在规划、设计、运营等方面的建议支持。三是，引进特色文化小镇所需技术指导专家。特色文化小镇的创新发展离不开持续的技术创新，持续的技术创新需要形成一支相对稳定的、技术过硬的专家。位于河北省邯郸市馆陶县的黄瓜小镇，引进天津黄瓜研究所进驻，依托黄瓜研究专门机构的技术力量，为黄瓜的培育和种植技术提供智力支持，目前已经培育出100多种黄瓜品种，各式的黄瓜给游客带来了耳目一新的感受。

---

[1] Lerner J. The University and the Start-Up: "Lessons from the Past Two Decades", *Technol Transf*, Vol. 30, No. 2, 2004.

（三）中介服务机构

特色文化小镇中的企业、创新自然人在创新过程中会产生法律和资金等方面的服务需求，这就需要设立各类中介服务机构。特色文化小镇的中介服务机构包括法律事务服务机构、贷款保险等金融中介服务机构、策划文案等文化中介服务机构等。中介服务机构不仅是特色文化小镇创新生态系统中不可或缺的创新主体，还是特色文化小镇创新生态系统的催化剂，能够加速特色文化小镇创新能力的提升。特色文化小镇的中介服务机构主要包括以下几类。一是，法律服务中介机构。创新创意是文化产业的主要生产要素，创意的产生、实现需要更加完善的法律服务保障。法律服务机构能够在特色文化企业的产品知识产权维护、版权使用和收益权的分配等方面起到重要的保障作用，同时，对文化企业和特色文化小镇的品牌塑造起到积极的保护作用。二是，金融中介服务机构。文化企业特别是小微文化企业由于缺乏质押、创意转换风险大等原因面临着较为严峻的融资困境。特色文化小镇中的文化企业多数是中小微企业，还有大量的草根初创型企业，这些创新主体需要更加完善的金融服务。因此，设立金融中介服务机构是特色文化小镇创新生态构建的一项重要内容。三是，文化中介服务机构。文化企业除了专注自身的产品之外，还需要一系列的相关辅助。文化中介服务机构可以为文化企业提供策划、展销、品牌宣传等服务，帮助文化企业实现高效率发展。与此同时，特色文化小镇中除了专业的文化企业之外，还有餐饮、零售等企业创新主体，他们也需要主题设计、专题融入等文化服务。因此，发展文化中介服务机构也是特色文化小镇创新生态系统构建的一部分。

（四）专业运营团队

特色文化小镇不仅要建，更要运营；如果没有专业的运营团队，就没有特色文化小镇更好的创新和可持续发展。特色文化小镇与乡村、城镇的主要区别之一在于，特色文化小镇不是一个自然形成的城乡发展空间，不具有行政单元属性，它是一个以创新和创业为主要使命的空间载体，更加注重运营；因此，专业的运营团队是特色文化小镇重要的创新主体。专业运营团队的建立可以通过以下几种方式实现。一是，引进多元专业运营团队。绿维、携程、驴妈妈、复星文旅、中景合天等一批文旅专业运营团队能够为特色文化小镇的发展提供专业的服务。同时，腾讯、华为、中青旅、京东等文旅行业合作伙伴，也是特色文化小镇专业运营团队的重要力量。此外，猪八戒网等综合运营平台也具有专业的运营经验，能够综合利用各领域的专业人才和资源，有能力成为特色文化小镇的创新主体，发挥专业的运营效应。二是，培育特色文化小镇的自组织运营管理团队。特色文化小镇创新生态系统是在自组织进化理论的基础上，不断形成发展的。特色文化小镇离不开自组织的力量。积极培育特色文化小镇自有的专业运营团队具有更接地气、更了解小镇实际、更有亲和力等优势。充分利用乡贤、大学生创客、小镇自有居民、小镇居民子女中有专业基础的且接受过良好教育的等主体形成专业的运营团队；从而壮大特色文化小镇的创新力量，支持特色文化小镇创新生态系统的运营管理。三是，积极发挥行业协会的力量。行业协会在特色文化小镇中可以发挥专业的指导和运营管理的作用，能够促进特色文化小镇支柱产业的良好发展，有助于形成良好的产业创新生态链条。

第二节 建设合理创新生态位

合理的创新生态位有利于各类创新主体更好地占据创新生态系统中的恰当位置，充分发挥禀赋优势、资源优势、功能优势，促进特色文化小镇创新生态系统构建，提升特色文化小镇的创新能力。

一 提升特色文化小镇创新生态位适宜度

生态位理论是生态学理论的一个重要组成部分，生态位理论主要研究生态系统中群落的结构、生物物种之间的作用关系和多样性演化等。[①] 生态位在自然生态系统中主要应用于动物物种。Grinnell 对生态位的定义是，生态位是生态系统中物种占据的基本的生存单元。[②] 生态位不单是物种占据的地理位置和物理空间，更加强调的是物种在整个生态系统中所处的生

---

① Thompson K., Gaston K. J., Band S. R. Range Size, "Dispersal and Niche Breadth in the Herbaceous Flora of Central England", *Journal of Ecology*, Vol. 87, No. 1, 1999.

② Grinnell J., "Field Tests of Theories Concerning Distributional Control", *The American Naturalist*, Vol. 51, No. 2, 1917.

态环境。Hutchinson 于 1967 年结合数学中点集理论，认为生态位是物种生存条件的一个集合。① 生态位可以分为原始生态位和现实生态位。原始生态位是指在没有任何外部侵略和竞争的条件下，物种所处的生存环境，或者说是物种占有的生态资源。现实生态位是指因为物种的相互竞争和外部环境破坏等因素的影响，物种所处的生存环境或占有的资源。类似于自然生态系统，创新生态系统中也存在创新生态位。在创新生态系统中，不同的创新主体处于不同的生存空间，既受到整个创新生态系统的影响，又对创新生态系统发挥着重要的作用。同时，不同的创新主体由于相互作用，会抢占资源，带来生态位叠加，促成竞争关系产生。建立合理的创新生态位是特色文化小镇创新生态系统构建的重要内容，提升生态位适宜度是特色文化小镇创新生态系统构建和小镇创新能力提升的必不可少的条件。

提升特色文化小镇创新生态系统的生态位适宜度、提升生态位的级别是特色文化小镇创新生态系统构建的必要内容，也是衡量特色文化小镇创新生态系统发育水平和特色文化小镇创新能力的重要指标。特色文化小镇的创新生态位适宜度水平高，表明特色文化小镇创新生态系统培育建设良好；反之，表示特色文化小镇创新生态系统培育建设具有更大的空间。构建特色文化小镇创新生态系统需要着眼于提升特色文化小镇的生态位适宜度。在理想状态下，不同的特色文化小镇的创新主体具有自身的"原始生态位"，能够占有一套相对稳定和充足的资源。但在现实情况中，不同的特色文化小镇的创新主体在参与小镇的创新活动过程中，不仅占用小镇的资源，还会抢占其他特色文化小镇的具有相似生态位的创新主体的资源，形成创新主体的"现实生态位"。"现实生态位"级别越高；获取优质资源的可能性越大，发展空间越大，获取的创新价值也就越高。

张贵围绕区域创新生态系统生态位适宜度，建立了评价指标体系，包括创新主体、创新资源、创新环境三项测度要素，企业、研究机构、高等院校、创新投资、创新经费、居民收支水平、交通运输状况、信息化程

---

① G. E. Hutchinson, "Some Concluding Remarks", *Cold Spring Harbor Symposia on Quantitative Biology*, Vol. 22, No. 2, 1957.

度、创新成果数量、公共文化场所等测度指标，以及工业企业个数、公共图书馆个数等生态因子指标。[①] 在这些研究基础上，结合特色文化小镇的特征和主要任务，设计特色文化小镇创新生态系统生态位适宜度评价指标体系，以此评价指标体系为导向，完善各方面建设机制，提高特色文化小镇创新生态系统的生态位级别，有助于特色文化小镇创新能力的提升和竞争力的提高。围绕特色文化小镇创新生态系统适宜度这个核心指标，分别设置创新主体、创新资源和创新环境测评要素，形成主要测评对象。创新主体包括创新自然人、企业和社会组织，创新资源包括技术资源、资金资源和政策资源，创新环境包括硬环境和软环境。创新自然人、企业、社会组织、技术资源、资金资源、政策资源等指标的发育和成长情况是特色文化小镇创新生态系统发育好坏的重要指标，也是特色文化小镇创新生态系统生态位适宜度评价的关键指标。每个关键指标又包括若干个影响因子，影响因子是影响特色文化小镇创新生态系统生态位适宜度最基础的单元。例如，创新自然人的影响因子包括艺术家数、非遗传承人数、大学生创客数、特色手工技艺人数、企业家人数等。影响因子也是特色文化小镇创新生态系统构建的最具化的指标，最具实操价值。

二 分类设定特色文化小镇创新生态位

在着眼于特色文化小镇整体创新生态位适宜度提升的基础上，还需要分类设定特色文化小镇创新生态系统的创新生态位。特色文化小镇涵盖领域广泛、创新因子丰富，从不同的角度和类别提升创新生态位，可以有效优化特色文化小镇的创新生态，提升特色文化小镇的创新能力。

(一) 企业创新生态位

企业是特色文化小镇成长的关键单元，也是特色文化小镇创新生态系统的重要组成部分。企业创新能力强，其对特色文化小镇经济发展的带动能力就强。其原因如下。一方面，企业是特色文化小镇创新生态系统中的一个重要组成部分；另一方面，特色文化小镇中的企业自身具有创新生态系统。企业创新生态系统最早源于 Moore 提出的商业创新生态系统。

---

① 张贵、吕长青：《基于生态位适宜度的区域创新生态系统与创新效率研究》，《工业技术经济》2017 年第 10 期。

Moore 认为，商业生态系统包括企业的客户、生产商、供应商以及利益相关者，是由多方主体支持的经济共同体。[1] 商业创新生态系统的主要主体是私营企业，包括其所依赖的自然资源、消费者群体等。Adner 进一步研究和突出了企业发展中创新的作用价值，企业要实现创新的行为就需要与多样的相关方建立互相联结的创新链条，提升创新的效率；他认为企业的创新生态系统是由上游企业、下游企业共同组成。Hienerth 等人还提出企业创新生态系统应该包括用户或消费者。

在企业创新生态系统中，某一个企业与相关联的其他企业之间的相对空间位置、功能作用、价值地位被称为企业创新生态位。[2] 依据生态位密度、生态位宽度、生态位重叠度等创新生态位的不同测度指标，企业创新生态位可以分为幼稚型、专业型、竞争型、规模型和理想型等类型。[3] 强化特色文化小镇中企业尤其是旗舰企业的创新生态系统建设，不仅能提升企业的创新能力，还可以有力地增强特色文化小镇的创新能力。增强特色文化小镇企业创新生态位适宜度，实现企业创新生态系统的内外循环至关重要。特色文化小镇中的核心企业多数是文化企业，且以中小微文化企业为主力。在特色文化小镇中，文化企业的创新生态位是指该企业与特色文化小镇中其他文化企业，以及特色文化小镇之外的中小微文化企业之间的功能位置分布。创新生态位影响因子包括企业的产品市场集中度、产品品牌知晓度、产品特色差异化水平、企业创新文化、企业融资状况、企业利润、企业员工专业水平、衍生产品销售额等。充分利用企业创新生态位影响因素，提升企业的创新管理水平，建立适宜的企业创新生态位密度、企业创新生态位宽度和企业创新生态位重叠度是提升特色文化小镇企业创新生态位的主要内容。特色文化小镇中的文化企业创新生态位密度是指在小镇中类似企业的数量，体现了文化企业在小镇内部的分布和集中程度。特色文化小镇中的文化企业创新生态位宽度是指该文化企

---

[1] Moore J. F., *The Death of Competition: Leadership and Strategy in the Age of Business Ecosystems.*, New York: Harper Business, 1996, p. 216.

[2] Hannan M., Freeman J., "Structural Intria and Organizational change", *American Sociological Review*, Vol. 49, No. 9, 1977.

[3] 程跃、周泽康：《新兴技术企业生态位的动态优化——基于网络能力的案例研究》，《技术经济》2019 年 2 月。

业所能利用的政策、资金、市场等资源的总和,体现了文化企业的发展潜力。特色文化小镇中的文化企业创新生态位的重叠度是指小镇中的文化企业的差异化水平,以及其与所处特色文化小镇之外的类似文化企业的差异化发展程度。

在特色文化小镇创新生态系统构建过程中,企业创新生态位适宜度提升的主要指向是建立规模适宜的企业创新生态位密度;密度过大会带来特色文化小镇内部企业的过度竞争,密度过小又不利于文化企业的规模经济效益的实现。因此就要扩大企业创新生态位宽度,提高企业利用资源的能力,提升企业的竞争力;降低企业创新生态位重叠度,实施差异化发展战略,立足企业特色,对文化消费市场进行差异化细分,避免同质化竞争,提升企业的特色化发展水平。

(二) 产业创新生态位

由企业创新生态系统进行进一步延伸和扩充,形成良好的产业创新生态系统与特色文化小镇创新生态系统密切相关。特色文化小镇的持久发展要立足于支柱产业的持续创新和不断进步。特色文化小镇的产业创新生态系统更加侧重于小镇中企业与企业的相互关联和相互作用,侧重于支柱产业在整个产业体系中的枢纽作用,更加强调特色文化小镇产品生产的延展性。Gawer 等人研究认为产业创新生态系统是以主导产业为核心,不断向上游、下游延展相关产品或相关服务,实现整个产业链条创新能力的提升。国内学者也从不同产业的角度对产业创新生态系统进行了研究。王娜等人认为产业创新生态系统是在一定的时间和空间内,由产业发展依托的各类主体以及其所依赖的环境共同构成的技术和经济系统。[1] 陈瑜等人通过对光伏产业创新生态系统的研究,指出向后捕食和向前捕食是产业创新生态系统研究的重点方向。何向武等人将产业创新生态系统分为创新的群落、创新的内部环境和创新的外部环境三个子系统。在研究产业创新生态系统的结构和演进的基础上,产业创新生态系统的治理也是学术界近年来研究的新方向,研究主要包括关注产业创新制度环境的营造、如何防止产业系统内"集体搭便车"现象的发生等。杨伟等人对产业创新系统的数

---

[1] 王娜、王毅:《产业创新生态系统组成要素及内部一致模型研究》,《中国科技论坛》2013 年第 5 期。

字化转型的试探性治理进行了研究。①

在特色文化小镇创新生态系统中,产业创新生态位是指特色文化小镇旗舰企业所属的支柱性产业门类在整个产业发展中和产业布局中所处的地理位置、市场位置和功能位置。特色文化小镇的产业创新生态位相似于市场生态位。市场生态位是指产业发展过程中,处于相对自由的环境参与市场竞争的状态,消费者可以较为轻松地识别、享受和消费产品或服务。特色文化小镇的主导产业一般为文化及相关产业,因此,特色文化小镇产业创新生态位主要指向文化产业的创新生态位。特色文化小镇的产业创新生态位既是小镇支柱产业在整个产业创新生态系统中的功能地位的体现,也是特色文化小镇创新生态系统的重要决定因素。提升特色文化小镇的产业创新生态位适宜度能够提升产业的整体创新水平,提高产业的竞争力,从而提升特色文化小镇创新生态系统的构建水平,提高特色文化小镇的创新能力。特色文化小镇的产业创新生态位的影响因子包括文化产业旗舰企业的发展规模、文化企业之间的联结度、特色文化产业的集群发展状况、文化产业的人力资源供应情况、文化产业特色鲜明性、文化产业链条的延展性、核心产品与衍生产品的链接、行业协会的作用、文化产业相关辅助中介组织的参与等。深入研究文化产业创新生态位的影响因子,增强影响因子对文化产业的创新生态位适宜度的正向影响,提升文化产业创新生态位的适宜水平,是特色文化小镇创新生态系统构建的重要内容。文化产业的创新生态位密度是指特色文化小镇中核心文化企业与相关文化企业及其他配套企业的数量与分布,体现了文化产业的集群化发展水平,体现了在特色文化小镇中文化产业的规模经济效益和范围经济效益。文化产业的创新生态位宽度是指文化产业所掌握的各种有利于产业发展的人力资本、金融资本、土地资本等资源的总和。文化产业的创新生态位重叠度是指文化产业的特色化发展水平和品牌化发展水平及其满足差异化市场竞争的程度。

在特色文化小镇创新生态系统构建中,产业创新生态位提升的主要指向是扩大产业创新生态位密度,促进支柱文化产业的不断壮大发展,鼓励

---

① 杨伟、周青、方刚:《产业创新生态系统数字转型的试探性治理——概念框架与案例解释》,《研究与发展管理》2020年第6期。

相关配套产业的发展，形成延伸的上游产业和下游产业，强化产业的相互关联和相互协同，形成文化产业集群发展；扩大产业创新生态位宽度，充分争取和利用各级政府对特色文化小镇产业的支持，用足用好各类资源，提升产业创新力和竞争力；降低产业创新生态位重叠度，促使特色文化产业不断创新产品和服务，特别是增加特色体验内容，增强特色文化小镇的产业特色、突出特色文化，增强文化产业的文化差异性，提升文化产业的吸引力，避免与其他特色文化小镇产业内容的雷同。

（三）技术创新生态位

创新理论的最初建立是依托于技术的创新和突破，技术创新是创新理论研究的重要分支和重要学派，技术创新在创新生态系统构建中发挥着关键的作用。同样，在特色文化小镇的创新生态系统构建中，技术创新必不可少。技术创新生态位源于 Schot 等人在 1994 年提出的战略生态位的概念。Kemp 于 1998 年对战略生态位和技术创新生态位进行了进一步的解释，认为技术创新生态位是一种新型的致力于创新的交互平台，建立在众多行动者的交互行为上，一般处于无意识的控制中，通过一系列的新技术的研发和应用巩固这种技术创新的作用和功能。技术创新涉及宏观、中观、微观等不同的层面。从宏观层面来看，技术创新就是国家创新生态系统的构建以及创新环境；从中观层面来看，技术创新涉及更多的是为支持和保护技术创新形成的体制机制；从微观层面来看，技术创新侧重于企业生产和产业发展中的技术创新。龚希等人认为发生在体制机制层面上的技术创新呈现渐进的态势并且有一定的路径依赖性，被认为是常规性的。发生在微观层面的技术创新生态位侧重于突破式创新，无论是常规性的创新还是突破式创新都离不开整体创新宏观环境的影响，而且宏观技术创新、中观技术创新与微观技术创新是相互影响相互作用的。[①]

特色文化小镇是一个创新创业的新型平台，其与 Kemp 认为的技术生态位的界定相互吻合，是技术生态位的有力载体和空间。从宏观层面上来看，特色文化小镇技术生态位不仅包括国家层面的创新环境，还包括特色文化小镇整体的创新生态环境；从中观层面来看，特色文化小镇技术生态

---

① 龚希、丁莹莹：《技术生态位视角下技术创新系统述评》，《技术经济与管理研究》2020年第7期。

位不仅包括国家层面的激励技术创新的体制机制,还包括地方各级政府提供的促进特色文化小镇技术创新的各项支持;从微观层面来看,特色文化小镇技术生态位更加侧重于小镇支柱产业和入驻企业的技术创新。特色文化小镇技术创新生态位受到高端创新人才的支持、高校科研院所的技术支持、艺术家的创意支持、技术资金投入、知识产权的保护、成果转化、创新空间的打造、传统文化产业的数字化转型、新型数字内容平台的建立等创新因子的影响。通过挖掘技术创新潜在能力,激发创新动能,建立特色文化小镇高适宜度的技术创新生态位。雷雨嫣等人认为企业的技术创新生态位宽度、技术生态位重叠度与企业创新能力总体上呈现倒 U 形关系。[①]

特色文化小镇技术创新生态位建立的主要导向有如下几个方面。一是,适当增加技术创新生态位密度。特色文化小镇的技术创新生态位密度是指小镇中更加丰富的技术创新主体和更加广泛的技术创新领域,有利于特色文化小镇创新能力的提升。二是,建立适宜的技术创新生态位宽度。特色文化小镇技术创新生态位宽度是指特色文化小镇企业及创意研发工作室、特色文化项目等市场主体掌握的有利于技术创新的资源。市场主体掌握的技术资源范围越来越广,有利于市场主体进入更多的技术资源领域,有利于技术创新;但是,当达到一定的限值时,涉及的技术创新领域越多,面临的技术竞争越明显,反而影响特色文化小镇市场主体的创新能力提升。三是,建立适宜的动态调整的技术创新生态位重叠度。特色文化小镇,技术生态位重叠度是特色文化小镇的市场主体的技术创新与其他特色文化小镇,或更大空间载体中的技术创新的交叉重叠度。起初,特色文化小镇的技术创新可能源于模仿创新。比如,通过模仿实景演出的方式和技术,增加了技术创新的重叠度,特色文化小镇的创新能力也随之增强;但是,当模仿创新到一定规模时就会淹没特色,降低特色文化小镇的创新能力,此时,技术创新生态位就应转向突破式创新。

(四) 制度创新生态位

创新理论最初关注的重点是由企业为主体的商业生态系统,侧重于新技术对生产力的改变。随着经济的不断发展和对创新理论的不断深入研

[①] 雷雨嫣、陈关聚、徐国东等:《技术变迁视角下企业技术生态位对创新能力的影响》,《科技进步与对策》2019 年第 17 期。

究，制度创新进入创新理论研究和实践应用研究的视野。Alford 和 Friedland 较早地认为社会学研究中应当体现制度的逻辑。[①] 以诺斯（Douglass C. North，1920—2015 年）等人为代表的新制度经济学更加强调制度对经济社会发展的重要作用，指出制度创新是实现创新效应的关键因素。尽管制度对创新的作用在理论层面上已经得到认可，但在实践应用中制度创新的机制和效应尚未被很好地解释和验证，制度因素仍未很好地应用到创新生态系统中。制度的影响是多元化、渗透性的，我们很难衡量某一项制度对经济社会发展的影响，制度对创新的作用更大地体现在制度之间的相互联结上。同时，经济社会领域的主体发展也折射出制度的相互依赖。Friedland 和 Alford 认为，组织受到多项制度的影响，使得各种制度之间产生了更深的相互联结依赖。[②]

特色文化小镇的发展目标是实现生产、生活和生态的更好融合，实现经济社会的综合发展提升。特色文化小镇创新能力的提升是生产力、生产关系等综合要素共同作用的结果。特色文化小镇创新生态系统构成离不开制度的功能和作用。制度创新是特色文化小镇创新生态系统构成的重要部分，并且特色文化小镇的制度创新不是单一制度的创新，而是多元制度的合成创新。Larsen 认为，城镇化进程中的制度创新应该是多元包容的，应该更多地关注农民工、低收入群体等弱势群体。[③] 激发特色文化小镇的制度创新，并建立适宜的制度创新生态位；有利于特色文化小镇创新能力的整体提升。特色文化小镇制度创新包含了人才制度、金融制度、财税制度、土地制度、社会保障制度等正式制度创新和小镇自治制度等非正式制度创新。特色文化小镇制度创新生态位的影响因子包括创意人才的引进和使用制度、技术领军人才的引进和使用制度、新型互联网文化企业的落地制度、普惠金融支持中小微文化企业发展的制度、绿色金融支持文化产业发展的制度、金融支持乡村振兴的制度、财政对特色文化小镇的资金支持

[①] R. Alford, R. Friedland, "Powers of Theory: Capitalism, the State, and Democracy", *Cambridge: Cambridge University Press*, 1985, pp. 176 – 267.

[②] R. Friedlle, R. R. Alford, *Bringing Society Back in: Symbols, Practices and Institutional contradictions, Chicago: University of Chicago Press*, 1991, pp. 232 – 267.

[③] Tunzelm V., *Innovation in "low—tech" Industries* [M]. Oxford: Oxford University Press, 2005, pp. 198 – 235.

和政策支持制度、特色文化企业的税收优惠制度、村集体用地制度、城乡用地增减挂钩制度、城镇化过程中的农民工市民化制度、留守儿童的教育制度等。

特色文化小镇制度创新生态位建立的主要导向包括以下几点。一是，适当增加制度创新生态位的密度。特色文化小镇有着相对明确的地理范围、人口数量等指标界定，有限的物理空间和承载空间中有着丰富的社会群体，涉及经济、社会、生态、文化等多方面的诸多领域。因此，特色文化小镇的制度创新也应该是丰富和多元的，力争涵盖特色文化小镇发展的各个领域；以规范和有效的制度来激发特色文化小镇的内生发展动力，保障特色文化小镇的健康可持续发展。二是，寻求适宜的制度创新生态位宽度。制度创新生态位的宽度是制度涵盖的资源效益和其应用的对象范畴。特色文化小镇的制度创新并不以制度的宏大为目标，而要以制度对特色文化小镇利益的保障实效为目标。因此，特色文化小镇制度创新生态位宽度与特色文化小镇创新能力的关系呈抛物线型；对于特色文化小镇有限的承载空间，过多的制度创新利益供给将降低制度创新的效率。三是，允许适当的制度创新生态位重叠。特色文化小镇制度创新生态位重叠度是指特色文化小镇内部各项制度的相互作用，以及与特色文化小镇之外的制度的相似度。制度之间具有相互衔接、相互依赖和相互促进的关系。只有形成了相互依赖和相互促进的制度，形成了有利于激发整体创新能力的制度体系之后；特色文化小镇的创新生态才能更加优化，创新行为才更加易于规范。同时，特色文化小镇的制度创新可以适当借鉴自贸区关于文化产业、文化产业园区、文化旅游业发展等相关制度，进而促进特色文化小镇的发展。因此，适当的制度创新生态位重叠有利于特色文化小镇发挥制度创新的作用。

第三节 建立完善的创新链条

与自然生态系统中的食物、物质和能量之间的相互衔接和相互交换相似，特色文化小镇中多元创新要素之间应该形成相互关联、相互协作和相互制约的动态平衡状态。建立完善的创新链条，要素之间相互"吃"起来；维持创新生态系统的能量平衡，是特色文化小镇创新生态系统构建的重要内容。

一 企业创新链条

　　文化企业是特色文化小镇创新生态系统的基本单元，是特色文化小镇创新的基础。因此，文化企业的创新链条是特色文化小镇创新生态系统的基础链条。特色文化小镇企业创新链条的建立应起始于创新型企业家。特色文化小镇不仅需要文化企业家，更需要创新型文化企业家。特色文化小镇的企业生产应该更加强调创新，而不能单单看重产品的数量和质量。特别是民营的、草根类的文化企业家是特色文化小镇企业发展的中坚力量，他们不仅要了解国家的最新产业政策，把握行业发展动态；还需要深入细致地了解消费者的使用体验和参观体验，重在发现新的文化需求。一些生长于民间，掌握一定的文化生产技能，具有文化情怀的企业家成为特色文化小镇企业创新发展的领头人。

　　特色文化小镇企业创新链条离不开企业创新人才。大学生创客、当地居民、特色手工艺人、非物质文化遗产代表性传承人、文化管理者都是特色文化小镇企业创新链条中的人才支撑。特别是在企业运行的重要岗位、关键环节更需要引进和选择合适的创新人才。组织流程是特色文化企业创新日常运行的抓手。特色文化小镇的企业需要建立明确的鼓励创新的机制，组织流程应以雇用创新人才、奖励创新为目的。在自然生物进化的过程中，越是精妙的物种越难适应环境的变化；因此，越是成绩卓越、规模巨大的企业越抗拒变化，不容易灵活创新。特色文化小镇企业多数是中小微企业，更加关注细分、微观的文化消费市场，所以在破坏性创新方面比其他大型文化企业更具优势。同时，利于创新的文化是企业创新链条的深层滋养，是企业担负更大的社会责任的生长土壤。

　　企业的创新与特色文化小镇的创新发展息息相关，有些企业的成长和运营过程就是特色文化小镇的创新发展过程。万达丹寨小镇位于贵州省黔东南州丹寨县东湖畔，是以产、城、景、文、旅、商深度集合的苗侗风情文化旅游小镇，由万达集团投资7亿元建设而成。小镇以苗族和侗族少数民族建筑为特色，集非物质文化遗产的保护、传承和体验于一体。丹寨县七项国家级和数十项省级非物质文化遗产代表性项目入驻小镇。小镇建设了演艺剧场、会议中心、娱雪乐园、马术俱乐部、水上乐园、都市农场、高端民宿、房车营地、调性图书馆等体验项目。小镇以丹寨少数民族文化和非遗文化为内核，带动 28 家企业和 102 家产业扶贫合作社入驻小镇，有力地增强了小镇的产业发展功能。为扩大丹寨小镇的知名度和影响力，万达集团以创新营销的模式，向全球公开征集"轮值镇长"。由"轮值镇长"担任小镇推广大使，小镇不断创新品牌宣传和营销方式，"轮值镇长"结合自己的专长为小镇发展做出贡献，优化了创新过程，提升了创新成效。在 90 后美女主播担任"轮值镇长"期间，充分利用各种社交媒体，宣传小镇的美食、美景、文化故事、非物质文化遗产代表性项目等。在茶叶公司总裁担任"轮值镇长"期间，深度结合当地的产业基础，发展茶园，拓宽小镇的产业发展。小镇不断丰富文化内容和文化活动，打造了多元的文化吸引核，如设立中国丹寨祭尤节，将苗族文化活动全面推广；开展"云上丹寨大美非遗"系列活动，包括大型歌舞表演、苗族八大支系服饰巡游、鼓楼情歌、地方特色美食体验、云上绣娘大赛、山歌对唱等项目，充分展示了丹寨非物质文化遗产魅力，传承了丹寨民族文化。小镇定期在斗艺文化活动中心进行斗鸡、斗牛、斗鸟等民俗文化活动，并举办相关赛事，提升了小镇文化娱乐氛围。丹寨万达小镇与丹寨的文化、民俗、生活深度融合，带动了周边古法造纸石桥村、鸟笼之乡卡拉村、蜡染之乡排莫村、芦笙之乡排牙村等特色村寨的创新发展。同时，为了更好地提升小镇居民和周边居民的文化素养，增强小镇的可持续发展能力，万达集团投资 3 亿元捐建贵州万达职业技术学院，由黔东南州职业技术学校负责教学招生，培养专业技术人才，学生可以择优进入万达集团工作。通过特色种植、文化旅游、人才培养等的发展，丹寨万达小镇形成了良好的企业的创新生态链条，探索了小镇创新发展的新模式。特色文化小镇企业的创新链条如图 3-1 所示。

二 产业创新链条

在百年未有之大变局下，全球经济竞争的核心已经从产业竞争转向了产业链条和产业集群的竞争。因此，文化产业发展的重心更应该从单纯的产业发展转向文化产业链条的创新和完善。文化产业的发展包括文化产业的市场准入、资本人才等要素供给、价格调控机制、国内国际贸易政策、财税金融支撑等链条的完善和发展。文化产业链条的完善是从政策到管

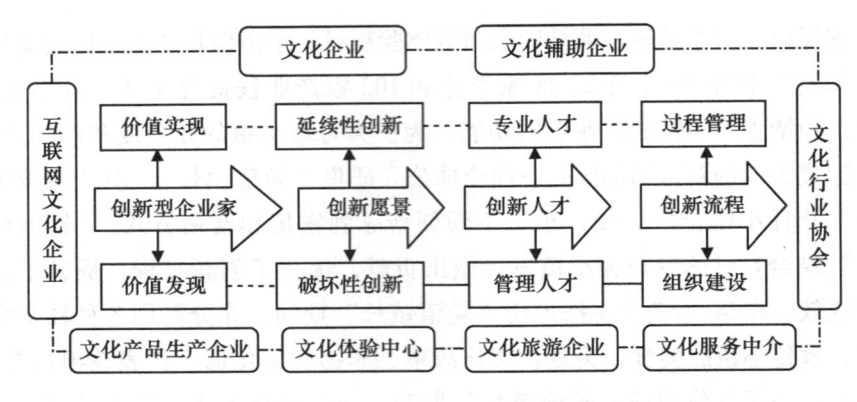

```
┌─────────────────┬──────────────┬──────────────┬──────────────┐
│                 │   文化企业    │              │  文化辅助企业  │
├──────┬──────────┼──────────────┼──────────────┼──────────────┼──────┐
│      │  价值实现 │  延续性创新   │   专业人才    │   过程管理    │      │
│ 互联 │          │              │              │              │ 文化 │
│ 网文 │ 创新型企业家→│ 创新愿景 → │  创新人才 → │  创新流程 →  │ 行业 │
│ 化企 │          │              │              │              │ 协会 │
│ 业   │  价值发现 │  破坏性创新   │   管理人才    │   组织建设    │      │
├──────┴──────────┼──────────────┼──────────────┼──────────────┼──────┘
│ 文化产品生产企业 │ 文化体验中心  │ 文化旅游企业  │ 文化服务中介  │
└─────────────────┴──────────────┴──────────────┴──────────────┘
```

图 3–1　特色文化小镇企业创新链条

理,从市场到政府服务的全方位改进。从政策支持角度来看,政策支持的重点逐渐向供应链的安全审查、产业链上下游统筹机制、产业链条利益分配机制等方面转移。[①]

我国文化产业发展面临的突出问题之一是产业创新链条不完善,核心产品的前端和后端延伸不足。特色文化小镇是以文化产业为支柱产业,着眼于创新的特殊载体,是文化产业链条延伸的最佳空间;既可以实现厂房内的产品生产制造,又可以实现相关文化体验衍生,促进文化产业链条延伸价值空间。特色文化小镇的健康发展与文化产业链条的完善相辅相成。特色文化产业链条的完善度在很大程度上决定了特色文化小镇的产业的发展优劣。目前,特色文化小镇产业不发达的重要原因就是未能突破产业链条的延伸瓶颈,未能实现产业链条体系的建立。例如,种苗小镇、花卉小镇等很多以特色种植业为基本产业的特色文化小镇,仍然主要集中在种植、养殖、初加工、观赏等产业环节;未能与地方文化资源深度融合,文化内涵没有得到深层次挖掘和体现,产业结构单一,产业业态不丰富,产品的附加值偏低。

特色文化小镇产业链条的完善是以特色文化产品的生产为起始点,创新文化产品的内容和形式,不断形成丰富的文化产品。在特色文化产品生产的基础上,通过手工艺工坊、文化旅游等构建文化场景,创新文化消费

[①] 盛朝迅:《从产业政策到产业链政策:"链时代"产业发展的战略选择》,《改革》2022年第2期。

服务，促进文化衍生产品和服务的开发，积极拓展文化新业态，充分延伸文化产业链条，促进文化价值和经济价值增值。横店影视小镇以影视剧拍摄为主导产业，不断提升影视基地的建设水平；在影视基地建设中，逐渐向文化旅游、酒店、餐饮等行业扩展，带动影视道具产业的发展和周边红木家具产业的发展，不断延长产业链条。河北粮画小镇支柱产业是粮食画，逐渐构建了完善的产业链条；粮食种植科学研究—粮食新品种培育—粮食作物耕种—粮食防腐技术处理—粮食画创作—粮食画品牌推广和营销—粮食画创作体验—向其他手工画延伸。完善的产业链条聚集了更多的创新要素，促进了粮食新品种的研发、粮食处理技术的创新、粮食画创作工艺的创新及粮画生产和销售模式的创新。不同类型的特色文化小镇产业链条的重点环节有所不同，例如文化旅游型特色文化小镇要以特色旅游资源为价值内核，做好景观、休闲活动、体验场景、特色酒店民宿等项目的产品服务开发，形成特色演艺、特色活动、特色体验等诸多产业链条环节；特色文化产品小镇要以特色主导产业为主线，以文化产品的创新和生产为内核，做好生产、消费、体验、衍生产品开发等系列产品和服务，选择和培育龙头文化企业，促进文化企业集聚发展，带动相关产业发展。注重文化产品的特色文化小镇产业创新链条如图3-2所示。

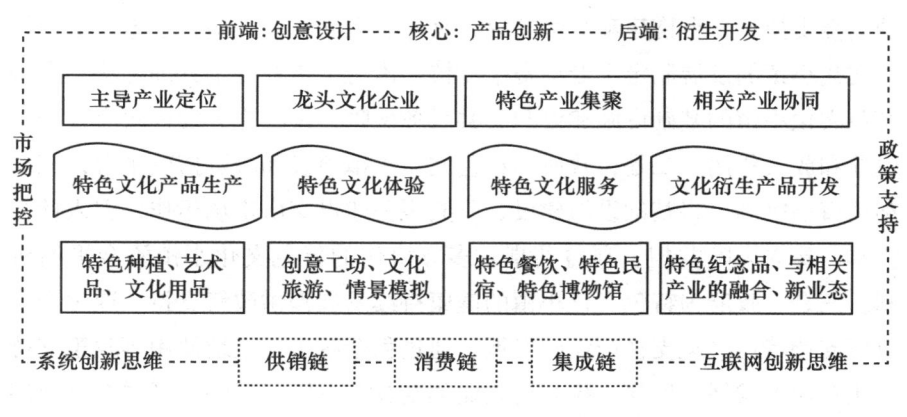

图3-2 特色文化小镇产业创新链条

三 资金创新链条

在特色文化小镇创新生态系统中，一方面，资金是重要的参与要素，构成整个创新生态系统的重要的不可或缺的部分；另一方面，资金是其他构成要素顺利发挥作用的重要前提。从特色文化小镇的发展现实来看，很多小镇发展不良的重要原因就是资金支持不足、资金链条的断裂。特色文化小镇资金链条的建立和完善是建立在特色文化小镇因地制宜的合理发展规划和富有竞争力的产业发展基础之上的，没有合理的文化小镇发展规划和清晰的发展定位，没有坚实的产业发展基础，任何资金的投入都将收效甚微，不能发挥资金的持续支持保障作用。特色文化小镇资金创新链条的建立是以支持特色文化小镇基本建设、助力特色文化小镇产业发展以及良性运营为主要目的，并寻求更加稳定的价值回报。特色文化小镇资金创新链条需要与特色文化小镇的整体发展规划相适应，与特色文化小镇的企业创新链条、产业创新链条、运营管理创新链条、人才培育创新链条等创新生态链条有机融合，最大限度发挥资金的整体效用。特色文化小镇的资金供给和循环方式主要有政府支持、企业投资、集体经济、社会参与、资本市场等。在特色文化小镇资金链条完善过程中，可以充分利用文化产业专项资金、特许经营、PPP、艺术品质押、贴息贷款、绿色金融、普惠金融等方式，以政府资金带动社会投资，建立对特色文化小镇的金融支持体系。

  政府支持特色文化小镇发展资金主要是政府为特色文化小镇发展提供的资金支持、平台搭建和政策支撑，具体表现如下。一是，各地为支持特色文化小镇的发展制定了专项资金支持，出台了奖补资金管理办法，支持特色文化小镇的基础设施建设和公共服务保障建设，充分发挥政府投资的引导和放大作用。二是，政府为特色文化小镇建设和融资搭建平台，充分利用市场机制，将基础设施建设、公共服务建设交由市场运作，引入社会资本，建立风险共担、利益共享、多方协作的特色文化小镇资金平衡机制。三是，政府为特色文化小镇的健康持续发展提供政策支持，通过产业政策支持特色文化支柱产业的发展，通过租金减免、土地使用等政策支持文化企业的发展。例如，税收对企业创新具有一定的影响，减税对企业创新没有明显的正向作用，增税对企业创新却具有负向作用；因此，需通过制定合理的税收优惠政策支持文化企业发展。

  企业支持特色文化小镇发展资金主要是依托龙头企业给予特色文化小镇的资金和项目支持。特色文化小镇资金获得的企业渠道主要有两类。一类是特色文化小镇中的龙头企业。特色文化小镇发展中的龙头企业往往是小镇发展的核心带动力量，他们为特色文化小镇的发展提供核心文化产品、塑造特色文化品牌，同时也为当地居民就业和小镇发展提供良好的资金支撑。例如，衢州龙游红木小镇是由年年红家具（国际）集团公司投资建设运营的特色文化小镇，该企业在不断追求企业创新发展的同时为小镇发展提供了资金支持。另一类是外来投资特色文化小镇的企业。国有投资公司、民营企业、混合所有制企业等对特色文化小镇建设具有文化情怀和投资愿望的企业，是特色文化小镇建设运营的重要来源。例如，乌镇旅游股份有限公司和北京能源投资有限公司投资建设了乌镇和古北水镇；绍兴黄酒集团有限公司资助建设了黄酒小镇；万达集团股份有限公司投资建设了以苗族侗族文化为底蕴，包含景观设计建设、产业扶植、教育服务等内容的丹寨小镇。

资本市场支持特色文化小镇发展资金主要是指政府、企业和个人等参与者为特色文化小镇的建设进行的投融资，包括各类资金信贷、证券流转等。支持特色文化小镇发展的资本主体主要包括银行、证券公司、风险投资公司等，目的是优化金融资源配置、服务特色文化小镇产业和设施建设。资本市场支持特色文化小镇发展主要有三层投资逻辑。一是，给予资金支持。融资约束是文化企业，特别是中小微文化企业创新发展的"拦路虎"，文化企业的发展由于创意转化风险大、缺乏质押，长期以来难以解决融资难的困境。金融部门应该充分利用普惠金融、绿色金融、专业银行、互联网金融等政策支持特色文化小镇的发展，将特色文化小镇融资支持与乡村振兴融资支持有机结合，支持特色文化小镇的产业发展和基础设施建设。二是，短期容忍失败。美国加州大学伯克利分校教授古斯塔沃·曼索（Gustavo Manso）通过对企业创新过程进行建模，发现短期内对失败的容忍能够有效激励企业创新。[1] 硅谷创新文化的重要一部分是对风险的承担和积极乐观的创新创业精神。激励特色文化小镇企业的创新需要对失败的短期容忍。非上市企业相较于上市企业而言，更加具有创新的优势，更需关注企业的长期创新。[2] 特色文化小镇中企业多数是非上市的中小微文化企

---

[1] Gustavo Manso, Motivating innovation, *The Journal of Finance*, Vol. 66, No. 5, 2011.
[2] 田轩：《创新的资本逻辑：用资本视角思考创新的未来》，北京大学出版社 2018 年版，第 7 页。

业,所以具有先天的创新优势;风险投资家和天使投资人可以在文化企业的种子期给予资本支持,充分发挥其初创优势。三是,追求创新溢价。创新溢价指的是在一家公司的市值中,并非源自现有市场中现有产品或服务的那部分价值。市场之所以给这些公司溢价,是因为投资者预计他们会开发出新产品或开拓新市场,能够借这些新产品和新市场收获高额利润。创新溢价是企业发展的目标,也是特色文化小镇资本创新追求的目标。文化企业的主要资产是创意和知识产权,其风险杠杆不同于其他实体公司;既具有较高的投资风险,又具有较高的创新溢价获得可能性。可以联合风险投资家、天使投资人、银行家、律师、会计师、咨询顾问,为特色文化小镇的企业发展出谋划策、招揽精英,规避技术风险、市场风险和销售风险,追求创新价值实现。

特色文化小镇的资金创新链条包括融资产品的创新、投资方式的创新、资金运作的创新和资本回报的创新,既坚守资本价值实现规律,又符合特色文化小镇的发展实际,具有更强的灵活性和创新性。美国的格林尼治小镇从对冲基金的设立开始,吸引金融人才和从业者,通过降低税率、建立小镇发展基金、吸纳企业家和社会力量捐助等形成资金集聚,支持小镇发展。浙江杭州玉皇山南基金小镇通过设立投融资扶持基金,撬动更多的社会资本加入筹集母基金,形成了较为完善和顺畅的资金创新生态链条。特色文化小镇可以借鉴金融小镇的做法和经验,创新资金链条。广东佛山禅城陶谷小镇的发展目标是打造陶瓷全生态链,实现城产人文的高度融合,成为世界陶瓷创新中心。陶谷小镇由佛山市禅城区政府指导创建,以市场化运作模式、撬动社会资本投入建设,形成政府、企业、社会协同善治的投资建设框架。政府以双创资金为引导与企业联盟合作,采取 PPP 等模式,充分发挥市场力量,因地制宜创建陶谷小镇投资建设运营机制。小镇不断优化服务机制,形成助融资、促创新、强产业、促成长的发展局面。陶瓷金融服务中心落户南庄,是佛山市排名前列的、专门针对陶瓷发展的金融服务平台。陶谷小镇利用工业技术改造和完善配套免收土地出让金、园区发展新产业新业态免收土地出让金、园区土地及建筑物使用享受功能临时变更免手续等优惠政策引导企业参与小镇建设和发展。特色文化小镇的资金创新链条如图 3-3 所示。

第三章　特色文化小镇创新生态系统构建　111

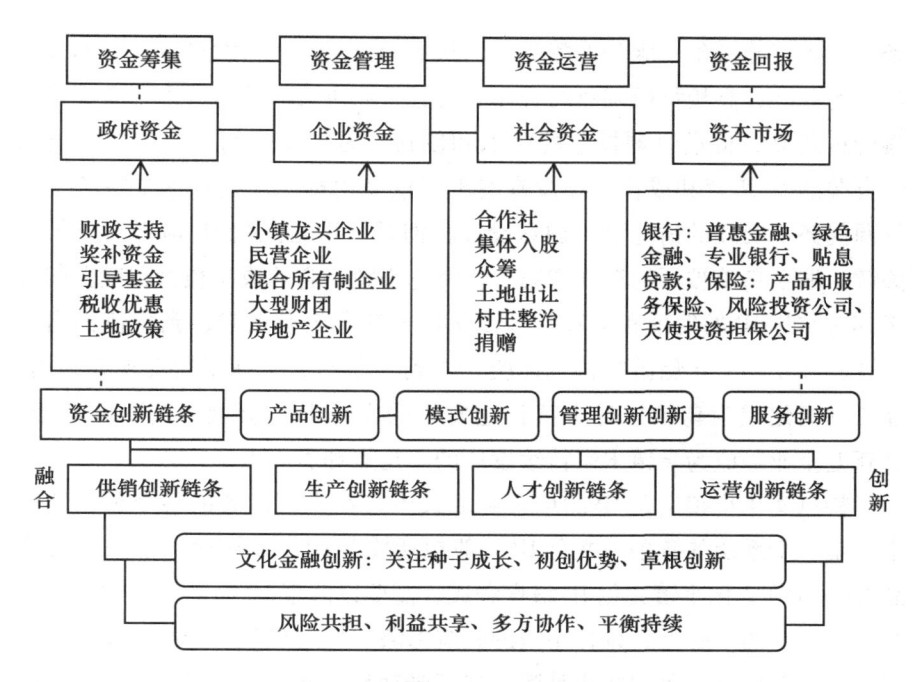

图 3-3　特色文化小镇资金创新链条

四　文化 IP 成长创新链条

特色文化小镇的生命力在于特色文化，特色文化的感召力和吸引力在于文化 IP 的培育和成长。文化 IP 的成长创新链条是特色文化小镇创新生态系统的重要组成部分，也是特色文化小镇创新要素发挥作用的催化剂，是特色文化小镇持续发展的内在动力。没有文化 IP，特色文化小镇就没有灵魂，就不能健康持久发展。特色文化小镇文化 IP 的培育和成长起点是特色文化资源，特色文化小镇文化 IP 的培育和成长是特色文化资源的不断开发、利用、衍生、价值实现和价值增值的过程。

特色文化资源的文化 IP 培育和成长有两种路径。一类是本土特色文化资源的 IP 培育和成长。本土特色文化资源包括古建筑、遗址等物质文化资源，雕刻、剪纸、织绣等非物质文化资源，历史文化事件、文学经典等人文资源和本土特色文化产业。这类文化 IP 的培育和成长要依托现有的特色文化资源，充分挖掘其文化内涵，做足做透文化价值开发，充分延长产业链条，完善 IP 培育和成长的链条。比如，曲阳雕刻小镇基于传统的雕刻技艺，不断创新发展，在壮大雕刻产业的同时，创新原材料供给链条、人才培养链条、服务保障链条,从雕刻技艺传承人的培养、雕刻技艺学校的创办、高校科研院所的合作支持、行业协会的参与等多个方面培育雕刻技艺IP,促进雕刻技艺的传承和创新。另一类是创意生成的特色文化资源的IP培育和成长。在没有本土特色文化资源,或者本土特色文化资源优势不明显的情况下,创意设计、创意衍生是文化IP培育和成长的关键。桐乡乌镇被评为浙江省第二批特色小镇,它的成功很大程度上归功于其对文化IP的发现和培育,乌镇从传统景点旅游做起,到特色民宿的设计和开发、文化旅游的特色体验,再到互联网文化基因的发现和利用,互联网文化成为乌镇立足小镇长远发展的文化IP,会展、互联网产业、创新型企业等成为乌镇未来持续发展的立足点和着力点。

特色文化小镇文化IP的培育和成长渗透在小镇发展的各个创新要素中,是一个系统的链条。文化IP一般包括故事IP、形象IP、品牌IP和产品IP。特色文化小镇文化IP培育和成长需要以故事IP为基础,在挖掘讲好小镇故事的基础上,设计小镇的景观形象、标志形象、产品形象、服务形象,打造极富特色的文化品牌,从而带动特色文化小镇各类文化产品的开发、销售、消费。特色文化小镇的故事IP可以是历史文化事件、文学创作故事、特色产业发展故事和创意故事等。通过故事的挖掘和表达,消费者走进小镇、走进故事,参与场景故事中,领会故事内涵。同时,小镇发展又进一步巩固小镇文化IP的成长,促进文化IP培养成长与小镇健康发展的良性互动。青蛙小镇以青蛙为文化IP,打造了青蛙特色建筑景观、青蛙特色场景设施、青蛙特色生态知识科教体验、青蛙特色创意产品等文化IP内容,并且通过拍摄电影《桃蛙源记》进一步延长青蛙IP链条,促进小镇形成包括青蛙观光、生态、旅游、影视等环节的更加完善的创新链条。特色文化小镇文化IP的培育和成长大致经历了特色文化资源挖掘—文化符号化—文化产业化—文化商圈化—文化社区化等多个阶段。特色文化小镇文化IP的成长创新链条如图3-4所示。

五 运营管理创新链条

特色文化小镇具有城镇综合管理的区域属性,又不同于行政建制镇;以特色文化产业为支柱,又不同于文化产业园区;具有旅游服务功能,又不同于旅游景区;以居民高质量生活为基本,又不同于普通的文化社区。

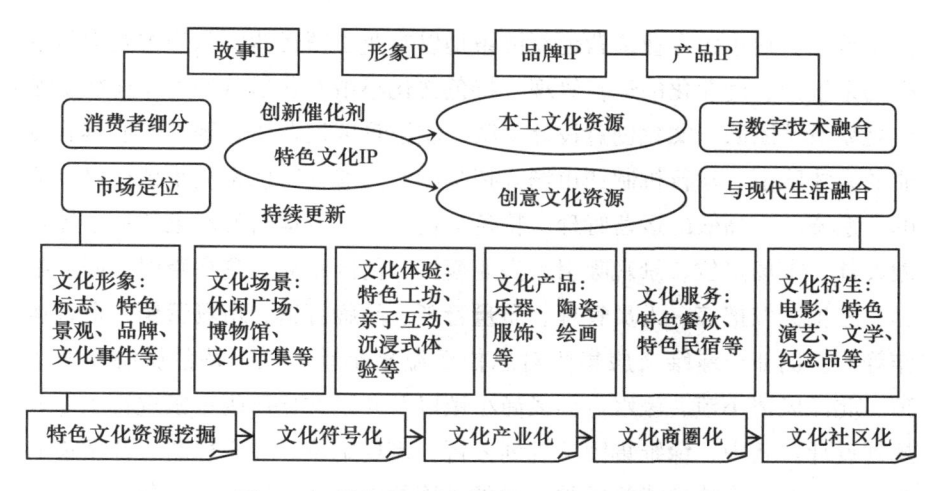

图 3-4　特色文化小镇文化 IP 成长创新链条

因此，特色文化小镇的运营是在城镇运营管理、文化产业园区运营管理、景区运营管理、文化社区运营管理的基础上的多维运营管理，需要形成复合多元的运营管理创新链条。从横向看，特色文化小镇运营管理创新链条可以分为政府主导的公共服务创新链条、专业团队主导的专业运营管理创新链条、小镇居民主导的自组织管理创新链条等；从纵向看，特色文化小镇运营管理创新链条具有鲜明的目标导向和价值定位。

特色文化小镇的公共服务创新链条是指政府主导的、以创造优质的公共环境为主要目的的服务创新链条。公共服务创新链条是特色文化小镇实现高质量运营的基础；没有高质量的公共服务，就没有特色文化小镇良好发展的基础保障支撑。特色文化小镇公共服务创新链条主要依托政府提供的政策支撑，包括对特色文化小镇的财政支持、税收优惠政策、土地利用政策、人才支持政策、户籍管理政策等。通过各项政策支撑，特色文化小镇获得更加健全的公共保障支撑。政府提供的公共服务主要包括水、电、道路、网络、公共安全设施、学校、卫生院、文化活动广场等硬件建设，教育、医疗、文化等软件的基本公共服务。特色文化小镇政府公共服务链条需要在投资方式、考核模式、建设模式、土地整治、社会保障、文化培训等方面不断创新，树立从重短期到重长期，从重硬件到重软件，从重数量到重质量的思维转换。通过建立和完善特色文化小镇公共服务创新链条，促进特色文化小镇公共服务质量的提升。

特色文化小镇专业运营创新链条是以专业小镇运营团队为主要力量进行的系统的、商业化的运营管理。特色文化小镇专业运营的主体往往是城镇规划设计团队、文化创意设计团队、旅游景区运营团队等，他们具有专业的人才队伍、运行机制和市场开拓基础，能够为特色文化小镇提供专业的、系统的、高效的运营管理。特色文化小镇专业运营的对象包括整体规划设计、市场定位、景观吸引、商业模式、街区布局、食宿吸引、服务配套、卫生标准把控、人员管理、质量管理、品牌打造、市场营销、资金运作等等。例如，绿维文旅集团对思拉堡温泉小镇、双山特色旅游度假小镇、北洋风情小镇、涞水世界风尚小镇以及井陉文化休闲小镇进行了专业规划设计。其中，绿维集团从规划分析、市场定位、核心思路、开发策略等环节出发，将特色建筑风貌、世界风情的极致文化体验、特色业态、夜间灯光系统等元素充分融入涞水世界风尚小镇，对小镇进行了全面专业运营。

特色文化小镇自组织运营管理创新链条主要是指由小镇当地居民、社会组织、周边居民组成的服务于特色文化小镇良好发展的服务体系。特色文化小镇不同于普通城镇，其与原有乡土文化息息相关、融合共生。特色文化小镇的运营管理离不开当地居民的积极参与，离不开当地有威望的居民的引领和组织。特色文化小镇自组织包括当地的村委、核心居民群体、学生群体等，他们在小镇纠纷处理、小镇卫生管理、小镇组织生活等方面发挥着积极作用。袁家村成功运营的主要经验就是开展村民的自组织管理。郭占武把村民组织起来作为小镇运营发展的主体，充分调动村民参与的积极性，发挥村民的原生态创新活力，在特色美食、民宿中持续挖掘创新元素。他们建立了农民创业平台，有组织、有计划、有步骤地把农民培养成老板和合伙人。袁家村还用股权合作的方式充分发展集体经济，带动村民共同富裕，通过自组织管理创新，实现了经济的发展、利益相关方关系的和谐和村民精神文明水平的提升。

特色文化小镇运营管理创新链条的完善，能够有效提升特色文化小镇的运营效率，提升特色文化小镇发展的持久力。特色文化小镇的运营管理涉及文旅、宣传、交通等多个部门，涉及众多企业和小镇居民等多方主体。湖南醴陵五彩陶瓷小镇位于醴陵经济技术开发区中国陶瓷谷片区的核心区，是以陶瓷文化为内核建设的"产城人文"相互融合的有机体，规划了展示交易、休闲旅游、创新创业、城镇配套、现代物流多个功能区。五彩陶瓷小镇不断依托醴陵经济技术开发区平台，承接自然资源、生态环境、市场监管、税务等100多项行政审批权限，努力提供便捷高效的一站式综合政务服务，创新政策服务链条，优化小镇发展环境。要特别指出的是，随着数字时代的到来，特色文化小镇运营管理需要更加强化智慧化运营管理，以数字化科技赋予特色文化小镇全新生命力。特色文化小镇应该充分运用大数据和互联网平台实现智慧管理、智慧服务和智慧营销。"一部手机游云南""一部手机游河北"等App实现了预约、支付、信息共享、全景体验等诸多功能。特色文化小镇的智慧化运营管理应该更多地关注人文要素与技术要素的充分融合，避免重视技术应用而忽视文化要素挖掘和文化场景体验。特色文化小镇运营管理创新链条如图3-5所示。

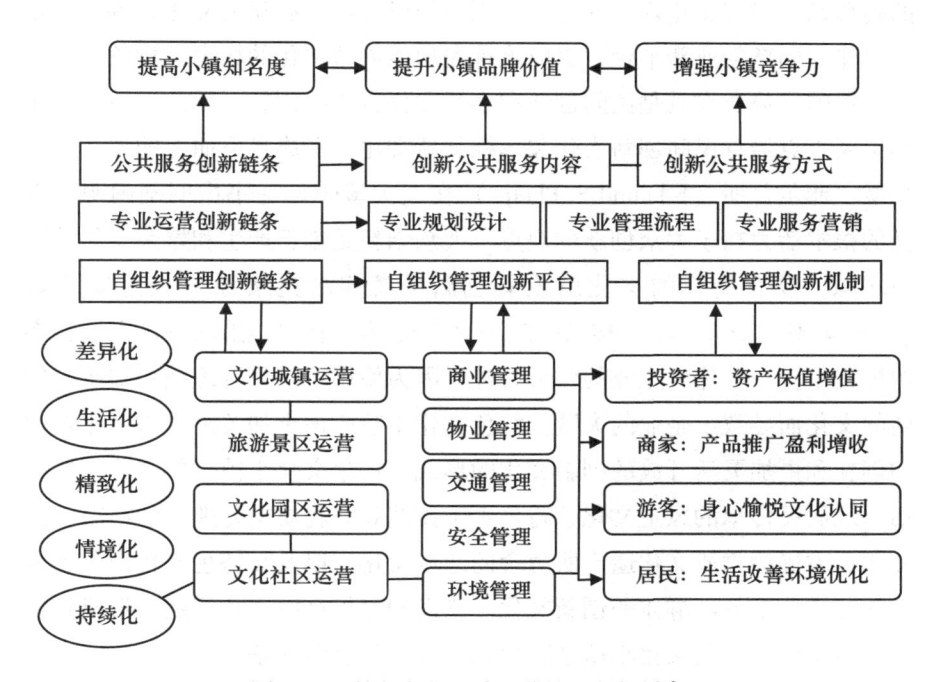

图3-5 特色文化小镇运营管理创新链条

第四节　优化创新文化环境

生态学中环境是指生命系统周围的一切事物的总和，它包括空间以及其中可以直接或间接影响生命系统生存和发展的各种因素。[①] 特色文化小镇的创新环境从广义上讲是指特色文化小镇的创新生态系统，从狭义上讲是指影响特色文化小镇创新产生、创新迭代和创新扩散的文化因素；这里主要讲狭义上的创新环境。优化特色文化小镇的创新文化环境是特色文化小镇创新生态系统构建的要求。

一　培育创新文化

当我们回顾世界科技和经济发展史可以发现，每一次科技和经济中心的转移都伴随着文化观念的变革。创新的根基在于创新的文化，特色文化小镇作为创新创业新平台，更应该首先加强创新文化的培育。特色文化小镇发展的优势所在就是民间创新和小微文化企业的创新，因此，特色文化小镇要重点培育民间创新文化和草根创新文化，形成自下而上的创新。埃德蒙·菲尔普斯（Edmund S. Phelps）在《大繁荣》一书中明确阐明了创新的根本活力在于大众创新的观点，大众创新是创新产生和繁荣发展的活力之源，没有创新的文化就没有创新的源泉。克莱顿·克里斯坦森（Clayton M. Christensen，1952—2020 年）认为，在单纯追求利润和增长率的过程中，一些伟大企业的伟大管理者因为使用了最佳管理技巧却忽视创新的文化而导致了企业的失败。特色文化小镇应该更加关注小微文化企业的创新和更加灵活开放的创新文化的形成。特色文化小镇创新文化主要包括当地居民传承的风土文化、特色手工技艺和非物质文化遗产的活态技艺文化、古迹等物质文化遗产所蕴含的地域文化，以及在特色文化产业支撑下的各类草根创新群体的创新文化。激发和保护这些文化细胞，形成独特的创新文化是特色文化小镇创新生态系统的深层营养基。

[①] 常杰、葛滢编著：《生态学》，浙江大学出版社 2001 年版，第 16 页。

二 完善制度规则

从资源供给角度来看，制度理论认为，政府制定的政策能够为企业带来资源供给优势，有利于创新。从资源利用角度来看，委托代理理论认为政府制定的政策和规则有时会阻碍企业创新的能动性。魏巍等人通过对企业样本的实证分析，得出政府的制度创新支持与企业的创新效应呈现倒 U 形关系。[1] 政府是特色文化小镇创新生态系统构建重要的参与主体，发挥着重要的作用。制度效应与特色文化小镇的创新效应密不可分，具体体现在以下两个方面。一方面，要积极形成支撑有力的制度体系；另一方面，要建立灵活多样的非正式制度体系。特色文化小镇是一种特殊的城乡载体空间，既与城乡建设密切相关，又不是独立的行政空间，需要政府给予特别的政策支持；比如特色文化小镇的用地政策、人才政策、公共服务保障政策、金融支持政策、财政税收政策等。与此同时，应该建立一套非正式制度体系促进特色文化小镇的创新和运营。企业的组织结构能够推动产品组件层面的创新，但是企业创新需要进行技术性改变时，这种组织体系将阻碍创新的生成；因此需要制度的不断创新。[2] 通过小镇居民自治组织、乡规民约、传统习俗等激发特色文化小镇参与主体的创新能动性，促进企业创新和小镇全主体创新。

三 促进信任交流

创新价值的实现依赖各方对创新的信任，需要创新参与者之间不断交流，促使创新想法的生成和实现。在自然界中，存在于一片土地上的自然生物生态系统比存在于很多被分割的小区域上的自然生态系统更具生命力。[3] 所以，特色文化小镇创新生态系统构建需要打破社交壁垒，创造促进创新信任交流的环境，形成更加开阔的创新空间。特色文化产品和特色

---

[1] 魏巍、彭纪生、华斌：《政府创新支持与企业创新：制度理论和委托代理理论的整合》，《重庆大学学报》（社会科学版）2021 年第 4 期。

[2] ［美］克莱顿·克里斯坦森：《创新者的困境》，胡建桥译，中信出版集团 2010 年版，第 32 页。

[3] Jared M. Diamond, "The Island Dilemma: Lessons of Modern Bibliographic Studies for the Design of Natural Reserves", *Biological Conservation*, Vol. 7, No. 2, 1975.

文化服务更加注重消费者的需求和体验，具有更加强烈的多元目标属性。因此，特色文化小镇应该更加倾向于多元参与主体之间的信任和交流，促进创新思维的形成。申丹琳等人通过对上市公司企业的样本分析，得出以下结论。社会信任程度越高，企业多元化经营状况越良好。① 计小青等人通过计量经济模型分析，认为社会信任能够促进创新的产生和扩散，促进经济增长。② 张维迎认为社会信用体系的建立和完善关乎中国发展的根本。特色文化小镇的创新生态系统构建需要营造充分信任的环境，形成促进信任的条件。特色文化小镇青年创新中心为创新者和创业者创造了良好的相互交流、相互联结、谋事共事的信任环境，特色文化小镇企业联盟和行业组织的建立促进了企业之间、行业之间良好的信任交流。特色文化小镇金融、知识产权保护、法律等中介社会组织、特色文化小镇文化产品和服务网上交流平台优化了创新交流环境。特色文化小镇信任体系的建设能够让创新交流更加开放，创新信息流动更顺畅，创新效应更加明显。

四 营造设施场景

创新的要素不仅包括资本、技术、厂房、人力等，也包括能够激发创新、孕育创新的环境。史蒂夫·乔布斯（Steve Jobs，1955—2011 年）认为，创造力就是把事物联系起来，创新者之所以有创意和创新，是因为他们把诸多表面上看似不相关联的事物都联系起来了。爱因斯坦曾经将创新思维比作"组合游戏"。创新的能力需要跨专业、跨领域和跨空间交流，更需要设施场景的营造，以汇聚创新思维、相互启迪、相互联系。创新的设施空间既包括实体物理空间，还包括虚拟的网络空间。

特色文化小镇聚集众多的文化创意中心，适合创新的产生。充分激发特色文化小镇创新主体的创新热情，促进主体互联，催生创新的产生离不开设施场景。放松的空间是创新产生的良好土壤，很多新的观点和想法是在放松的状态下产生的。捷蓝航空的创始人大卫·尼尔曼（David Neele-

---

① 申丹琳、文雯、靳毓：《社会信任与企业多元化经营》，《财经问题研究》2022 年第 1 期。

② 计小青、赵景艳、刘得民：《社会信任如何促进了经济增长？——基于 CGSS 数据的实证研究》，《首都经济贸易大学学报》2020 年第 5 期。

man)、Campus Pipeline 创始人杰夫·琼斯等认为浴室是一个很好的创新空间，与海豚共舞等休闲场所和空间是创新产生的有效空间场景。① 特色文化小镇创新生态系统构建中的设施场景包括特色文化项目中心、茶室、咖啡馆、小镇客厅、街心公园、文化活动中心、休憩园地、开放餐厅等物理空间设施场景，也包括节庆、非物质文化遗产展示传承、会展、创意创新比赛、特色文化体验等人文空间设施场景。天津津南小站稻耕文化小镇健全旅游业配套设施，优化特色街区和游客服务中心，完善"小镇客厅"、练兵园和稻作馆等公共文化空间，每年举办稻米节和军事嘉年华等丰富的文化活动。通过整合"六个一"设施，小镇的配套设施更加完善，文化场景更加丰富。"六个一"设施即一田、一馆、一街、一园、一水、一祠，充分体现稻耕文化元素。"一田"，指的是兴建小站都市型现代农业示范田；"一馆"，指建设小站稻米文化博物馆和公园；"一街"，指对小站古街进行整体策划，重点发展高端农产品交易、优质农产品销售，打造吃、住、娱一条街；"一园"，指以小站练兵史实为基础，以北洋历史、天津近代文化、小站稻文化为脉络，以历史展示和情绪体验互动为核心功能；"一水"，指进一步扩大室内恒温水上健身娱乐中心米立方水世界的知名度和影响力；"一祠"，指修整位于小站镇会馆村的纪念淮军将领周盛传、周盛波兄弟的"周公祠"。

第五节　促进创新扩散

特色文化小镇健康可持续发展的基础是创新的不断迭代和持续扩散。特色文化小镇创新能力提升是多元参与主体相互竞争和协作的结果。文化企业是特色文化小镇重要的创新源泉，企业的创新与市场选择会带来直接的创新扩散和创新效应。研究和建立特色文化小镇中企业创新、市场选择和创新扩散机制是特色文化小镇创新生态系统构建的重要内容，是特色文化小镇创新能力提升的有力保证。

---

① ［美］杰夫·戴尔、［美］赫尔·葛瑞格森、［美］克莱顿·克里斯坦森：《创新者的基因》，曾佳宁译，中信出版社 2013 年版，第 44、45 页。

一 市场选择

创新生态系统理论是源于熊彼特的创新理论，逐步将技术创新与制度创新相结合，更加注重协同创新，融入生态学理论与演化经济学理论，逐步形成的创新研究的新范式。因此，创新的生成和创新扩散研究应该以演化经济理论研究为基础。演化经济学融合了生态学的主要思想，倡导竞争与自然选择，演化经济研究的理论假设包括经济人、有限理性、企业异质性、系统开放性等。特色文化小镇中的企业和自然人主体都属于经济人，符合有限理性条件，多数文化企业之间可以进行自由的交流、竞争和协作。更为突出的是文化企业的高创意性和高创新性决定了企业之间具有明显的异质性。不同的文化企业发展的目标都是通过创新、竞争与协作实现自身发展的最优化状态。

如果两家陶瓷企业分别采用不同的创新方式并存在竞争关系。比如，企业甲通过改进陶瓷创意设计水平和制作工艺，来提升产品的创新能力争夺市场空间；企业乙通过加强制作空间的开放，提升游客体验参与 DIY 活动等来增强企业的创新竞争力。两个企业采用了不同的创新策略，如果甲的创新策略更能吸引消费者，那么甲的市场占有率提升，乙被淘汰；相反，如果消费者更加注重陶瓷艺术的参与性和体验性，那么乙的创新策略更能吸引消费者，乙的市场占有率提升，甲被淘汰。

由于消费者具有不同的消费偏好和消费行为，以上两种创新策略带来的市场效果不同。消费者在陶瓷设计产品创新与消费体验创新之间做着不同的选择和偏好，进而带来企业之间的优胜劣汰；当两种创新策略均发生正向效应时，企业甲与企业乙各自实施自己的创新策略，并取得好的成效。当其中一种创新策略占优势时，另一种创新策略效应减弱，那么，处于弱势地位的企业就会被淘汰，或者去模仿另一种创新策略，直到两种创新策略带来的市场接近饱和；创新正效应减弱或消失时，可能两个企业会重新开始新的创新思路与策略，这种循环往复促使企业不断创新，不断选择，不断进步。

二 创新扩散

Schumpter 的创新理论提出"创新扩散"的概念，指出创新扩散从本质上来看就是在技术创新的基础上，企业之间的模仿行为。[①] 在上述例证的分析中，当其中一个企业的创新策略获得市场的接受，获得消费者的喜爱，创新效应显现时，这种创新策略就会在小镇其他企业中扩散，其他企业纷纷效仿这种策略，形成创新扩散效应；但是，当越来越多的企业采用同一种创新策略之后，消费者又会感到差异性的淡化，消费倾向发生新的转移，小镇整体创新能力减弱，迫使新的创新策略出现。比如，当陶瓷小镇中第一家企业采用参与式消费时产生了很好的创新效应，其他企业效仿；当小镇中所有的陶瓷企业都采用这种策略时，此种创新策略的效应减弱甚至消失，可能会出现陶瓷的制造与教育培训的结合等新的创新策略。

当特色文化小镇中的企业开始实施创新策略之后，最初是市场探索与市场选择阶段，创新策略的效应并不十分明显。每个企业都在追求自身利益的最优化状态，当发现某一种创新策略能够产生较好的效益之后，相关企业就会纷纷效仿，也就是创新扩散过程的形成。创新扩散的途径包括如下几种。一是，模仿。模仿是最简单的创新扩散方式。比如，上述例子，当某一个陶瓷企业采用开放陶瓷车间、发展工业旅游的方式使企业创新取得较好的效益之后，受经济人的趋利性特征影响，其他企业也开始模仿这种做法，以迎合消费者的需求，分割这种利益。二是，改进。任何一种创新策略都不是完美的，一定会存在自身发展的局限性。当创新策略开始实施之后，其自身的局限性逐渐显现；这时实施该创新策略的企业以及观察模仿此类创新策略的企业，要用敏锐的目光发现问题并进行改进，继续实施改进后的创新策略，促进创新的扩散。三是，学习。学习是实现创新扩散的最持久的途径。企业通过学习其他企业的创新思维、创新理念和创新技能，能够为企业发展创造持久的创新效应。比如，在陶瓷小镇中，不断学习陶瓷的创意设计理念，学习陶瓷制作的技术工艺，学习陶瓷展示与销售的技巧，学习举办陶瓷相关培训和会展的技能等，都将为企业的创新与小镇的整体创新提供持久的动力，从而促进小镇创新生态的形成。

在特色文化小镇文化企业形成有效的创新迭代—市场选择—创新扩散基础上，特色文化小镇的创新扩散是一个综合的全方位参与的过程。特色

[①] Schumpter J. A., *Capitalism Socialism and Democracy*, New York: Harper, 1942, pp. 82 - 85.

文化小镇创新产生与创新扩散的主要内容包括知识溢出、环境溢出、文化溢出等。特色文化小镇创新产生与创新扩散的系统成员包括企业、消费者、当地居民、周围群体、社会组织、宣传媒体、共享平台等。特色文化小镇创新产生与创新扩散的影响因素包括政策质量、政府规制、政府服务效能、当地居民参与度、消费者参与率、企业技术创新迭代、企业协同度、文化认同和文化感召力、商业模式、企业家精神等。特色文化小镇的创新产生、市场选择和创新扩散的直接目标是形成多元价值共创空间，优化特色文化小镇的创新生态，提升特色文化小镇的创新溢价。

第 四 章

特色文化小镇创新生态系统培育机制

创新不只需要创新要素的齐备，更需要促进这些创新要素融合的机制。基于特色文化小镇创新生态系统理论，特色文化小镇创新生态系统构建框架、执行路径，以及进一步研究特色文化小镇创新生态系统培育机制，能够有效提升特色文化小镇创新生态系统的建设质量，促进特色文化小镇可持续发展。本章围绕特色文化小镇的创新现状是什么，为什么要进行特色文化小镇的创新，如何培育特色文化小镇的多元创新主体，如何更好地更新特色文化小镇的创新方式，如何完善特色文化小镇创新条件，如何优化特色文化小镇创新环境，如何加速特色文化小镇的创新过程等问题，设计访谈提纲，开展深度访谈和文字资料搜集，如何运用扎根理论的思维和方法进行特色文化小镇创新生态系统培育机制研究。特色文化小镇创新生态系统培育机制重点研究特色文化小镇创新生态系统形成的因果脉络、要素组成、要素之间的相互连接关系，以及特色文化小镇创新生态系统培育的内在机理。

第一节　特色文化小镇创新生态系统培育机制建构方法

根据特色文化小镇创新生态系统构建框架，遵循特色文化小镇成长和发展内在规律，结合特色文化小镇的创新特性，选取有限样本，形成质性分析数据，采用扎根理论的研究方法对特色文化小镇创新生态系统培育机制进行研究。

一 模型建构方法选择

(一) 特色文化小镇属性特征的内在要求

采用质性研究方法扎根理论对特色文化小镇创新生态系统培育机制进行理论模型构建,具有较强的可行性。该方法主要基于特色文化小镇的属性特征,具体表现为以下几种方法。

一是特色文化小镇的丰富多样性要求运用更加灵活的研究方法。特色文化小镇强调的是因地制宜,强调的是文化的多元化以及别具一格的差异化。特色文化小镇根据不同的角度可以分为不同的类型,依托的文化资源不同,培育发展的条件保障不同,定位和发展策略不同,因此,不能用固定的发展思路和发展模式进行照搬照抄。这就要求特色文化小镇的参与者和研究者从不同的角度全方位地对特色文化小镇深入了解、观察和思考。

二是特色文化小镇的强实践性需要互动性更强的调查研究。特色文化小镇是一种新型价值空间,处在不断探索发展过程中。特色文化小镇的理论研究者、政策制定者、实际操控者、建设参与者仍然没有找到行之有效的成熟经验,尚需要持续的沟通和交流,需要在实践中发现问题、总结经验。因此特色文化小镇创新生态系统培育机制的研究不能只是从已有的量化数据出发进行分析研究,更需要采用互动性更强的调查研究分析方法。扎根理论注重对行动和过程的分析,即在调查者和受访者的深入互动交流的过程中不断形成数据、深入分析,从而满足符合特色文化小镇创新生态系统培育机制研究的强实践性需求。

三是特色文化小镇统计数据局限性要求更加客观的质性研究方法。首先,特色文化小镇不是独立的行政区划,是一个特殊的发展区域,因此在统计路径、统计归口等方面尚未形成顺畅的渠道和管理服务模式,影响特色文化小镇创新生态系统相关数据搜集和整理。其次,特色文化小镇创新生态系统是一个综合发展平台,不仅包括经济增量、生态环境指数、就业等硬性发展指标,还包括文化内涵的挖掘和体现、文化特色的凸显、文化吸引力提升、价值定位的合理性、居民生活幸福指数等软性发展指标。最后,特色文化小镇创新生态系统在培育调研中,受访者的观点、态度、建议等,需要更加理性客观的分析;所以,更客观的质性研究方法就成了调查研究的必要。

(二) 特色文化小镇创新生态系统培育机制研究方法

研究拟突破定量数据获取局限和研究者个人主观判断局限，采用更加科学、客观的扎根理论质性研究方法，抽象归纳特色文化小镇创新生态系统培育机制模型，展开培育机制模型分析。

质性研究源于对民族志的研究，是一种描绘人类学的方法，注重研究的详细化、生动化、动态化、情境化。质性研究着重在实地调查研究中产生数据和思想，如德裔美国人类学家博厄斯（Fuanz Boas）在1886年时带领学生走出校园到印第安部落进行实地调查研究。19世纪末20世纪初，西方的社会改革运动在实地调研过程中产生了《费城的黑人》《伦敦人民的生活和劳动》《欧洲和美国的波兰农民》《过渡中的中镇——文化冲突研究》等经典佳作。之后，质性研究经历了质疑反思的过程，逐渐从追求客观中性的数据，转向更加注重理解和阐释，更加注重文化的背景和影响。1967年，美国学者巴尼·格拉泽（Barney G. Glaser）与安塞姆·斯特劳斯（Anselm L. Strauss）出版了《发现扎根理论：质性研究的策略》，正式提出扎根理论。我国的质性研究萌芽于20世纪初的调查研究，美国传教士史密斯（Arthur Henderson Smith）带领团队研究出版的《中国农村生活》，美籍教授葛尔浦（Daniel Harrisson Kulp）带领团队出版的《华南乡村生活》等成为我国质性研究的前期基础。毛泽东的《湖南农民运动考察报告》、李景汉的《定县社会概况调查》、费孝通的《乡土中国》等著作充分运用了社会调查研究的方法。改革开放之后，社会调查研究方法的研究和应用更加科学和规范。20世纪90年代之后，质性研究方法运用更加普遍，涌现出李书磊的《村落中"国家"——文化变迁中的乡村学校》等一批高质量的研究成果。[1]

扎根理论属于质性研究的一种方法。质性研究在台湾和香港地区分别被称为"质的研究"和"质化研究"，在人文社会学界被称为"定性研究"。这是与强调数据搜集、数据分析、数据处理的"定量研究"相对而言的。它的分析工具是研究者本人，研究对象是各种社会现象。相对于量化研究而言，扎根理论更加侧重于田野调查。其对调研访谈的现象进行认

---

[1] [英] 凯西·卡麦兹：《建构扎根理论：质性研究实践指南》，边国英译，重庆大学出版社2009年版，第4—6页。

真思考、深入分析，运用归纳法进行归纳整理；对研究的对象进行系统化梳理；对材料进行深度分析，提炼中心思想或关键词，逐级编码，并建构理论分析模型，进行根植于事实的研究，使得研究更加客观。扎根理论更加强调的是对数据进行描述抽象类属和理论解释，更加注重研究对象所处的文化土壤，注重在本土文化中发现问题、产生想法、实践表达和语境解释。特色文化小镇创新生态系统培育机制研究需要基于广泛的特色文化小镇实践，通过深度调查研究发现问题、交流探讨、抽象类属、理论解释和理论构建；因此，依据特色文化小镇属性特征的内在要求和扎根理论的应用场景，特色文化小镇创新生态系统培育机制研究采用扎根理论的质性研究方法。

二 模型研究设计与数据选取

特色文化小镇创新生态系统培育机制模型研究采用扎根理论研究方法，大致分为现象界定、数据获得、数据编码、抽样饱和、抽象分类几个研究步骤。

（一）研究流程

运用扎根理论的过程要时刻保持对理论的敏感性，对数据进行反复比较和提炼，不断抽象概念和构建理论框架。对特色文化小镇创新生态系统培育机制进行研究主要包括三个阶段，调查访谈前的准备、调查访谈过程、调查访谈后的数据分析。具体步骤包括如下五个方面。第一，进行研究前的相关准备工作。包括搜集相关资料，查阅大量的文献，初步形成研究的思路和构想，设计访谈提纲等。第二，进行预访谈。首先要选取少量样本就事前设计好的提纲进行预访谈，根据访谈结果和访谈感受，适当修改访谈内容，改善访谈技巧。第三，合理确定访谈对象进行正式访谈，这里选择的访谈对象包括四类群体，一是发改、文旅、宣传、住建等政府部门的行政官员，二是各个特色文化小镇的主要负责人，三是特色文化小镇的企业代表、居民等主体，四是特色文化小镇创新发展的研究者。第四，对整理出来的文字资料进行分析整理，将访谈内容整理成文字资料。根据访谈所获得的中心思想和主要内容，提炼中心短语，进行逐级编码，直到样本编码饱和，编码的过程就是对文字资料整理和定义的过程。第五，结合编码内容和实际情况，细致观察概念之间的逻辑关系和互动过程，形成特色文化小镇创新生态系统培育机制模型,并对模型进行解释和分析。基于扎根理论的特色文化小镇创新生态系统培育模型构建的具体步骤如图4-1。

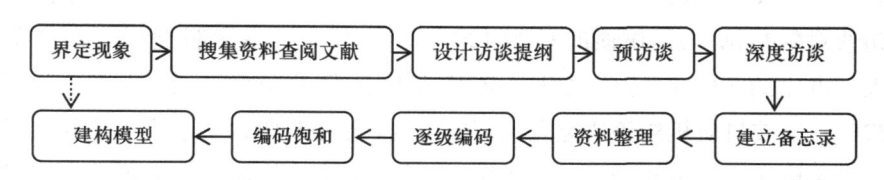

界定现象 → 搜集资料查阅文献 → 设计访谈提纲 → 预访谈 → 深度访谈
建构模型 ← 编码饱和 ← 逐级编码 ← 资料整理 ← 建立备忘录

图4-1 基于扎根理论的特色文化小镇创新生态系统培育模型构建步骤流程

(二) 数据获得

深度访谈是质性研究中常用的数据搜集方法,也是特色文化小镇创新生态系统培育机制研究采用的数据搜集方法。深度访谈不是漫无目标的漫谈,它需要采访者进行主题设计和访谈过程的深入互动。深度访谈首先要进行特色文化小镇创新生态系统培育相关主题的设计,围绕访谈主题,访谈者要深入理解问题,受访者需要具有陈述问题、解释问题的经验和能力。在访谈过程中,访谈者需要设计开放型的、非判决性的问题,不断鼓励受访者深度进入问题、阐述问题,讲出生动的故事和论据;访谈者要不断进行非紧张的、相对松散的引导,保证搜集的数据资料与研究总体目标相契合。

围绕特色文化小镇创新生态系统的培育和发展,项目组对宣传、财政、发改、文旅、住建等相关部门的相关官员以及特色文化小镇建设主体、特色文化小镇当地居民、特色文化小镇龙头企业负责人、特色文化小镇研究者进行了多次交流和深度访谈,访谈对象地域涵盖了河北、北京、天津、辽宁、山东、安徽、陕西、浙江、四川、湖南、云南、广东、甘肃、江西、福建、西藏等地,访谈对象部门涉及河北省发改委和文旅厅、浙江省发改委、陕西省发改委和文旅厅、福建省发改委、湖南省文旅厅、长沙市文化旅游广电局、北京市文旅局、潍坊市发改局、安徽省发改委和巢湖市发改局、贵州省发改委、景德镇市知识产权法院、敦煌市发改局、云南建水发改局、四川青神发改局、鞍山文旅局、西藏阿里乡村振兴局等部门,还包括中央党校(国家行政学院)、深圳大学、长安大学、宁夏大学、河北经贸大学、山东省委党校(山东行政学院)、福建省社科院、安徽省委党校（安徽行政学院）、广州市委党校（广州行政学院）、河北省科学院、通州区委党校、嘉善县委党校、眉山市委党校等高校和研究机构人员，以及陕文投、璐德公司、中晨公司等特色文化小镇运营建设主体，访谈对象共69人，访谈时长约120小时。其中，主管职能部门人员23人，占比约33%；特色文化小镇所在地区行政负责人22人，占比约32%；高校科研机构等研究人员15人，占比约22%；特色文化小镇运营建设主体9人，占比约13%。同时，通过文献、公众号等方式搜集文字数据资料百万余字。

（三）数据编码

扎根理论编码是扎根理论分析的骨骼，是原始数据与特色小镇创新生态系统培育机制建构的关键中间环节。通过数据编码形成特色文化小镇创新生态系统培育机制研究的框架。数据编码大致分为初始阶段和聚焦选择阶段两个阶段。在初始阶段中，研究者将深度访谈获得数据进行真实详细的整理记录，并按照句子、段落、事件的单元进行支点命名，支点命名需要与原始数据具有高吻合度，具有开放、贴近、简洁等特点。在聚焦选择阶段，需要对在初始阶段形成的众多支点，以贴近特色文化小镇创新生态系统培育机制构建的行动为主线，对初始阶段的命名进行选择、概念化，使得研究分析的线索更加清晰，寻找内在的逻辑关联。研究对搜集的数据进行了开放性编码、主轴编码和理论编码。

1. 开放性编码（一级编码）

针对已经搜集到的特色文化小镇创新生态系统培育的相关文字资料和访谈形成的文字资料，首先对其进行标记，进行开放性编码。在已经形成的文字资料中，寻找能够反映现象的概念和范畴，并在资料和概念中不断地考察、思考和整理，随着访谈样本量的不断增加和访谈内容的不断丰富，开放性编码逐渐增多，直到样本量饱和。

2. 主轴编码（二级编码）

在对上述文字资料进行节点梳理，概念判断形成开放性编码的基础上，进一步分析开放性编码之间的相互关系，判断编码之间的内在逻辑，聚焦和发现最突出的类属，进行主轴编码，主轴编码又称轴心编码。从开放性编码到主轴编码不是一个线性过程，不是一对一、多对一的简单映射，而是要求对开放性编码进行主动的积极的处理，不断进行归类，使得研究思路越来越清晰。主轴编码包括"因果条件""现象""脉络""中介条件""行动""结果"六个方面。① 主轴编码的过程是对开放性编码进行进一步归纳总结，强化概念之间关系的过程。

3. 理论编码（三级编码）

理论编码又称核心编码，是在上述开放性编码和主轴编码的基础上进行更加复杂的、更高层次的编码过程。通过核心编码，使得各个类属之间的关系更加明晰。格拉泽认为，核心编码的过程是将"支离破碎的故事重新聚拢起来"。核心编码的过程能够进一步识别出能够代表和统领其他类属的核心类属，并将所研究的故事连接起来，形成比较清晰的故事线。

第二节　特色文化小镇创新生态系统培育机制模型建构行动

依据扎根理论的研究要求，按照上述特色文化小镇创新生态系统培育机制模型研究的方法和步骤，采取特色文化小镇创新生态系统培育机制模型的建构行动。通过开放性编码、主轴编码和核心编码分析特色文化小镇创新生态系统培育的要素、逻辑和模块。特色文化小镇创新生态系统培育机制模型建构行动也是对数据进行逐渐编码的过程。

一　特色文化小镇创新生态系统培育要素——开放性编码

对调查、访谈等文字资料的整理和标记，为编码做好基础服务工作。通过标记，对文字涉及相同或相近的概念范畴进行初步整合，经过开放性编码、主轴编码、理论编码步骤，形成2184个节点，裂化出87个概念，形成36个范畴；当访谈进行到59人时，出现编码饱和，再对10人进行访谈，验证了编码处于充分饱和状态。这36个范畴分别是基础设施建设（B1）、文化传统（B2）、文化资源（B3）、近郊休闲（B4）、人才（B5）、差异性（B6）、地理区位（B7）、企业成本（B8）、业态单一（B9）、特色文化（B10）、创新能力（B11）、技术支持（B12）、协作

---

① ［美］迈尔斯、［美］休伯曼：《质性资料的分析：方法与实践》，张芬芬译，重庆大学出版社2008年版，第132—135页。

(B13)、田园生活（B14）、知识产权（B15）、创新思维（B16）、创新文化（B17）、承载力（B18）、就业（B19）、人口（B20）、参与主体（B21）、企业创新（B22）、系统发展（B23）、财税支持（B24）、奖补政策（B25）、运营管理（B26）、公共服务（B27）、生态环境（B28）、数字化（B29）、产业支撑（B30）、精神文明（B31）、可持续（B32）、考核（B33）、金融政策（B34）、创意（B35）、土地（B36）。访谈的部分内容与编码见表4-1。

表4-1　　　　　　　　访谈部分内容与编码表

访谈原始资料部分节点，贴标签（e）	概念化（A）	范畴化（B）	主轴编码
小镇首先要适合人居住，有基本的生活设施 e1	A1 基础设施（27）	B1 基础设施建设（42）	中介条件
水、电、气、网要具备 e2			
冬天需要集体供暖 e3			
厕所上下水问题不能解决 e4	A2 厕所革命（5）		
交通格局决定旅游格局 e5	A3 交通便利（10）		
"酒香也怕巷子深" e6			
因为没有通公交车，有些不会开车，或者外来的游客不方便过来 e7			
当地居民的生活习俗需要保留 e8	A4 生活习俗（8）	B2 文化传统（18）	脉络
这是我们多年形成的风俗习惯，不好改 e9			
乡约民规能够发挥重要的管理作用 e10	A5 乡约民规（10）		
乡约民规具有强大的凝聚力 e11			
我们村里长期形成的民约帮助解决了小镇建设中的征地难等问题 e12			
县域保存的历史文化资源最丰富 e13	A6 物质文化遗产（10）	B3 文化资源（65）	脉络
发展特色文化小镇让我们更加重视物质文化遗产的修复和保护 e14			

第四章　特色文化小镇创新生态系统培育机制　　131

续表

访谈原始资料部分节点，贴标签（e）	概念化（A）	范畴化（B）	主轴编码
每到庙会时，这里的游客特别多，不收门票，我们是国宝单位，平时，大家花几十元来看和体验的人也不少 e15			
文物、古迹、遗址需要开发利用 e16			
一个地方的历史和文化是小镇建设依托的重要资源 e17	A7 文化历史（16）		
文化历史是小镇建设的重要资源，所以，我们省把历史经典类作为特色小镇的一类 e18			
非物质文化资源是重要的文化体验内容 e19	A8 非物质文化遗产（23）		
非物质文化遗产的活态表达是小镇重要的文化内容，不然小镇就觉得空荡无味 e20			
传统手工技艺传承后继无人 e21	A9 特色技艺（16）		
传统技艺市场经济效益不高 e22			
周末休闲游挺适合家庭出游 e23	A10 周边消费群体（11）	B4 近郊休闲（24）	因果条件
受疫情影响，出行不方便 e24			
周边游玩经济便捷 e25			
最近的旅游发展报告数据显示，周末游、露营等近郊休闲游成为旅游市场的主要力量 e26	A11 周末游（13）		
适合周末出行的亲子游很有市场 e27			
雕刻、绘画等方面的大师对文化艺术小镇发展起到四两拨千斤的作用 e28	A12 领军人才（23）	B5 人才（51）	中介条件
大师引领会带来专业艺术人才的聚集 e29			
我们小镇不仅吸引了本地艺术家的回流，还采取各项政策吸引外地艺术大师 e30			
有些非遗技艺在家族中传男不传女 e31	A13 非物质文化遗产传承人（15）		
现在的孩子对这些手工技艺没有兴趣 e32			

续表

访谈原始资料部分节点，贴标签（e）	概念化（A）	范畴化（B）	主轴编码
非遗传承需要更加丰富的途径 e33			
大学生是小镇创新发展的生力军 e34	A14 大学生（13）		
人们的消费需求多种多样 e35	A15 需求多样化（12）	B6 差异性（22）	现象
我们的产品必须不断更新，去适应现代消费多样化的需求 e36			
生意不好做，消费者的需求比较个性 e37	A16 需求个性化（10）		
越是稀罕的东西越能吸引消费者 e38			
市场对创意设计和有个性的文化产品接受度比较高 e39			
特殊的地理地貌具有天然的吸引力 e40	A17 特殊地貌（6）	B7 地理区位（20）	中介条件
草原、雪山、海洋、山脉、湖泊等地貌是发展旅游小镇的有利条件 e41			
著名旅游景区附近容易衍生相关特色文化小镇 e42	A18 区位条件（14）		
大城市周边具有充足的消费流 e43			
这里自然生态环境很好，就是海拔高，人们不适应 e44			
交通便捷是必要条件 e45			
原材料的价格逐渐上涨 e46	A19 原材料成本上升（8）	B8 企业成本（18）	因果条件
周边的石材枯竭，需要从更远的地方进货 e47			
用工成本涨得快 e48	A20 劳动力成本上升（10）		
年轻的孩子都不愿意干 e49			
往往嫌工作环境不好，工资给得少 e50			
来小镇就是吃个农家乐，别的没啥好吃的 e51	A21 饮食模式单一（17）	B9 业态单一（56）	因果条件

续表

访谈原始资料部分节点，贴标签（e）	概念化（A）	范畴化（B）	主轴编码
平时工作忙，周末就想着找一个有好吃好玩的地方休息一下 e52			
如果有好吃的，我们还会再来的 e53			
多数特色文化小镇没有特色民宿 e54	A22 特色民宿发展不足（21）		
现在人们对民宿的理解有偏差 e55			
即使晚上住在小镇也没什么可以娱乐的项目 e56	A23 有趣的文化消费内容少（18）		
很多特色文化小镇没有特色文化体验项目 e57			
我们请了专家和专业公司来帮助设计小镇的文化消费内容 e58			
小镇建筑风格多是灰墙黛瓦 e59	A24 建筑雷同（12）	B10 特色文化（77）	现象
特色文化具有最大的异质性 e60	A25 文化内涵缺乏（19）		
只是一些文化景观和茶馆，没有文化内涵是这个小镇死亡的重要原因 e61			
文化内容单薄是小镇发展的大问题 e62			
到了小镇之后，感受不到小镇体现的文化内涵 e63	A26 文化底蕴不足（17）		
在很多特色文化小镇中，感受不到文化的底蕴，看到更多的是短时间建起来的建筑 e64			
有些文化小镇有名无实 e65			
要么没有什么产业，要么产业没有特色 e66	A27 特色产业发展不足（29）		
存在"换汤不换药"的情况，文化产业园区，或者历史文化名镇直接更名 e67			
特色文化产业如果不能发展壮大，就没有小镇发展的坚实基础，小镇发展就不能长远 e68			

续表

访谈原始资料部分节点，贴标签（e）	概念化（A）	范畴化（B）	主轴编码
创新是特色文化小镇健康发展的"牛鼻子"e69	A28 创新能力重要（38）	B11 创新能力（75）	结果
和别人不一样，才更有吸引力 e70			
小镇怎么建，其实到现在大家也很模糊 e71			
创新是一个系统，需要有良好的环境和氛围 e72	A29 创新能力提升（37）		
想着法子变花样很累，很难坚持 e73			
小镇如果没有想好自己的定位，不知道怎样进行有效创新，那么开门之时就是倒闭之时 e74			
特色文化产业与现代科技融合不够 e75	A30 现代科技（21）	B12 技术支持（37）	行动
我们的产业内容和方式创新不足 e76			
一些高校和科研院所在特色小镇建立了实践基地 e77	A31 技术突破（16）		
我们现在还没有掌握特色农业生产的关键技术 e78			
粮食产业的发展面临着如何提升粮食种植和保存的技术的问题 e79			
特色文化小镇中文化企业、文化人才、中介服务组织、小镇居民、政府部门怎样相互沟通是目前存在的主要问题 e80	A32 内部协作（20）	B13 协作（39）	脉络
商家之间不能只是竞争，应该加强联系，互相协作 e81			
我们这里的不同企业自觉建立起相互的联系 e82			
我们需要多出去走走，和其他特色文化小镇多交流经验 e83	A33 外部协作（19）		
特色决定了小镇之间要"协同互补"e84			
我们县几个不同主题的小镇形成了县域发展特色品牌 e85			

第四章　特色文化小镇创新生态系统培育机制　　135

续表

访谈原始资料部分节点，贴标签（e）	概念化（A）	范畴化（B）	主轴编码
想要一个带院子的家，养养花种种菜很惬意 e86	A34 田园方式（7）	B14 田园生活（16）	因果条件
城市的嘈杂让人不舒服 e87			
小镇能为从事现代生产的人们创造田园生活 e88			
"采菊东篱下，悠然见南山" e89	A35 田园风光（9）		
有些民间创作艺人根本就不知道自己的创造还应该得到保护 e90	A36 产权保护意识差（13）	B15 知识产权（28）	行动
我们的模仿能力很强，但是让我们设计一个东西就很难 e91			
有些企业的知识产权保护意识比较淡 e92			
现在企业要想维护自己的知识产权，所需成本非常大 e93	A37 产权保护能力弱（15）		
自己的作品被模仿了，束手无策 e94			
我们企业专门成立了知识产权保护工作组 e95			
墨守成规不是创新 e96	A38 寻求改变（20）	B16 创新思维（41）	中介条件
用发展园区，发展景区的旧思维建设特色文化小镇是不可行的 e97			
没有新鲜的内容和形式，小镇就缺乏魅力 e98			
适合其他地区的发展模式不一定适合本地 e99	A39 因地制宜（21）		
全国这么多陶瓷小镇发展情况各不相同 e100			
咱们小镇有自己的特色 e101			
模仿是最初级的创新扩散方式 e102	A40 模仿（13）	B17 创新文化（25）	中介条件
小镇中有一家特色民宿赚钱了，其他人家也就有了积极性了 e103			
模仿创新不是一味地照搬照抄 e104			

续表

访谈原始资料部分节点，贴标签（e）	概念化（A）	范畴化（B）	主轴编码
要有一个大家普遍认可的愿景作为目标 e105	A41 价值认同（12）		
村民们对小镇建设规划很赞同，也很支持我们的工作 e106			
我们要接受新鲜事物、新鲜东西 e107			
像咖啡馆这样的，以前村民认为是"洋物件"的地方现在成了大家说想法谈事情的好地方 e108			
在大城市买套房需要掏空三代人的资产，还得是家庭条件好的 e109	A42 房价过高（18）	B18 承载力（45）	脉络
草根群体在城市根本买不起房 e110			
疫情给大城市管理带来挑战 e111	A43 城市管理（17）		
出门不容易，经常堵车，上下班通勤时间太长 e112	A44 交通压力（6）		
住在路边不敢开窗户，汽车尾气严重 e113	A45 空气质量差（4）		
秋冬季节，雾霾加重 e114			
大多数年轻人都出去打工了，不愿意回来 e115	A46 人员外流（27）	B19 就业（50）	脉络
现在做保姆很吃香，妇女们出去赚钱了，比种地强 e116			
怎样把走出去的本地大学生吸引回家创业很重要 e117	A47 人员回流（23）		
没有合适的工作岗位，出去的孩子回来干啥 e118			
怎么样提升小镇居民的文化素养很重要 e119	A48 文化素养（19）	B20 人口（43）	脉络
没有公共信息的传达和交流渠道，像是"井底之蛙" e120			

第四章　特色文化小镇创新生态系统培育机制

续表

访谈原始资料部分节点，贴标签（e）	概念化（A）	范畴化（B）	主轴编码
社区定期举办礼仪培训提高了居民的基本文明素养 e121			
搞产业，都是老弱病残，咋弄 e122	A49 年龄结构（24）		
村里的孩子现在能出去上学的都出去上学了 e123			
村镇里的年轻人很少，其实是个很严重的问题 e124			
怎么样才能吸引年轻的大学生群体来到小镇发展很重要 e125			
政府在小镇培育中具有较大积极性 e126	A50 政府的力量（31）	B21 参与主体（117）	行动
小镇建设是政府考核的一项内容 e127			
建设特色小镇是政府的任务，是有数量要求的 e128			
土地、财政、产业等方面的支撑离不开政府支持 e129			
政府搭建发展平台，提供政策创新与支持、提供高效行政服务是特色文化小镇实施的重要保障 e130			
运营管理商将主要为特色文化小镇的宣传推广、基础运营注入资金，实施管理 e131	A51 专业运营团队（27）		
专业的规划设计、专业的运营管理、专业的营销策划效果确实会好很多 e132			
专业的事要交给专业的人来做 e133			
小镇的居民对自己的生活环境有着执着的热爱，这是与生俱来、根深蒂固的 e134	A52 居民（35）		
能在家门口有份合适的工作最好了 e135			
当地居民是特色文化小镇发展最大受益者 e136			

续表

访谈原始资料部分节点，贴标签（e）	概念化（A）	范畴化（B）	主轴编码
涉及镇村的国有、集体、民营经济组织，与这些组织的利益分配与合作机制等将成为小镇发展中绕不开的重要问题 e137	A53 社会组织（24）		
一些咨询机构、法律服务等中介组织在小镇建设中比较缺乏 e138			
村镇的领头人很有威望，在小镇纠纷处理、矛盾化解中发挥着重要的作用 e139			
行业协会在我们小镇发展中起到不小的作用 e140			
我们也是希望一些社会组织能够加入小镇的建设中 e141			
企业是小镇创新的主要力量 e142	A54 企业的力量（38）	B22 企业创新（88）	行动
当你的产品及服务卖不上价格且竞争非常激烈的时候，"创新+转型"成为当下企业最为核心的事情 e143			
很多特色文化小镇的发展历程就是龙头企业成长的过程 e144			
只有不断更新自己的产品和服务方式才能给消费者新鲜感 e145	A55 创新动机（23）		
建设 1000 个特色小镇，至少要用 1000 个企业的力量涌动来推动特色小镇的诞生和发展 e146			
文旅产业富民不强县，很多地方没有创新发展文化小镇的强劲动力 e147			
企业需要与科研机构加强协作，多做专利发明 e148	A56 专利发明（5）		
产品创新是企业创新的最直观的体现，也是消费者最能感知的 e149	A57 产品创新（22）		
产品创新不仅包括有形的产品，还包括无形的服务 e150			

第四章　特色文化小镇创新生态系统培育机制

续表

访谈原始资料部分节点，贴标签（e）	概念化（A）	范畴化（B）	主轴编码
小镇应该具有开放的环境，产业要融入全国乃至全球产业链条中 e151	A58 产业链条（31）	B23 系统发展（60）	策略
新冠疫情在全球的暴发，加剧了产业创新链条的脆弱性 e152			
"小产业大市场"要求产业链条充分延伸 e153			
一系列的服务才能吸引消费者愿意来到小镇，在小镇感觉到舒服 e154	A59 服务链条（29）		
现在的消费者对服务很挑剔，生意越来越不好做 e155			
尽管国家政策一样，地方政府对特色文化小镇的重视却不一样 e156			
省级财政给予特色小镇建设财政支持 e157	A60 专项资金（27）	B24 财税支持（49）	中介条件
鼓励和引导政府投融资平台及财政出资的投资基金，加大对特色小镇基础设施和产业示范项目支持力度 e158			
省里每年安排 10 亿元的示范镇建设专项资金 e159			
各省份对小镇的财政支持不一样，我们省财政几乎没有支持资金 e160			
对小镇中的文化企业给予一定的税收减免 e161	A61 优惠措施（22）		
希望国土部门出台更多的土地支持政策，形式更加灵活 e162			
前两年内，小镇中商户免租金 e163			
中央财政和省级财政对工作开展较好的特色小镇给予适当奖励 e164	A62 奖励（30）	B25 奖补政策（33）	中介条件
省级财政采取"以奖代补"的方式，对按期完成任务，通过考评验收的特色小镇给予一定的奖补资金 e165			

续表

访谈原始资料部分节点，贴标签（e）	概念化（A）	范畴化（B）	主轴编码
对特色小镇建设增加奖补资金 e166			
对验收达标的特色小镇，市级财政给予一次性奖励资金500万元，专项用于特色小镇发展建设 e167			
对于考核不合格的小镇的退出机制需要进一步完善 e168	A63 惩罚（3）		
小镇运营靠谁？很多地方还很模糊 e169	A64 运营机构（15）	B26 运营管理（51）	行动
成立专门的特色文化小镇运营机构是有必要的 e170			
我们省要求每个特色文化小镇都有一个民营建设主体 e171			
小镇不同于一般的乡镇，它更注重运营管理的能力 e172	A65 运营能力（36）		
从目前发展比较好的文化小镇来看，运营管理都做得比较到位 e173			
有两个小镇因为没有达到建设要求和运营管理低劣被淘汰，退出管理清单 e174			
政府发挥的是引领作用而不是主导作用 e175	A66 政府服务角色（31）	B27 公共服务（53）	中介条件
鼓励企业、社会参与到小镇的公共服务建设中 e176			
我们政府现在做的是基础，把小镇道路、村庄整治先做好了，剩下的就是吸引企业入驻和社会主体参与 e177			
公共文化服务应有图书、电影、群众文艺活动，形式载体可以多种多样，但这些一定要有 e178	A67 公共服务健全（22）		
积极构建双创服务平台 e179			
小镇的绿化要做到位保证有较好的空气质量，大城市的空气质量太差 e180	A68 空气（5）	B28 生态环境（16）	因果条件

续表

访谈原始资料部分节点,贴标签(e)	概念化(A)	范畴化(B)	主轴编码
保证有健康的饮用水是小镇的必须 e181	A69 水(6)		
如果小镇中能有水系,小镇就有灵气了 e182			
小镇及小镇附近禁止化工等产业,保证土壤安全 e183	A70 土壤(5)		
我们这里的土壤,镉是超标的 e184			
传统文化产业需要数字化转型 e185	A71 产业数字化(39)	B29 数字化(95)	行动
直播、数字工坊等新的数字化形式是必然趋势 e186			
疫情影响下,小镇的文化产品和文化服务需要实现线上、线下同步 e187			
特色文化产业如果不能实现数字化转型必将走入死胡同 e188			
在数字化的大浪潮中,传统落后的管理模式行不通 e189	A72 智慧管理(28)		
我们现在正与专业机构联系,建立小镇的智慧管理服务平台 e190			
我们建立了一套智慧旅游系统提升了消费者体验感 e191			
围绕小镇的文化 IP 建立数字内容平台是必要的,也是有前景的 e192	A73 数字内容平台(28)		
特色文化产业是小镇的"立镇之本" e193	A74 主导产业选择(30)	B30 产业支撑(59)	脉络
主导产业的选择要根据本地的产业基础和资源禀赋选择 e194			
没有任何航空产业基础的地方发展航空小镇就是无源之水 e195			
小镇的规划、建设要以主导产业的发展为核心 e196	A75 主导产业培育(29)		
小镇是产业链条延伸的最佳空间 e197			

续表

访谈原始资料部分节点，贴标签（e）	概念化（A）	范畴化（B）	主轴编码
培育不好主导产业，小镇发展就没有后劲 e198			
镇里多少人在乐器厂打工，慢慢地也学会了乐器弹奏技巧 e199	A76 文明乡风（20）	B31 精神文明（38）	因果条件
自从我们成立了自己的秧歌队、演奏团，有了丰富的文化活动，邻里关系和睦了，家庭矛盾减少了 e200			
小镇建设十年来，受益最大的是乡民；这是他们的精神文化生活 e201			
小镇有了文化广场，我们经常去跳舞，很开心 e202	A77 公共文化服务（18）		
我们小镇有自己的电视台，专门录制播放我们自己的生活和事儿 e203			
很多特色文化小镇纷纷倒闭 e204	A78 持续性（37）	B32 可持续（40）	结果
做得好的，做得长远的小镇不多 e205			
我们需要认真思考和研究小镇的持续发展问题 e206			
小镇前期投资了很多，现在发展不好了面临清退，怎样进行改造提升，避免资源浪费也是个问题 e207	A79 转型改造（3）		
各地都制定了特色小镇建设的数量指标计划 e208	A80 数量考核（16）	B33 考核（39）	行动
遍地开花不可取 e209			
现在国家执行清单管理，更加注重质量，不做数量要求 e210			
当前，对小镇的建设缺乏质量指导实施细则 e211	A81 质量考核（23）		
碰触小镇规范发展红线的予以清除 e212			

第四章 特色文化小镇创新生态系统培育机制　　143

续表

访谈原始资料部分节点，贴标签（e）	概念化（A）	范畴化（B）	主轴编码
天津市设立市级特色小镇专项补助资金，对每个特色小镇基础设施贷款给予总额不超过1000万元的贴息扶持 e213	A82 贷款贴息（19）	B34 金融政策（26）	中介条件
研究设立国家新型城镇化建设基金 e214	A83 金融杠杆（7）		
资金筹措的重点向撬动社会资本参与转移 e215			
因为运营主体资金出现问题，小镇发展已基本停滞 e216			
大到小镇规划，小到街景摆设都需要好的创意和设计 e217	A84 创意设计（30）	B35 创意（53）	脉络
文化内涵需要用创意的手段表达出来，才能贴近生活 e218			
节庆、会展等文化活动能够为小镇聚集人气 e219	A85 创意活动（23）		
有的开发商借做小镇为由进行圈地 e220	A86 土地整理（17）	B36 土地（37）	中介条件
空心村问题不好解决 e221			
农民虽然有闲置宅基地，但是不愿意拿出来用 e222			
土地利用政策需要创新 e223	A87 土地政策（20）		
很多房地产企业看中的就是土地的政策 e224			

二　特色文化小镇创新生态系统培育逻辑——主轴编码

围绕特色文化小镇创新生态系统建立的动力，如何丰富创新主体并充分发挥其作用，特色文化小镇所需的创新条件和创新环境是什么，怎么更有效地提升特色文化小镇创新成效等核心问题，对调查访谈资料进行整理编码得出的 87 个概念和 36 个范畴进行进一步的分析提炼，反复比较和挖掘提升，按照扎根理论的典型编码模型进行建构。依据经典模型"因果条件——现象——脉络——中介条件——行动——结果"进行主轴编码，将上述范畴进一步打碎,重构、归类和阐释,从特色文化小镇创新生态系统培育的动力,到创新行为产生,到创新生态系统所需的内在条件和外在条件,再到创新生态系统构建的行动,最后到创新生态系统高质量建设和特色文化小镇创新能力提升的目标,界定和分析特色文化小镇创新生态系统培育的逻辑,形成完整顺畅的故事链或证据链,如图4-2所示。

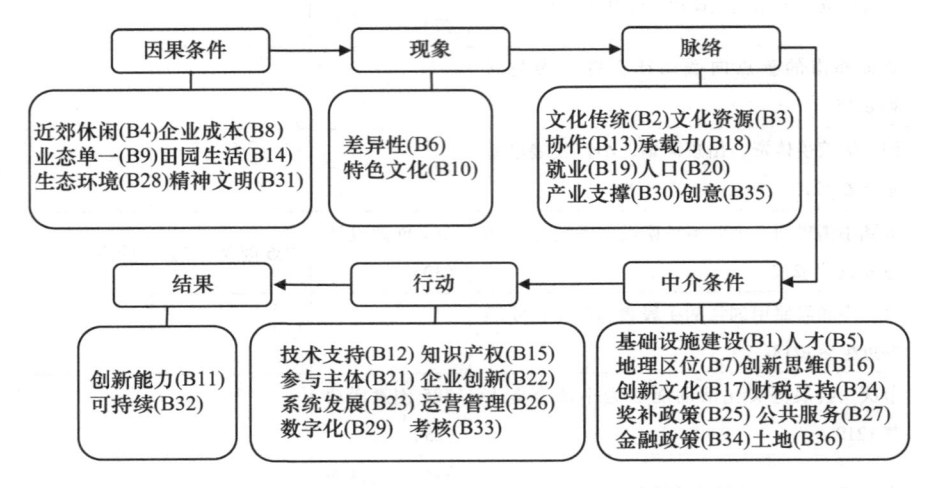

```
┌──────────┐      ┌──────────┐      ┌──────────┐
│ 因果条件 │─────▶│   现象   │─────▶│   脉络   │
└──────────┘      └──────────┘      └──────────┘
近郊休闲(B4) 企业成本(B8)    差异性(B6)       文化传统(B2) 文化资源(B3)
业态单一(B9) 田园生活(B14)   特色文化(B10)    协作(B13)   承载力(B18)
生态环境(B28) 精神文明(B31)                   就业(B19)   人口(B20)
                                              产业支撑(B30) 创意(B35)

┌──────────┐      ┌──────────┐      ┌──────────┐
│   结果   │◀─────│   行动   │◀─────│ 中介条件 │
└──────────┘      └──────────┘      └──────────┘
创新能力(B11)    技术支持(B12) 知识产权(B15)   基础设施建设(B1) 人才(B5)
可持续(B32)      参与主体(B21) 企业创新(B22)   地理区位(B7)   创新思维(B16)
                 系统发展(B23) 运营管理(B26)   创新文化(B17)  财税支持(B24)
                 数字化(B29)   考核(B33)       奖补政策(B25)  公共服务(B27)
                                              金融政策(B34)  土地(B36)
```

图4-2 特色文化小镇创新生态系统培育主轴编码链条

(一) 因果条件

因果条件是扎根理论故事链条的起点,是事件发生的根本缘由和原初动力,也是事件生成的逻辑起点,指事件为什么会发生的根本原因。特色文化小镇创新生态系统培育事件为什么会发生,是基于怎样的原因和动力即特色文化小镇创新生态系统培育的因果条件。特色文化小镇形成的根本动因主要基于以下几个方面。

一是经济增长的动因。法国经济学家弗朗索瓦·佩鲁(François Perroux,1903—1987年)于20世纪50年代提出了增长极理论,认为要素会趋利于增长中心,形成增长极,带动经济增长。城镇化成为经济增长,特别是发展中国家的持续发展的必要因素,[1] 伴随着城镇化的进程,各类要

---

[1] [美]迈克尔·斯彭斯、[美]帕特里夏·克拉克·安妮兹、[美]罗伯特·M.巴克利编著:《城镇化与增长:城市是发展中国家繁荣和发展的发动机吗?》,陈新译,中国人民大学出版社2016年版,第1页。

素向城市聚集，随着城乡二元体制藩篱的不断动摇和打破、城市反哺农村、乡村的振兴和发展，生产要素从城镇逐渐流向小城镇和乡村。特色文化小镇作为新型的创新创业空间内生了要素的聚集和创新。"国家将特色文化小镇定位为微型产业聚集区，新型创新创业平台，主要的原因可能就是想通过特色文化小镇的建设，加速产业提质升级，促进区域经济发展。"（访谈者资料 20230428HBZW）"小镇具有土地、用工、房租等成本优势。"（访谈者资料 20220314HNZN）

二是生活方式的转变。城市生活方式和乡村生活方式具有双向吸引力。一方面，城镇的生活观念和生活方式逐渐向乡村蔓延。另一方面，乡村的田园生活成为城镇居民越来越强烈的憧憬和向往。1898 年埃比尼泽·霍华德（Ebenezer Howard）提出的"田园城市"理论，认为要建设一种既有城市优点，又有乡村优点的理想的城市，理想的城市会成为传统城市和乡村的结合，这种结合将会迸发出新的希望和活力。[1] "我们来到小镇，前期做的都是基础性工作，我们对小镇的硬件设施进行了完善，对小镇进行了创意提升，延长了音乐产业链条。但是，这近十年主要是投入，受益最大的是小镇居民，我们认为做小镇最重要的是使得小镇居民的生活方式得到改变。"（访谈者资料 20210827HBQW）"我们村现在变成了长寿村，不吵架了，不离婚了，人人拿起乐器，享受到了音乐带来的美好生活。"（访谈者资料 20210903HBJW）

三是精神空间的重塑。农耕社会是聚族而居，工业社会是聚利而居，后工业社会是聚价值观而居。我们所生活的空间不仅是维系生存的经济生产空间，更应该是具有鲜明文化导向和共同价值追求的精神文化空间；基于此，城市的文化功能日益凸显。刘士林认为，文化城市的主要生产资料是文化资源，其发展的主要目标是提升人的生活质量，并推动实现个体的全面发展。[2] 人的更高质量的生活追求包括了更加优质的生产资料和更加高效的生产效率、田园舒适的生活方式、健康宜人的自然生态环境等。"我们这里的居民比较富裕，人均收入居全国前列。但是，我们还是要建设特色文化小镇；因为，物质富足了，还要有更高的精神追求，通过建设

---

[1] 金经元：《我们如何理解"田园城市"》，《北京城市学院学报》2007 年第 4 期。
[2] 刘士林：《关于人文城市的几个基本问题》，《学术界》2014 年第 5 期。

特色文化小镇，凝聚更多的文化认同。"（访谈者资料20220417GDZM）

深入梳理和研究特色文化小镇创新生态系统培育调查访谈的数据资料，对形成的范畴进行剖析，认为特色文化小镇创新生态系统培育的因果条件包含了近郊休闲（B4）、企业成本（B8）、业态单一（B8）、田园生活（B14）、生态环境（B28）、精神文明（B31）等范畴。这些范畴成为特色文化小镇创新生态系统培育的内生因果条件，为特色文化小镇创新生态系统的培育发展奠定了重要的现实需求基础。

（二）现象

当处于核心地位的概念确定后，形成了所要研究的核心事件，由核心事件原动力引发的关键性的行动就成为现象。该研究的核心事件是特色文化小镇创新生态系统的培育，怎样去进行特色文化小镇创新生态系统的培育，抑或讲由核心事件和原动力触发的行动就称为现象。

由前述研究可知，创新能力不足是影响特色文化小镇培育发展的核心原因，创新能力提升是特色文化小镇创新生态系统培育的主要目标；因此，在扎根理论研究中，创新即是特色文化小镇创新生态系统培育的现象。Schumpeter J. A. 将创新界定为新产品以及产品生产方式、新市场的开拓、新的原材料和新组织的出现。创新在特色文化小镇创新生态系统培育的调查访谈资料中，主要体现为追求差异性（B6）和突出特色文化（B10）。"全国有这么多陶瓷小镇，如果我们的产品是雷同的，没有自己的特色定位，没有属于自己的细分化的市场，没有自己的创新，很难取得突出的发展业绩。此外，还得形成我们特有的文化旅游环境，有旅游的吸引力，才能吸引更多的游客和消费者来到这儿，通过文化旅游的体验，增加对产品的信赖。"（访谈者资料20220304GDQM）现代消费呈现出需求多样化和需求个性化的显著特点，无论是从文化消费内容，还是文化消费方式，再到文化消费场景，均表现出消费者多样化个性化的需求特征。特色文化小镇创新生态系统是以特色文化为价值内核，以特色文化产品、特色文化服务、特色文化体验为主要的创新内容。所以，特色应该成为小镇创新生态系统培育的主要目标。从整体规划设计上，以特色文化为基色，围绕特色文化产业的发展布局小镇的产业、生活、服务；从特色文化产业的发展上，注重产品的文化内涵挖掘和文化内涵表达，创新产业链条，发现和创造特色文化产品的衍生产品和服务；从建筑外观设计上，突出本土特色，讲求建筑的传承性与居住的舒适性相结合，讲求建筑的美感和文化的鲜明性相结合；从文化体验场景上，注重特色文化的活态保护和活态传承，倡导在鲜活的本土文化生活实践中给消费者以特色文化的体验和消费。在不断追求差异化和特色上持续创新，是特色文化小镇创新生态系统培育的行动纲领。

（三）脉络

追求差异性和避免雷同的创新行为，需要一些内生环境和发展条件。脉络是以核心事件为中心，采取行动需要的一些特殊的条件；或者说是指现象能够发生的一些内在特质，是特色文化小镇创新生态系统培育存在的内在影响因素。特色文化小镇创新生态系统的培育扎根于特定的经济和文化土壤，需要相适应的外部和内部发展条件。如果不考虑特色文化小镇的内在特质，盲目构建特色文化小镇创新生态系统，将导致事倍功半甚至失败的结果。

在特色文化小镇创新生态系统培育机制研究中，运用扎根理论寻找特色文化小镇创新生态系统培育的内生制约条件，是特色文化小镇创新生态系统培育机制模型建立的前提，也是特色文化小镇创新生态系统培育实践的基本遵循。其内生制约条件包括以下几点。

一是文化资源。文化的积淀与城镇发展的变化之间存在着持久和长远的相互依存关系。丰富独特的文化资源成为小镇持续创新的源泉。"我们这里有着2000多年的刺绣文化，是苏绣的发源地，拥有悠久的传统技艺文化、工艺美术大师和技艺传承人，这是我们小镇特有的文化资源，也是小镇重要的创新内核。"（访谈者资料20220613JSQW）

二是承载力。逆城市化的过程是寻求城市和乡村要素均衡，互补互利的过程。在城市化和逆城市化过程中，一个关键因素就是城市的承载力，承载力制约着城市的规划建设、经济效益以及社会管理和生态建设等。城市发展具有阈值效应，是指城市具有最优城市规模，它随着地理、工业结构和政府治理而变化；[1] 特色文化小镇的兴起基于城市建设规模和城市承

---

[1] [美] 迈克尔·斯彭斯、[美] 帕特里夏·克拉克·安妮兹、[美] 罗伯特·M. 巴克利编著：《城镇化与增长：城市是发展中国家繁荣和发展的发动机吗?》，陈新译，中国人民大学出版社2016年版，第58页。

载力的条件制约。城市生产成本、生活成本、环境成本的快速上升呼唤寻求一个更加经济高效的生产生活空间。"在小镇工作生活还是比较惬意的，生活成本低了，环境也比之前更优美了，房子也买得起，也没有那么嘈杂，觉得轻松了很多。"（访谈者资料20220712ZJJM）承载力是特色文化小镇创新生态系统建设的制约因素，适宜的承载力是保证创新行为实现和提高创新效应的基本条件。

三是人口。小镇人口规模、结构和增长速度对小镇的持续发展意义重大；没有人口的聚集和稳定就不能形成持久的创新源泉，也不会形成稳定的创新生态系统。随着人口结构的变化和产业的转移，部分乡村甚至城市的人口逐渐减少，出现了"消失的乡村""消失的城市"。"过去我们这里的村民都出去打工，家里就是留守儿童和老人。随着我们竹编产业的不断发展壮大，村民们不用外出打工了，在家就能种竹，编竹，村子里的人越来越多了，这为小镇创新生态系统的建立提供了基础保障，这些人既是受益者，也是创新价值的创造者。"（访谈者资料20231024SCQM）因此，如何吸引稳定的人口聚集，提升小镇居民的文化素养，优化小镇居民的人口结构是特色文化小镇创新生态系统形成和发展的内生制约条件。

四是产业支撑。产业是特色文化小镇的立镇之本，是特色文化小镇创新生态系统的基础支撑，特色文化小镇创新生态系统的培育过程也是特色主导产业的培育发展过程。"特色文化小镇的创新发展首先要有产业的创新和发展。"（访谈者资料20220428HNZW）

五是创意。创意是特色文化小镇创新生态系统的最强营养基，是特色文化小镇文化IP形成和成长的催化剂；没有创意，就难以实现特色文化小镇的创新发展。"我们的小镇从建筑外观的建设、房屋内饰、街道小品、路边垃圾桶、胡同命名等各个方面都充分融入了文化创意，培育了我们的文化IP，使得传统文化和现代文化同频共振，有效提升了小镇的文化创新氛围。"（访谈者资料20220226HBQM）特色文化小镇应该做到时时有创意，处处有创意，才能焕发生机。

因此，特色文化小镇创新生态系统培育的脉络包括了文化传统（B2）、文化资源（B3）、协作（B13）、承载力（B18）、就业（B19）、人口（B20）、产业支撑（B30）、创意（B35）等范畴，涉及的概念有物质文化遗产（A6）、文化历史（A7）、非物质文化遗产（A8）、特色技艺

(A9)、内部协作（A32）、外部协作（A33）、房价过高（A42）、城市管理（A43）、交通压力（A44）、空气质量（A45）、人员外流（A46）、人员回流（A47）、文化素养（A48）、年龄结构（A49）、主导产业选择（A74）、主导产业培育（A75）、创意设计（A84）、创意活动（A85）等概念。

（四）中介条件

中介条件是一种结构性条件，其有助于或有碍于现象的发生和发展。扎根于理论调查访谈形成的数据资料中，影响特色文化小镇创新实现的要素，侧重特色文化小镇创新生态系统培育的外在条件称为中介条件。调研访谈数据显示影响特色文化小镇创新生态系统培育的中介条件包括基础设施建设（B1）、人才（B5）、地理区位（B7）、创新思维（B16）、创新文化（B17）、财税支持（B24）、奖补政策（B25）、公共服务（B27）、金融政策（B34）、土地（B36）等。

人才是影响特色文化小镇创新生态系统培育的重要外在条件。"我们小镇有国家级非物质文化遗产代表性传承人两名，高级工艺美术师近百人、中级工艺美术师约三百人，还有很多省级工美师，他们对小镇的产业创新发挥着极其重要的作用；同时，他们的入驻带来了小镇整个创新氛围的提升，创造了良好的创新生态系统。"（访谈者资料20220617JSZM）"现在年轻人很少有愿意坐下来学这些技艺的，都愿意往外跑，我现在最想做的事就是有几个孩子跟我好好学这项技艺。"（访谈者资料20220318HNJM）在调研访谈中，受访者提到文化艺术大师对以特色技艺为主要内容的小镇具有重要的作用；艺术大师的参与或入驻将大大提升小镇的知名度，为小镇带来巨大的文化品牌价值，同时会带来相关链条的延伸。同时，受经济待遇和市场环境的影响，非物质文化遗产传承后继乏人；越来越少的年轻人愿意守在家中坚守传统的文化技艺，一些传统的手工技艺面临失传的困境。大学生是特色文化小镇的新鲜血液，如何向他们推介并吸引他们来到小镇创新创业，对提升特色文化小镇的活力具有积极影响。

在调研中，诸多受访者认为完善的基础设施和健全的公共服务是特色文化小镇创新生态系统培育的重要外在条件。"特色文化小镇不是行政建制镇，有很多是在农村中，农村的基础建设条件相对较弱，所以，特色文化小镇要能发展好，特别是要培育和构建特色文化小镇的创新生态系统，首先要有健全的基础设施和公共服务，这是基础条件，这样才能吸引人才来到小镇，吸引游客来到小镇。只有小镇的综合发展环境好了，才能建设好的创新环境。"（访谈者资料20220519AHZM）基础设施包括水、电、路、网、气、便利的交通设施和交通线路等。有些特色文化小镇开设了从市区通往小镇的专线公共交通，方便了消费者的到访；特色文化小镇公共停车设施的建设也给消费者带来较强的舒适度影响。政府服务是否到位，公共教育、公共卫生、公共文化的服务保障是否健全对特色文化小镇创新生态系统的培育和建设具有重要影响，也是影响小镇居民幸福感的重要因素。

在调研访谈中，受访者提到的影响特色文化小镇创新生态系统培育的重要外在因素还包括财税支持、奖补政策、金融政策、土地政策等政策性的支持，涉及的概念有专项资金、优惠措施、奖励、贷款贴息、金融杠杆、土地整理等概念。"我们省对特色文化小镇建设基本没有什么财政支持，小镇建设多是企业主体出资，希望今后省里加大财政资金的支持力度。"（访谈者资料20220723HBZW）"我们实行的是动态奖补政策，对于考核优秀的加大财政奖励支持力度，给予新增建设用地指标。"（访谈者资料20221728ZJZM）省级财政给予重点建设的特色文化小镇给予财政支持，建立专项支持基金，给予示范镇建设专项资金支持等政策支持，对特色文化小镇创新生态系统的培育和建设发挥着重要的保障作用，特别是在特色文化小镇创新生态系统培育建设初期作用更加显著。

此外，创新意识、创新思维和创新文化对特色文化小镇创新生态系统培育和建设能够起到较强的促进作用。是否愿意寻求改变、接受改变，是否愿意打破陈规，根据自身优势资源禀赋，进行创新性的培育和建设是特色文化小镇创新得以实现的思维保证。"小镇建设以来，不断创新思维，丰富业态，游客的参与度和体验感极强。关键是小镇的创新意识很强，承办行业的双年展，吸引青年艺术家和艺术大师入驻，与同济大学等高校联合，成为多所高校的毕业设计学习基地，还在与周围景点进行文旅组团发展上创新思维，形成多条旅游线路，形成了浓厚的创新氛围，促进了小镇的系统创新。"（访谈者资料20211129SDZM）充分崇尚创新，尊重创新，形成善于模仿、学习、突破的创新环境，形成共同的文化价值认同都是创新实现和特色文化小镇创新生态系统培育发展的重要外在条件。

第四章　特色文化小镇创新生态系统培育机制　　151

（五）行动

行动是围绕现象的实现，在满足内生条件和外在支撑基础条件的情形下，采取的管理、执行等行动。通过调研访谈整理所得数据的分析，可以得出技术支持（B12）、知识产权（B15）、参与主体（B21）、企业创新（B22）、系统发展（B23）、运营管理（B26）、数字化（B29）、考核（B33）等范畴为特色文化小镇创新生态系统培育的行动。

例如，技术支持是特色文化小镇产业发展、公共设施建设、服务营销等环节的关键因素，包括的概念有现代科技（A30）和技术突破（A31）。"特色就要追求差异化，就是要讲求创新，持续的创新又需要有技术支持团队，特别是现代科技的结合，这方面我们还是有差距的，技术支持不到位，产品的创新就不足。"（访谈者资料20220429JLQM）"我们这里有很多以农产品为主的三产融合类小镇，如何实现农产品的高质量培育、种植，如何生产品种多、口感好、外观美的高质量产品，如何提升产品的储藏技术，如何实现技术突破提升产品的附加值等是比较棘手的问题。"（访谈者资料20220719LNQM）因此引进智库，强化技术支持是特色文化小镇创新生态系统培育的行动。

又如，支持企业创新是特色文化小镇创新实现的基本行动之一，包括的概念有企业的力量（A54）、创新动机（A55）、专利发明（A56）、产品创新（A57）。不断支持和强化企业创新是增强特色文化小镇产业动能，夯实特色文化小镇创新基础的重要行动。此外，强化系统性思维，进行系统发展也是特色文化小镇创新实现的重要行动，包括产业链条（A58）、服务链条（A59）的建立和完善。高质量的运营管理，包括运营机构（A64）的选择和使用、运营能力（A65）的建设。特别提出的是，受访者着重强调了数字化的策略，"在数字化浪潮的席卷下，尤其是新冠疫情的蔓延，怎样更好地运用互联网平台，更好地实现产品的数字化生产、展示、销售，提升数字化管理是小镇实现创新发展的必由之路"。（访谈者资料20220628HNQW）数字化包括了产业数字化（A71）、智慧管理（A72）、数字内容平台（A73）等概念。此外，从重数量考核（A80）到重质量考核（A81），也是特色文化小镇创新生态系统高质量建设的行动。

（六）结果

以特色文化小镇创新生态系统培育这个核心事件为故事链条，以追求与众不同，突出文化特色的创新行为为现象，遵从特色文化小镇创新生态系统培育的内在生成规律，创造完善的外部条件，最终实现特色文化小镇创新生态系统高质量建设的目标。扎根理论依据现象，梳理现象发生的特质，即进行脉络分析，然后根据资料整理整个故事完成需要具备的中介条件，并采取积极有效的行动，保证结果的实现。优化创新环境，提升创新能力和实现可持续发展是编码链条的结果，也是特色文化小镇创新生态系统培育的核心目标。

三 特色文化小镇创新生态系统培育模块——核心编码

沿着特色文化小镇创新生态系统培育模型建构的链条，进一步对范畴进行解构和重构，建立范畴之间的联结，验证之间的关系，不断拓展范畴的内涵，对范畴进行再抽象归类，形成特色文化小镇创新生态系统培育的核心编码即特色文化小镇创新生态系统培育的模块，如图4-3所示。

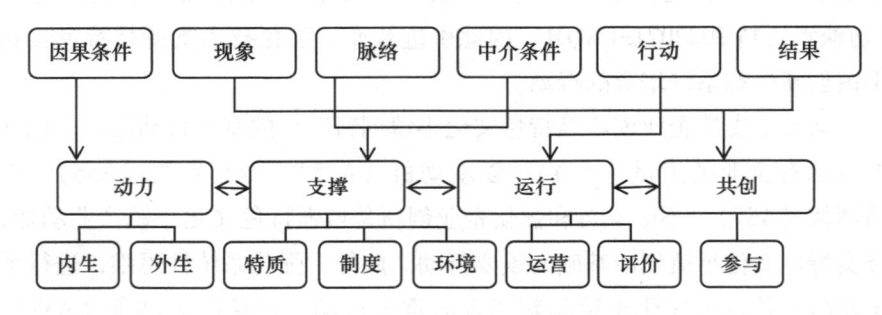

图4-3 特色文化小镇创新生态系统培育核心编码

特色文化小镇创新生态系统培育逻辑中的因果条件包括了近郊休闲（B4）、企业成本（B8）、田园生活（B14）、生态环境（B28）等范畴，我们可以将其进一步抽象为特色文化小镇创新生态系统培育的动力模块。特色文化小镇创新生态系统培育逻辑中的脉络主要是指特色文化小镇的内在特质，包括文化传统（B2）、文化资源（B3）、协作（B13）、承载力（B18）、就业（B19）、人口（B20）、产业支撑（B30）、创意（B35）等范畴。特色文化小镇创新生态系统培育逻辑中的中介条件，主要是指特色文化小镇创新生态系统培育的外在条件，包括了基础设施建设（B1）、人才（B5）、地理区位（B7）、创新思维（B16）、创新文化（B17）、财税支持（B24）、奖补政策（B25）、公共服务（B27）等范畴。脉络与中介条件共同进一步抽象为特色文化小镇创新生态系统培育的支撑模块。特色文化小镇创新生态系统培育的行动，包括技术支持（B12）、知识产权（B15）、企业创新（B22）、系统发展（B23）、运营管理（B26）、数字化（B29）、考核（B33）等范畴，我们可以进一步将其抽象为特色文化小镇创新生态系统培育的运行模块。特色文化小镇创新生态系统培育逻辑中的现象是指创新，主要包括差异性（B6）、特色文化（B10）等范畴。特色文化小镇创新生态系统培育逻辑中的结果是特色文化小镇创新能力提升，主要包括创新能力（B11）、可持续（B32）等范畴，加上行动策略中的参与主体（B21）等范畴，我们进一步将现象、结果以及为了实现结果形成的相互作用关系、参与主体（B21）等范畴，抽象为共创模块。

（一）动力

动力是推动事物产生发展的驱动力量。特色文化小镇的兴起和发展与所处的时代环境以及现实需求密切相关。特色文化小镇兴起的理论意义和现实意义是推动特色文化小镇创新生态系统构建的基本动力。特色文化小镇兴起是始于浙江省的建设实践，基于打造新型的创新创业平台，推动产业的转型升级，增强经济发展的新动能的现实需求。特色文化小镇是新型城镇化、乡村振兴、城乡统筹、新旧动能转换、创新创业等经济发展和社会综合进步的有效载体，需要具有发展的动力支撑。对扎根理论的调查数据形成的概念范畴进行进一步提炼，认为动力是特色文化小镇创新生态系统培育的模块之一，包括近郊休闲、差异性、企业成本、业态单一、承载力、产业支撑、精神文明等范畴。特色文化小镇创新生态系统培育的动力，可以从内生动力和外生动力两个角度来理解。一是从内生动力角度来看，主要遵循用户导向逻辑，主要是从当地居民和消费者的需求满足考虑，侧重于精神动力。追求精神文化的提升，扩大乡土社会的人员对外交流，创造更加有利于居民身心发展的精神文化环境。提升精神文化需求是特色文化小镇创新生态系统构建和培育的内生精神动力。二是从外生动力角度来看，主要遵从产业聚集逻辑，主要是从产业发展和经济发展的需求考虑，侧重于物质动力。通过培育特色文化小镇创新生态系统，促进特色文化小镇持续发展，带动当地产业结构升级。所以，产业的发展和经济的发展是特色文化小镇创新生态系统的外在物质动力。促进当地居民就业，实现就地城镇化，实现对周边城市的要素吸引、优化区域创新生态等都是特色文化小镇创新生态系统培育的外生动力因素。

（二）支撑

特色文化小镇创新生态系统培育需要多项支撑条件，支撑成为特色文化小镇创新生态系统培育的模块之一。支撑模块主要包括了核心编码中的脉络和中介条件。脉络是指特色文化小镇的文化传统、文化资源、人口等内在特质，中介条件是指基础设施建设、地理区位、财税政策等外在条件。因此，我们可以将支撑模块分为特质、制度、环境等维度。

特质强调与众不同和稀缺性。不同类型的特色文化小镇所依托的特色资源和优势禀赋不同，发展的模式和路径也不尽相同。区别于其他地方，生长于本土的文化基因和区域标识是特色文化小镇创新生态系统的特质，体现了特色文化小镇创新生态系统的低替代性逻辑。吴海涛从文化的形成、文化的影响、文化的主体、自然和人文等角度提炼了淮河文化的内涵特质。[①] 调查研究和访谈数据显示，特色文化小镇创新生态系统的特质大概包括文化资源、特色文化、地理区位、创意等范畴。这些特质是特色文化小镇创新生态系统区别于其他特色小镇创新生态系统的重要禀赋资源和标识。特色文化小镇创新生态系统的特质可以从先天特质和后天特质两个角度来考虑。先天特质主要是指区域在长期的发展中积淀下来的文化或区域特质，包括在历史发展过程中发生过的历史文化事件，形成的历史文脉，保留下来的历史遗存、遗迹等物质文化遗产资源，包括当地居民世代相传的雕刻、剪纸、绘画、刺绣等非物质文化遗产资源，包括居民生活的习俗、观念、生产生活方式等本土文化。区域所处的地理区位和具有的地貌特征，特殊的地貌特征也是一些文化旅游小镇发展的先天吸引力。后天特质是指经过外部条件改变和外力作用，形成的具有明显区域特色的内容或特征，比如经过城镇建设规划带来的特殊的区域发展定位，经过创意设计带来的新奇的文化特色，经过产业发展或区域发展形成的特色品牌等。

制度在政治、经济、社会、文化等领域的理论研究和实践改革中发挥

---

① 吴海涛：《论淮河文化的内涵特质》，《学术界》2021年第2期。

着重要的作用，是特色文化小镇创新生态系统构建的要素之一，也是特色文化小镇创新生态系统培育的重点之一。制度在不同领域的分类和侧重点有所不同。制度经济学派将制度分为正式制度和非正式制度。本研究参考这一划分方式对调查访谈数据进行整合和归纳。正式制度是人们有目的创建的，以文件、规定等形式形成的正式规范，其在理论研究和实践进行中具有确定的合法性、合规性，其实施需要一定的正式组织机构来保障，比如访谈和资料中提到的财政、税收、人才等政策。"我们这里的政府为小镇建设提供了一些政策保障，比如对入驻小镇的企业实行了税收优惠政策。"（访谈者资料20210920GZQM）"点状供地政策的实施有利于解决特色文化小镇用地制约瓶颈。"（访谈者资料20230613GDZN）非正式制度是在人们的自然社会交往中，形成的非主观意识决定的、潜移默化的、没有正式规定和约束的文化传统、道德观念、行为习惯、交流平台等。"我们村的村风民风很好，几乎没有那种地痞，有啥事大伙儿都能相互理解，所以我们的小镇在土地整理，利益分配过程中都很顺利。"（访谈者资料20210513HBJM）

　　环境共生是特色文化小镇创新生态系统理论的基本逻辑之一。环境既是特色文化小镇创新生态系统的外部条件，又是决定特色文化小镇创新效果和发展效果的内在保障支撑。从调研访谈数据中梳理出，环境包括基础设施建设、技术支持、田园生活、知识产权、创新思维、创新文化、公共服务、生态环境等范畴。本项目研究重点从人文环境的角度理解环境的内涵和其对特色文化小镇创新生态系统培育发展所起的作用，并从硬环境和软环境两个角度分析特色文化小镇创新生态系统培育所需的人文环境。从硬环境上来看，包括道路、交通、路政管网等设施环境。从软环境上看，包括技术支持、知识产权保护意识、创新意识、创新思维、创新文化、公共服务等。比如，技术研发机构的引进，或者与科研团队的深入合作使特色文化小镇获得技术支持，保障创新生成的外部环境。"我们小镇与中央美院、天津美院、燕山大学等高校建立了长期的合作关系，他们经常来这里为我们指导，这儿也成了他们教学的实践基地。"（访谈者资料20210326HBQW）又比如，激发创新的热情，营造有利于创新的氛围和文化是特色文化小镇创新生态系统构建及培育所需的重要的软环境。"通过创意艺术研学、艺术家工作室、社会培训等方式大大提升了小镇的创意创新氛围，我们尽量为大家营造一种惬意的创新文化。"（访谈者资料20230504GSZM）再比如，教育、卫生、文化等公共服务的提供，是特色文化小镇创新生态系统持续建设的重要支撑环境。

（三）运行

运行是特色文化小镇创新生态系统培育的又一重要模块，是指特色文化小镇创新生态系统的运转和作用的发挥，包括专业指导、数字赋能、运营管理、动态评价等维度，该模块特别需要融入数字化的手段，充分体现数字运用的基本逻辑。运行模块包括技术支持、知识产权、企业创新、系统发展、运营管理、数字化、考核等范畴，我们可以将该模块分为指导、应用、运营、评价等维度，指导主要指专业化的指导和行动。"我们这里大学生是最活跃的创新主体，但是，他们在创业过程中忽视了产权的保护和利用，他们的知识产权保护意识比较淡，还不知道怎么去保护和使用自己的产权，我们可以多提供这方面的服务。"（访谈者资料20230711JXZM）很多特色文化小镇在产业创新链条、企业创新链条、服务创新链条中都运用了数字化的设备和手段。"我们学习了其他地方的经验，加快数字化应用的建设，开展了网红直播带货，与'网红达人'建立了网红导师制，培训了600多人，培养和引进线上运营电商二三十家，有效构建起了线上展示、销售、交易的运营生态。"（访谈者资料20230611SDQM）运营涉及专业运营和自我运营，很多特色文化小镇都聘请了专业化的运营团队对小镇如何更好地创新发展提供专业化的运营管理；同时，小镇居民、乡贤、基层党组织等主体积极参与小镇创新生态系统的运营管理，发挥出积极的作用。

评价能够对特色文化小镇创新生态系统起到监督指导作用，同时，评价结果反过来促进特色文化小镇创新生态系统建设纠偏改进，实现持续的良性发展。从调查访谈数据中，可持续、考核等范畴属于评价维度。从评价的目标来看，可持续和系统发展可以作为特色文化小镇创新生态系统培育的主要评价目标。"我们在考核小镇的时候一方面坚持国家的规范发展意见和实施导则；同时，会根据实际情况，着眼长远，看小镇的持续创新能力，因为文化特色的形成需要更长的周期，创新对于小镇来说太难了。"（访谈者资料20220417HNZW）从评价的主体来看，应该包括宣传、文旅、发改等特色文化小镇建设的相关政府管理部门。"你们来我们小镇进行调研，联系发改部门也行，联系文旅部门也行，联系宣传部门也行，他们都负责我们小镇的管理；但是他们的侧重点不同，有些要求和数据的统计口径也不一样。"（访谈者资料20230529SDQM）此外，还包括特色文化小镇研究专家团队，又包括特色文化小镇相关产品和服务的消费者，更应该包括特色文化小镇当地居民，这些评价主体的综合评价意见是对特色文化小镇创新生态系统质量评价的有益参考。从评价的客体来看，创新能力是主要的评价对象，特色文化小镇创新生态系统质量如何，特色文化小镇的创新能力是评价的主要内容。从评价的手段来看，考核是重要的指挥棒，制定科学的考核评价标准，建立合理顺畅的考核评价流程，加大考核结果的运用都将对特色文化小镇创新生态系统的培育建设起到有效作用。

（四）共创

特色文化小镇创新生态系统不仅要求创新要素的齐备，而且更要注重创新要素之间的联结机制。我们将人才、协作、参与主体等范畴进一步解构重组，形成特色文化小镇创新生态系统培育的共创模块。共创突出强调的是特色文化小镇创新生态系统的开放协同逻辑、多元复合逻辑。特色文化小镇创新生态系统的共创模块可以从参与要素以及参与方式两个视角来考虑。从参与要素的视角来看，特色文化小镇创新生态系统的参与主体包括调查数据中的艺术领军人物、传统技艺传承人、专业管理人才、当地居民、大学创客、政府组织、社会组织、社区组织、行业协会、企业等。"我们一方面支持和培育本地的艺术世家，同时，努力与景德镇的艺术大师加强联系，吸引他们来到小镇创作和生活；只有大量艺术家的入驻才能提高小镇的创新能力。"（访谈者资料20220530CQZM）从参与方式的角度来看，特色文化小镇创新生态系统培育需要多方协作，数字化参与等多样化模式。"我们长三角的特色小镇创新创业大赛就是在我们小镇举行的，像这样的活动和平台为小镇吸引更多主体及要素，参与小镇发展创造了很好的创新氛围和创新环境。"（访谈者资料20221014AHQN）"除了小镇内实际入驻的企业和主体之外，我们在线上服务平台已经吸纳三十余家互联网企业的加入，建立了更加灵活的合作关系。"（访谈者资料20230426HNQW）创新主体需要经过创新的组织方式、管理方式和参与方式建立更加有效的联结互动，促使创新行为的产生。政府、企业、社会共创，促进了创新的生成和创新效应的发挥。

第三节 特色文化小镇创新生态系统培育机制分析

特色文化小镇创新生态系统培育的核心目标是特色文化小镇创新能力的提升和可持续发展。特色文化小镇创新生态系统培育机制就是要围绕培育多元创新主体、更新现代创新方式、完善创新条件、优化创新环境、加速创新过程,进一步分析研究特色文化小镇创新生态系统中的要素组成以及相互联结机制,形成特色文化小镇创新生态的长效培育机制,促进特色文化小镇创新生态系统的高质量建设。

文化资源、文化产业、文化创意是特色文化小镇创新生态系统培育的文化内核,也是特色文化小镇创新生态系统依赖的资源禀赋。通过对文化资源的挖掘利用、文化产业的创新发展和创新创意提升,实现特色文化小镇创新生态系统的内核挖掘。建立特色文化小镇创新生态系统是为了更好地实现文化内容创新、文化业态创新、文化场景创新、文化价值实现方式的创新,最终实现特色文化小镇的系统综合创新。

扎根理论的质性研究方法是在充分调查研究的基础上,对所形成的数据进行不断的标记、裂解、解释、归纳和抽象,形成具有解释力的构念和构型逻辑,其建立在敏感的理论性和强烈的互动性基础上。通过对调查访谈主题的整理和逐级编码,可以得出动力激发机制、支撑保障机制、运行管理机制、价值共创机制,是特色文化小镇创新生态系统培育机制的主要内容和组成部分。特色文化小镇创新生态系统培育机制模型,如图4-4所示。

一 增强动力激发机制

动力机制是特色文化小镇创新生态系统培育机制的基础,没有强有力的内生动力和外生动力,就没有特色文化小镇创新生态系统建设的持久热情,就不能实现特色文化小镇的可持续发展。基于调研访谈的数据以及特色文化小镇创新生态系统理论和实践,从动力源、动力影响因素、动力作用路径等角度综合分析研究特色文化小镇创新生态系统培育的动力机制,如图4-5所示。

第四章 特色文化小镇创新生态系统培育机制　159

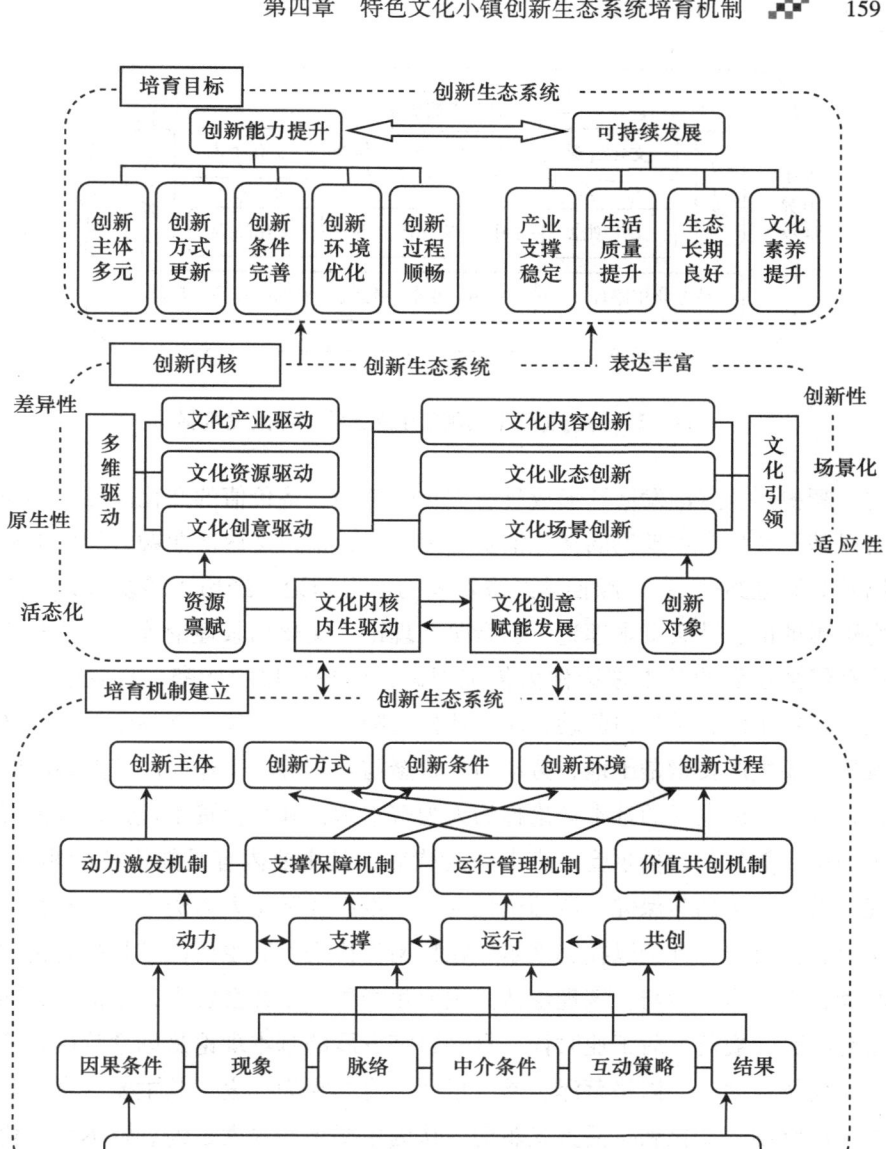

图 4-4　特色文化小镇创新生态系统培育机制模型

（一）动力源

法国社会学家布尔迪厄（Pierre Bourdieu，1930—2002 年）将资本分为经济资本、社会资本和文化资本，并且指出，文化资本是由于文化价值

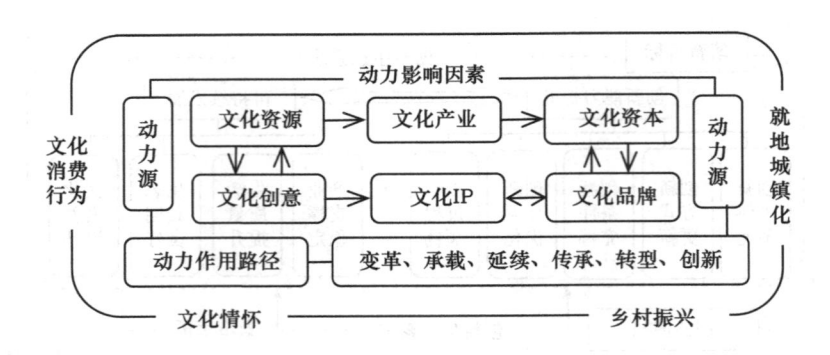

图 4-5 特色文化小镇创新生态系统动力激发机制

的不断积累，逐渐发展并形成具有文化价值和经济价值的文化商品。孙丽君以基于文化资本理论的文化消费行为分析，探讨文旅产业融合的根本动因及其演进路径。[①] 回顾推动经济发展的动力理论，经历了传统理论、人力资本理论、社会资本理论、创意阶层理论、文化场景理论等。工业时代推动经济发展的基本理论称为传统理论，以马克思、斯密、马歇尔为代表，其主要内容是公司驱动，用就业机会吸引人群聚集，该理论认为经济发展主要生产要素是土地、劳动力、资金与管理等。工业向后工业转型时代，推动经济发展的基本理论称为人力资本理论和社会资本理论，人力资本理论以舒尔茨、科尔曼、卢卡斯为代表，其主要内容是知识技能驱动、提升教育、培训与保健，该理论认为主要生产要素是人力资本，如教育与学习；社会资本理论以托克维尔、帕特南为代表，其主要内容是社会组织驱动，更多市民参与，该理论认为主要生产要素是社会资本，如信任、网络与互惠性规范。后工业时代，推动经济发展的基本理论是创意阶层理论和文化场景理论，以格莱泽、佛罗里达、克拉克为代表，其主要内容是创意阶层驱动、文化和生活方式驱动，认为主要生产要素是创意资本和文化资本。

"文化旅游对于我们县域来说，是富民不强县的，单靠特色文化小镇的旅游这块。对于增加财政收入而言，地方政府是没有什么动力的。"（访谈者资料20230510HBZM）"怎样通过充分挖掘利用我们现有的文化

---

① 孙丽君：《文化资本理论视域中的文旅产业融合动因及路径》，《深圳大学学报》（人文社会科学版）2022年第3期。

资源，发展文化产业，最大化地提升产业价值；同时发展文化旅游，对于我们来说可能动力更强。"（访谈者资料 20230510HBZW）特色文化小镇的主要资源禀赋是文化资源和创意资源，其培育和发展的根本动力是最大限度地实现文化资源和创意资源的文化价值与经济价值，获得最大化价值增值。在遵循文化发展基本规律，不破坏文化资源价值机理的情况下使得文化资源产业化，形成文化资源的资本化是特色文化小镇创新生态系统培育发展的隐性前提。文化资本是特色文化小镇创新生态系统培育发展的核心动力源。充分挖掘当地的文化资源，寻求差异化的市场定位，形成科学合理的开发利用模式，促进文化资本的形成和增值，是特色文化小镇创新生态系统培育的基础价值逻辑，也是特色文化小镇得到持续发展的基本路径。

（二）动力影响因素

在核心动力源的驱动下，特色文化小镇创新生态系统培育有其内生的动力和外在的推动力。影响特色文化小镇推动力的因素涉及多个方面，比如地方政府的整体区域发展规划、地方发展理念、领导者的视野与创新思维、当地居民的文化观念、区域产业发展基础等，其中新型城镇化战略、乡村振兴、文化消费行为、文化情怀等成为特色文化小镇创新生态系统培育动力的重要影响因素。

新型城镇化是实现现代化的必由之路。特色文化小镇是新的城镇空间载体，能够吸纳周边乡村居民转变生产方式和生活方式，更好地实现就地城镇化。与此同时，乡村振兴是实现国家全面发展和共同富裕的重大战略，城镇化的过程与逆城镇化的过程需要同时致力推进，城市需要更加美好，乡村也要实现振兴，就地城镇化是小城镇发展的重要路径。农民的期盼是要充分利用农村劳动力，增加经济收入。[①] "我老公常年在外地打工，家里还有老人和孩子需要照顾，我本想着把孩子丢给老人，也出去打工，可是也还是放心不下老人和小孩，自从村子开始建设特色文化小镇，植入了粮食画这个产业，我第一个报名学习，学习技术相对成熟后，我在村里成立了1号体验馆，一幅作品能卖几十块、几百块，这样我就不用再出去打工，在家门口就能有活干，又能照顾家，这使我增强了作画的动力。"

---

① 费孝通：《费孝通论小城镇建设》，群言出版社2000年版，第325页。

（访谈者资料 20220302HBJW）特色文化小镇既可以实现要素向城镇的聚集，也能实现优质要素向乡村的转移。特色文化小镇是无数城市人的乡愁所在，也是无数人就地城镇化的"空间"所在。因此，国家的新型城镇化战略和乡村振兴战略是影响特色文化小镇创新生态系统培育动力的重要因素。

文化消费行为能够较大地影响特色文化小镇创新生态系统培育动力。特色文化小镇以提供文化产品和文化体验服务为主要内容支撑，消费者无论是在异地使用小镇生产的文化产品还是到小镇进行游览等体验消费，都属于文化消费行为。布尔迪厄论证了文化产品和文化服务是区别于一般消费品的，影响文化消费行为的核心要素是个人偏好。文化消费行为具有明显的特征，比如文化产品的需求弹性大，更加容易受到收入、观念、习惯等外在因素的影响，具有消费的脆弱性；又如文化消费对外部环境具有较强的依赖性，离开了特定的文化体验和文化消费环境，文化消费无从实现；再如文化消费的规模效应受制约，一些文化体验消费并不是随着消费规模的增长而呈现正比增长。[①]"我们省有不少大型实景演出，效果不错，其他地方的一些实景演出也为文化小镇带来了更加生动的文化体验，但是，这些大型演出由于受季节、场地维护费、客流量、演员出演费等因素的影响，并不适合多数特色文化小镇，这就需要我们不断创新演艺思维和演艺形式。"（访谈者资料 20220619HBQM）这些特征会给特色文化小镇企业主体带来更大的不确定性和风险性，因此文化消费的独特属性影响了特色文化小镇创新生态系统培育的动力及成效。

文化情怀也是影响特色文化小镇创新生态系统培育动力的隐性影响因素。当地政府对本地文化的了解和认同会影响其对特色文化小镇创新生态系统培育工作的积极性。只有深入了解当地的文化资源，深入挖掘其文化内涵，并产生文化价值认同，才能激起对特色文化的保护、宣传、利用的热情，才能更加有力地推动特色文化小镇创新生态系统的培育。"国家和省市对特色文化小镇的资金支持是非常有限的，很多企业成为特色文化小镇的建设主体，靠的是企业家对文化的情怀。文化小镇不同于其他类别的特

---

① 纪芬叶：《文化产业创新生态优化与高质量稳定发展》，《治理现代化研究》2020 年第 4 期。

色小镇，其更加注重小镇文化内涵的凸显，文化价值的实现和居民的文化素养提升，而文化价值的实现是需要更长周期的，所以，我们也是非常佩服这些企业家。"（访谈者资料20230421GZZM）优秀的企业家只有具有强烈的文化情怀，才有对特色文化的深深敬畏，才能真正做到以社会效益为首，尊重文化的价值和规律，避免经济利益驱使和过度商业化。特色文化小镇的参与者只有对特色文化持有兴趣和热爱，才能更加有效地激发创新创业热情，更好地参与特色文化小镇创新生态系统的培育建设中。

（三）动力作用路径

特色文化小镇创新生态系统培育的动力源泉需要通过多种路径作用于特色文化小镇创新生态系统的培育实践。这种动力的显现和作用路径包括变革、承载、延续、传承、创新、转型等。古典自由主义经济学思想的代表，19世纪法国经济学家萨伊（Jean-Baptiste Say，1767—1832年）提出的"萨伊定理"指出一种供给创造需求的理论，供给方式的变革推动特色文化小镇创新生态系统培育和发展。供给和需求是产生消费的两个方面，也是促进经济增长的重要方面。以消费为主要驱动力的增长模式和以服务业为主体的经济形态是我国在经济结构中两个方面的主要变化。[①] 文化消费的个性化、差异化既形成了更加富有活力的需求潜力，又给文化消费供给带来了更大的挑战。"现在如果抓不住年轻群体，抓不住互联网平台，必将被时代淘汰，这就要求我们必须转变生产方式和销售方式，不然必将死路一条。"（访谈者资料20211128SXQM）"我们现在一方面在做传承，将宝贵的丰富的文化资源保护好利用好；同时，我们也在做创新，通过各类的体验活动、研学活动等做好传统文化内容的创新发展。"（访谈者资料20220329HNQM）特色文化小镇是文化生产供给侧改革的实践地，通过创造更多的、更加丰富的、更加多元的文化产品和文化服务供给，推动特色文化小镇创新生态系统培育建设，促进文化资源的价值实现。

二 强化支撑保障机制

特色文化小镇培育的保障支撑条件包括资源、政策、环境等多个维度，

---

① 胡鞍钢、周绍杰、任皓：《供给侧结构性改革——适应和引领中国经济新常态》，《清华大学学报》（哲学社会科学版）2016年第2期。

特色文化小镇的资源禀赋、各项政策制度以及硬环境和软环境等方面相互作用，共同形成特色文化小镇创新生态系统的支撑保障机制，如图 4-6 所示。

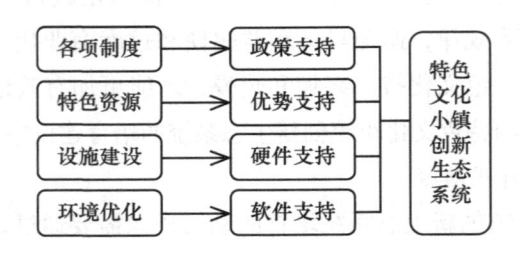

图 4-6 特色文化小镇创新生态系统支撑保障机制

（一）资源禀赋

赫克歇尔—俄林的资源禀赋理论，主要是围绕资本、土地、劳动力等要素研究资源禀赋，体现的比较成本优势在国际贸易和区域发展中表现出的重要作用。[①] 资源禀赋影响了技术变迁的方向，对农村的发展效益起到重要作用。[②] 从资源禀赋的角度来看，乡村可以分为资源禀赋优势型、资源禀赋平庸型和资源禀赋劣势型。[③] 文化资源禀赋是指在区域发展中形成的相对稳定的、具有独特特征的文化符号和文化要素的组合，是地方文化的精髓。动态型文化资源禀赋包括民俗生活、艺术表演、体育竞技，静态型文化资源禀赋包括历史遗存、工艺美术、自然素材、记载素材等。[④] 文化资源禀赋的稀缺性决定了特色文化小镇创新生态系统培育应该具有"特色文化根植性"，文化资源禀赋的差异性决定了特色文化小镇创新生态系统培育的"特色性"。特色文化小镇的文化资源禀赋包括了当地的历史文化资源、民风民俗等人文生态和地理环境、地貌、气候等特色自然环境。

特色文化资源禀赋是特色文化小镇创新生态系统的创新内核，是特

---

① Ohlin B, *Interregional and International Trade*, Cambridge: Harvard University Press, 1933, pp. 139-145.
② 林毅夫、沈明高：《我国农业科技投入选择的探析》，《农业经济问题》1991 年第 7 期。
③ 于水、王亚星、杜焱强：《异质性资源禀赋、分类治理与乡村振兴》，《西北农林科技大学学报》（社会科学版）2019 年第 4 期。
④ 李炎、杨永海：《资源禀赋与地方文化产业发展研究》，《中国名城》2018 年第 7 期。

色文化小镇创新生态系统培育的重要资源支撑。特色文化产业、特色文化资源、文化创意是特色文化小镇的主要资源类型，也是特色文化小镇创新生态系统依赖的不同创新资源。因此，依据文化资源禀赋的不同，特色文化小镇创新生态系统培育的资源支撑可以分为特色文化产业带动型、特色文化资源开发利用型和文化创意驱动型三类。一是，特色文化产业带动型。日本的"一村一品"、泰国的"一镇一品"都突出了地方特色产业的发展和带动。根据不同区域的产业基础，选择具有良好发展前景，具备扎实的产业基础的特色产业作为小镇的经济发展支撑，充分延长产业链条，丰富生产和消费业态、创造产业衍生产品和服务，形成完善的文化产业创新链条，壮大文化产业的实力，能够增强特色文化小镇的创新力，从而带动特色文化小镇的创新生态系统培育。"我们小镇由古琴的生产销售做起，不断延长产业创新链条，举办了古琴文化节、技能培训等相关衍生体验服务，积极与禅修、沉香种植、茶艺展示等相关产业融合，同时注重小镇生态环境的优化，现在这个村子山清水秀，风光宜人，同时建设了完善的古琴文化交流设施，完整的产业生态圈已经建立起来，从而带动整个小镇创新生态系统的建设。"（访谈者资料20230518FJQM）二是，特色文化资源开发利用型。历史文化事件、古迹、遗址等物质文化遗产资源，雕刻、刺绣等手工技艺、曲艺等非物质文化遗产都是特色文化小镇赖以生存发展的文化土壤和文化宝库。充分挖掘和利用当地的特色文化资源，并将其与现代消费理念和现代消费习惯相结合，做强文化景观、文化产品和文化体验，是以特色文化资源为资源禀赋的小镇创新生态系统培育的重点。"我们这里是丝绸文化的重镇，拥有敦煌深厚的文化资源，所以我们的创新生态是以这些文化资源为起点，充分展示和挖掘文化艺术资源、文化旅游资源、特色美食资源，在这个基础上进行不断创新，通过各种研学和体验活动推动文化资源的传承和创新，这是我们小镇重要的创新内核，是我们创新生态系统构建的核心价值，我们这里已经建立了丝绸之路非物质文化遗产传承创新（敦煌）基地、敦煌非物质文化遗产传习保护基地、甘肃省陇原巧手示范基地和酒泉市陇原巧手示范基地等。"（访谈者资料20230610GSZM）三是，文化创意驱动型。有些地区既没有较好的特色产业基础，又没有明显的特色文化资源，创新生态系统的创新内核就更应该侧重于创意，创意和设计能够促使特色文化小镇建设实现"无中生有"，通过引进和培育地方文化IP，不断丰富文化内容，塑造文化品牌，提升文化想象力，从文化定位、文化主题、文化业态、规划设计等方面进行创新生态系统的培育建设。"我们小镇是'无中生有型'的，从规划设计到主题定位，再到小镇运营，都是在政府的主导和帮助下，由企业整体设计和负责，已经形成了覆盖产业、旅游、教育、度假等多个方面内容的特色文化小镇。"（访谈者资料20220726GZQM）

（二）制度支撑

制度是特色文化小镇创新生态系统培育的重要支撑之一，主要包括正式制度和非正式制度两类。

从特色文化小镇的兴起开始，国家和省市地方政府，从财政专项资金、奖补资金、税收优惠、人才落地、土地指标、专项建设基金等方面制定了明确的政策，给予大力的政策支持，助力了特色文化小镇的创新发展。各项正式制度的支持为特色文化小镇创新生态系统的培育发挥着重要的基础性作用。各种对特色文化小镇的制度支持呈现出覆盖范围广、支持力度大等特点。从政策和制度目标来看，目的是更好地促进特色文化小镇创新发展；从政策和制度内容来看，涉及财政、金融、土地、文化、治理等多个领域的约束和规范；从政策制定主体来看，以各级人民政府、发展改革、住建等小镇主管部门为主。正式制度具有较强的规范性和执行力，能够保证特色文化小镇创新生态系统培育建设所需的基础条件保障。

与此同时，非正式制度对特色文化小镇创新生态系统培育和发展发挥着不可替代的保障支撑作用。特色文化小镇创新生态系统培育是依附于本土文化之上。本土文化的主体就是当地的居民，当地居民在长期的本地生产和生活中，形成了相对固定的生产劳作关系，建立了稳定的社交对象，具有较强的本土文化情结，他们在价值认同、行为习惯、观念意识等方面具有较强的思维惯性和行为惯性。非正式制度为特色文化小镇特色文化的活态传承提供了重要支撑，也为特色文化小镇的管理运营提供了隐性的强大支撑。"小镇以黄瓜的种植和衍生产品开发为主，长期以来形成了村民之间相互信赖、相互礼让的文明乡风，做事情能够从长远和大处着眼，正因为此，在小镇培育和建设过程中，村民们毫无条件地将自家的闲散用地交由集体统一管理，小镇的规划方案得到村民的认可，各项工作在村民的大力支持下顺利开展。"（访谈者资料20220321HBZW）

中央部委和地方政府制定的关于建设特色文化小镇创新生态系统培育的部分文件见表4-2、表4-3所示。

表4-2　　　　　　　　　中央部委制定的部分文件

序号	时间	文件	发布单位
1	2016.07	《关于开展特色小镇培育工作的通知》	住房和城乡建设部、国家发展改革委、财政部
2	2016.10	《关于推进政策性金融支持小城镇建设的通知》	住房和城乡建设部 中国农业发展银行
3	2016.10	《关于加快美丽特色小（城）镇建设的指导意见》	国家发改委
4	2017.01	《关于推进开发性金融支持小城镇建设的通知》	国家发改委 住房和城乡建设部
5	2017.01	《关于开发性金融支持特色小（城）镇建设促进脱贫攻坚的意见》	国家发改委 国家开发银行
6	2017.05	《关于推动运动休闲特色小镇建设工作的通知》	体育总局
7	2017.06	《关于组织开展农业特色互联网小镇建设试点工作的通知》	农业部
8	2017.07	《国家林业局办公室关于开展森林特色小镇建设试点工作的通知》	国家林业局
9	2017.07	《关于保持和彰显特色小镇特色若干问题的通知》	住房和城乡建设部
10	2017.12	《关于规范推进特色小镇和特色小城镇建设的若干意见》	国家发改委、国土资源部、环境保护部、住房和城乡建设部
11	2018.08	《关于建立特色小镇和特色小城镇高质量发展机制的通知》	国家发改委
12	2020.06	《关于公布特色小镇典型经验和警示案例的通知》	国家发改委
13	2020.09	《关于促进特色小镇规范健康发展意见的通知》	国家发改委
14	2021.09	《关于印发全国特色小镇规范健康发展导则的通知》	国家发改委等十部门

表 4-3　　　　　　　　　地方政府制定的部分文件

序号	时间	文件	发布单位
1	2016.09	《关于建设特色小镇的指导意见》	河北省人民政府
2	2016.09	《关于特色小镇建设工作的指导意见》	内蒙古自治区人民政府
3	2016.12	《江西省特色小镇建设工作方案》	江西省人民政府
4	2017.02	《关于培育创建江苏特色小镇实施方案》	江苏省发改委
5	2017.12	《关于支持文化类特色小镇建设的实施意见》	安徽省文化厅
6	2018.05	《关于规范推进特色小镇和特色小城镇建设的实施意见》	甘肃省发改委、国土资源厅、环境保护厅、住房和城乡建设厅
7	2018.10	《关于加快推进全省特色小镇创建工作的指导意见》	云南省人民政府
8	2019.09	《关于加快推动特色小镇和小城镇高质量发展的实施意见》	贵州省人民政府
9	2021.12	《关于促进特色小镇规范健康发展实施意见的通知》	四川省发改委

（三）环境支撑

环境既是特色文化小镇创新生态系统的重要组成部分，又是特色文化小镇创新生态系统需要的条件，这是特色文化小镇创新生态系统培育发展的重要支撑。

从特色文化小镇创新生态系统所处的硬件环境来看，小镇的交通路网建设、给排水系统、供暖系统、网络系统、垃圾处理系统不够完善，饮用水的安全性、土壤的安全性、空气的安全性有待进一步提升。"小镇现在通了从市里到这的公交车，游客明显增多了，虽然现在我们都有了私家车，但是，大学生、老人等群体还是会选择坐公交的。"（访谈者资料20220215HBJW）有些特色文化小镇所处地区周边紧邻高污染的化工厂，环境基础不佳，生态安全、人居环境有待进一步优化。同时，尽管国家和省市政府给予特色文化小镇大力的政策支持；但是其力度与小镇创新生态系统培育和高质量发展的需求之间存在较大差距，人才、人力、资金等要素的支持不够。只有相关的硬件设施和外部环境优化后，才能更好地吸引创新要素，形成良好的创新生态系统。"小镇起先以剧组入驻拍摄影视剧为主，之后不断完善基础设施和生活设施，改善小镇发展硬环境，完善的硬环境吸引了更多的影视人来拍摄，并促进了更多影视人在小镇的文化消费，带动了相关产业发展，促进形成了小镇良好的创新生态系统。"（访谈者资料20211123ZJQM）

从特色文化小镇创新生态系统所处的软件环境来看，小镇的价值认同、文化精神、创新氛围、社会信任、交流沟通、文化场景等发挥着重要的支撑作用。特色文化小镇创新生态系统的培育及发展是一个将本土的、相对封闭的、原生态的、模糊的文化资源和文化理念转化为开放的、创新的、鲜明的文化价值空间的过程。因此，特色文化小镇所处的文化环境的改善对特色文化小镇创新生态系统的培育和发展发挥着重要的支撑作用。比如，文化场景的构建，能够集中挖掘和展现小镇的文化元素，并在场景中促进文化交流，形成更加强烈的文化价值认同。"我们这里每周都会举行创意市集，大学生以及小镇的创客可以将自己的作品拿到市集上展示交流和销售，很多游客来这里或者是购买商品，或者是来发现人才的，并且，我们这个创意市集的摊位也是根据摊主的创新创意情况和销售业绩等情况来确定的，是一个动态调整的过程。通过这个创意市集，丰富了小镇的文化场景，提升了小镇的创新创造活力，对小镇创新生态系统构建具有很大的作用。"（访谈者资料20230525JXZM）场景理论认为，在便利的文化设施中蕴含的文化价值和生活方式对吸引多样化的人群具有聚集作用。咖啡馆、文化广场、影视播放厅等文化设施，不仅为小镇带来了更加丰富的硬件文化设施，也为小镇创造了利于交流的更加优质的文化软环境。创新火花的擦燃、创新理念的形成需要更多的交流场景，并促进人与人之间信任关系的建立。

三 优化运行管理机制

特色文化小镇创新生态系统运行管理机制是特色文化小镇创新生态系统培育机制的重要组成部分，没有好的运行机制，特色文化小镇的各类创新主体就难以实现更好的联结，影响创新要素的价值实现。特色文化小镇创新生态系统运行管理机制包括专业指导、数字赋能、系统运行、动态评价等着重点，如图4-7所示。

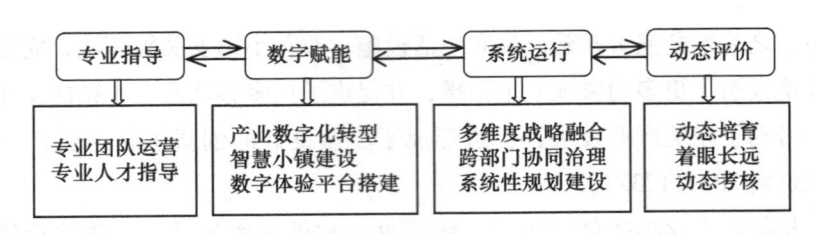

```
专业指导 ⇌ 数字赋能 ⇌ 系统运行 ⇌ 动态评价

专业团队运营    产业数字化转型    多维度战略融合    动态培育
专业人才指导    智慧小镇建设      跨部门协同治理    着眼长远
               数字体验平台搭建   系统性规划建设    动态考核
```

图 4-7 特色文化小镇创新生态系统运行管理机制

（一）专业指导

特色文化小镇根植于本土文化，既需要长期的、先天生长过程，同样需要后天的创新理念和创新思维，需要专门的设计和规划建设。特色文化小镇既带有城镇、乡村的历史阶段性，又具有园区、项目等的现实运作性。所以专业的团队是特色文化小镇创新生态系统培育机制的核心要素之一。"专业的事还是要专业的人来做，我们自己只能是片片甲甲的，看到的还是片面的，也把握不住市场，还是专业团队来做运营，视角就是不一样，效果也不一样，特别是创新生态，更是需要专业的团队来系统运营才行。"（访谈者资料20220123SDJW）专业设计团队需要深入了解小镇本土文化，在符合小镇生长规律的前提下，融入专业视角、专业理念和专业设计，使得小镇运营更具科学性和系统性。专业运营团队能够充分利用已有的营销管理经验和市场联结，吸引更多专业的创新主体，促进产业创新链条的延伸，提升产品或服务的品牌化和规范化。专业团队有利于形成更加专业的创新创意氛围，对参与小镇建设的人员进行理念、规律、建设模式、运行方式等内容的培训。专业团队可以为企业创新主体提供融资、市场推广等指导，促进形成合理的创新生态位；也可以为特色文化小镇创新生态系统提供技术支持。高校、科研院所在特色文化小镇设立了研发中心、孵化中心，促进了产学研的有效链接和结合，促进了小镇创新生态系统的建设。通过引入专业机构和专业团队，有效联结规划制定、创意设计、产业运营、建设运营、营销运营等环节，更好地提升特色文化小镇的专业化、品牌化、规范化水平，从而提升特色文化小镇的文化创新活力。

（二）数字赋能

数字化给特色文化小镇的培育发展带来了前所未有的挑战，同时也带来了新的契机。数字赋能是特色文化小镇创新生态系统运营机制不可或缺

第四章　特色文化小镇创新生态系统培育机制　　171

的价值理念，是特色文化小镇创新生态系统的重要创新手段；亟须与特色文化小镇创新生态系统的各主体紧密结合，才能实现特色文化小镇的开放协同创新，更好地适应现代经济社会发展新的需求。数字赋能对特色文化小镇的培育发展带来的契机主要有如下两点。

一是数字赋能特色文化产业创新发展。特色文化小镇往往是以传统文化资源的开发利用，或者传统文化产业为内容支撑，其生产多是传统的小作坊模式或封闭的厂房模式，销售多是面对面的店铺经营模式。随着生产和消费方式的变革，特色文化小镇中的文化生产需要充分与数字化相结合，借助互联网平台，加强与消费者需求的有效对接，实现个性化、差异化生产和内容创新，更好地满足现代生活方式的需要。"我们小镇的产业主要表现的是传统农耕文明的内容，符合那个年代的文化消费需求，现在如果不能实现文化内容的更新，不能充分实现数字化生产方式和表达方式的更新，是没有出路的。"（访谈者资料20220436HNJM）因此，只有通过更广阔的数字平台，加强对现代消费需求的调研，以顾客需求为导向，创新生产方式、销售方式和产品内容，才能提升特色文化小镇的产业创新能力，更好地营造开放创新生态。

二是数字赋能特色文化小镇智慧管理。特色文化小镇创新生态系统的高效运行离不开高质量的智慧管理体系。充分利用网络虚拟技术，建设数字博物馆、数字景区、数字游览，建设在线虚拟实景体验平台，丰富沉浸式的数字文化内容体验，建设网上预约、网上体验、网上展示、网上消费数字服务平台，扩大消费空间。"我们小镇实现了数字化管理服务平台，通过线上操作就能实现展馆的沉浸式体验，这也帮助我们度过了疫情几年来线下消费和游客骤减的冲击。"（访谈者资料20220328SCQM）"我们这有专门的语音导览，共享骑行服务，还与省里的智慧旅游系统建立了紧密的关联，创造了更便利舒适的游客体验条件，优化了小镇的创新环境。"（访谈者资料20220526YNQM）积极构建数字创新生态，激发数据创新活力，建设智慧化运行管理系统是特色文化小镇创新生态系统运行机制的必然选择。

（三）系统运行

特色文化小镇创新生态系统不是单一的创新行为，而是一个整体性的、系统性的、综合性的系统运行。创新主体之间的相互联结，创新环境的共生共融，创新效率的提升需要系统运营，系统思维和系统治理是特色文化小镇创新生态系统运行机制的内在要求。

第一，创新系统思维。特色文化小镇涉及要素多、工作广，因此，特色文化小镇创新生态系统培育更需要创新系统思维。创新基石理念是系统思维的重要体现，能够提升特色文化小镇创新生态系统的运行效率和创新效率。"我们村是省级贫困村，缺山、少水、没产业，县委县政府将优秀民营文化企业指向我们村，将发展特色文化小镇的理念植入我们村，村容村貌得到明显提升，也有了自己的特色产业，文化旅游也带动起来了，村民的收入也增加了，我们村子成了美丽乡村，这正是特色文化小镇带来的变化。"（访谈者资料20211010HBJM）充分利用乡村振兴的政策、资金、项目等各类要素资源，将空心村治理与土地整治、文化技能传承与乡村劳动力就业、特色文化产业发展与产业项目落地等有机结合，提升特色文化小镇的创新效率。"我们县不是将特色文化小镇建设当成某一个村庄的事情，而是形成了系统发展的思维，我们不仅有粮画小镇，还有黄瓜小镇、花木小镇、教育小镇，这几个小镇协同发展，共同规划建设基础设施、公共服务，一起组团打造文化品牌，形成了小镇发展的良好创新生态，大大提升了县域特色文化小镇创新发展的成效。"（访谈者资料20211109HBZM）当地政府的系统思维对特色文化小镇创新生态系统的培育起到重要的引领作用。无论是以文化旅游为主要内容的特色文化小镇，还是以特色文化产业发展为主要内容的特色文化小镇，都需要将文化旅游消费体验作为创新生态系统中的重点任务之一。通过建设道路、管网等基础设施做好基本发展环境建设，通过电视、新媒体等渠道做好品牌塑造和品牌营销，通过消费需求调研和文化消费升级做好文化吸引内核，实现特色文化小镇产业创新、文化创新、社区创新。

第二，强化系统治理。特色文化小镇承载着产业、生活、旅游、教育、文化等多项功能，因此，特色文化小镇创新生态系统的培育应该树立系统治理的理念。从整体规划来看，特色文化小镇创新生态系统培育应该与特色文化小镇规划建设方案有机融合，保证特色文化小镇创新生态系统建设的稳定性和长远性。"其实，我对特色文化小镇创新生态系统建设还没有很清楚的认识，通过你的介绍，我觉得特色文化小镇创新生态系统建设是系统的、长远的、整体的，它必须和小镇起初进行的整体规划融合在一起，立足长远，才能发挥好创新效果。"（访谈者资料20230629JXQM）

从日常运行来看，特色文化小镇创新生态系统运行涉及餐馆、酒店、民宿、景区、商铺、社区、卫生间、街道、交通、停车、文娱等多项创新链条服务内容。"我们小镇不仅有专业公司在运营，还有小吃街协会、酒吧街协会来负责日常运营，同时，我们还有学生监督团，在参与小镇环境整治、居民文明素养监督等过程中，形成了一种多方参与的系统治理的机制。"（访谈者资料20220624SXQM）因此，特色文化小镇创新生态系统培育应该建立一套覆盖全面、衔接有效、链条完整的日常运行管理机制，保证特色文化小镇创新行为的产生和创新过程的顺利进行。特色文化小镇创新生态系统培育有待建立相互协同的、整体性的、系统性的运行管理机制，促进特色文化小镇创新生态系统的上下协同、内外协同和左右协同。

（四）动态评价

评价机制是特色文化小镇创新生态系统培育建设的指挥棒，动态评价是符合特色文化小镇发展规律，促进特色文化小镇创新生态系统质量提升的有效工具。建立动态评价的机制需要以下过程。

一是树立整体动态培育理念。从整体上来看，不搞数量和期限限制，因地制宜，突出特色，实现从数量目标到质量目标的转换。特色文化小镇应该是重质量而非重数量，特色文化小镇创新生态系统的质量决定了特色文化小镇的发展质量。从培育支持方式来看，注重实现从短期到长期、从前期到后期的转换，创新思维，建立长效支持机制。

二是科学设置全面评价指标。首先，要有既符合城镇和乡村发展规律，又符合当地文化特色和发展实际，共性与个性相结合的指标体系。在前述研究中，由创新主体、创新条件、创新方式、创新环境、创新过程、创新成效等指标组成的特色文化小镇创新生态系统评价指标体系，对评价特色文化小镇创新生态系统质量树立了较为科学和客观的标准。其次，要处理好短期发展指标和长期发展指标的关系，例如文化企业数、消费者反馈平台数等属于短期评价指标；文化素养提升、文化品牌塑造属于长期评价指标。最后，要做到硬指标和软指标相结合，产业发展、就业增长等属于硬指标，文化人才参与、文化专利取得等属于软指标。

三是建立长期动态评价机制。对特色文化小镇创新生态系统的支持适当减少短期激励政策支持，鼓励采取倾向于长远的期权式、分阶段式奖励等支持政策。将支持力度与培育效果密切结合，避免无效投资和盲目投资，减少资金、政策的浪费，开展政策绩效评估，准确客观评价支持政策产生的实际效果，提高特色文化小镇创新生态系统培育实效。通过对特色文化小镇创新发展质量的考核建立动态调整机制。"我们对前两年申报立项的小镇进行了考核评估，分为优秀、合格、不合格三类，对于不合格的小镇拟进行清退，这种动态调整机制能更好地激发特色文化小镇的创新动力。"（访谈者资料20230519AHZW）

四 畅通价值共创机制

创新生态系统的重要活动是开放式创新。[1] 特色文化小镇创新生态系统培育以特色文化小镇创新生态系统的构建为直接目标，通过开放式创新促进创新生态系统各参与主体之间相互协作，实现价值共创。[2] 戴亦舒等人通过对腾讯众创空间的研究，认为处于创新生态系统之中的各个参与主体通过相互之间的开放协作，满足各自价值获取的目的，从而实现整个创新生态系统的总目标，在这个过程中实现价值共创。[3] 特色文化小镇创新生态系统培育机制离不开基于开放式创新的价值共创，或者可以说价值共创机制是特色文化小镇创新生态系统培育机制的重要组成部分。研究借鉴"动机—行为—结果"的价值共创逻辑，[4] 以及"因素—过程—结果"的分析框架，[5] 建立特色文化小镇创新生态系统价值共创机制。该研究以特色文化小镇的开放式创新为基础，以"价值共创的主体——价值共创的动机——价值共创的行为"为主线建立特色文化小镇创新生态系统价值共创机制，如图4-8所示。

---

[1] Chesbrough H, "The market for innovation: Implications for corporate strategy", *California Management Review*, Vol. 49, No. 3, 2007.

[2] Ritala P, Agouridas V, Assimakopoulos D, et al. "Value Creation and Capture Mechanisms in Innovation Ecosystems: A Comparative Case study", *International Journal of Technology Management*, Vol. 63, No. 3, 2013.

[3] 戴亦舒、叶丽莎、董小英：《创新生态系统的价值共创机制——基于腾讯众创空间的案例研究》，《研究与发展管理》2018年4月。

[4] 全飘、周洁如：《基于用户参与的在线旅游社区品牌价值共创机制研究——以马蜂窝为例》，《管理现代化》2021年第4期。

[5] 苏涛永、王柯：《数字化环境下服务生态系统价值共创机制——基于上海"五五购物节"的案例研究》，《研究与发展管理》2021年第6期。

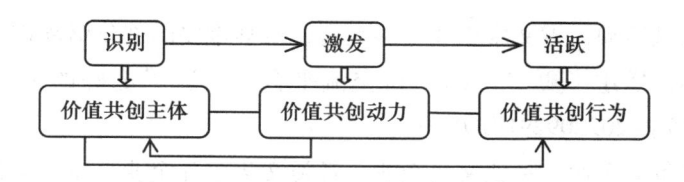

```
识别 → 激发 → 活跃
价值共创主体 ← 价值共创动力 → 价值共创行为
```

图 4-8　特色文化小镇创新生态系统价值共创机制

（一）价值共创的主体

在创新生态系统中，创新主体的识别和参与至关重要。多元主体的参与是价值共创的内在要求。创造价值的不仅是企业，还包括消费者、员工，并且这个过程是以消费者为中心。[1] 特色文化小镇的培育建设涉及多个方面，因此，特色文化小镇创新生态系统的价值共创机制的建立首先要进行主体识别，找出在特色文化小镇创造价值的过程中发挥作用的重要主体，并厘清各不同主体的联系和区别，明确发挥作用的着重点。其重要主体包括以下几点。

一是各级政府。阿巴·勒纳（Abba Lerner）在《管制经济学》中提出，政府能够比市场做得好，因此市场的管理和经济的发展离不开政府的管制。政府不仅要发挥作用，更要发挥积极作用，实现有所作为的政府。[2] 政府价值创造主要是依靠制定并实施正式制度支持特色文化小镇的培育和发展来实现，其在规划引导、公共设施建设和公共服务提供中完成对特色文化小镇创新发展的价值创造。"建设特色文化小镇首先还是得需要政府的引导作用，特别是在前期规划和基础设施建设这块，主要得依靠政府的支持，只有把这些基础性建设做好了，才能吸引创新人才来到小镇，才能有良好的创新环境。这几年，县政府专门为小镇的建设修了路，通了气，做了很多基础工作。"（访谈者资料20221029SCQM）"县委县政府、市委市政府，还有省发改、省文旅等职能部门特别重视我们小镇的建设，不仅有财政、土地、税收等方面的政策支持，还有更多的宣传、报道、交流平台的搭建等方面的帮助，给了我们运营小镇的信心和温暖，文

---

[1] Prahalad C K, Ramaswamy V. Co-creation Experiences: The Next Practice in Value Creation [J]. *Journal of Interactive Marketing*, Vol. 18, No. 3, 2004.

[2] 林毅夫：《中国经验：经济发展和转型中有效市场与有为政府缺一不可》，《行政管理改革》2017年第10期。

化惠民采风活动、省文旅产业发展大会、市县重要的文化活动都安排在这里，为小镇搭建了更丰富的创新交流平台，创造了更好的创新条件。"（访谈者资料20220929HBQW）

二是各类企业。特色文化企业、各类文化服务企业是特色文化小镇创新生态系统价值共创的重要力量，是其他主体发挥价值创造的纽带。特色文化企业在文化产品生产中实现产品的价值创造，文化服务类企业在提供文化消费基础服务和文化消费体验中实现服务的价值创造。"我们小镇的成长过程可以说就是金音乐器不断发展壮大的过程，企业的创新发展为小镇的衍生产品和服务以及业态的丰富提供了经济支撑，同时为小镇的创新发展奠定了坚实的文化基础。"（访谈者资料20211026HBQW）"这样一个全国知名的大企业成为小镇的建设主体，为小镇的规划设计、文化定位、功能布局、资金投入提供了强大的支撑，是小镇创新生态系统构建的支柱力量。"（访谈者资料20210623GZZM）企业创新与特色文化小镇创新生态系统培育息息相关。

三是当地居民。特色文化小镇创新生态系统不能摒弃原生的人文生态，不能离开活态的文化传承，离开了本土居民的参与和创新，就不能取得长远和持久的发展。当地居民在文化延续、遗产继承、技能开发、小镇管理中发挥重要作用。"我儿子在小镇开了创意体验店，儿媳在工厂上班，我参加了咱们小镇的农民乐队，我们一家子都很开心，干劲十足，能够感受到咱小镇的骄傲和自豪。"（访谈者资料20220709HBJW）充分激发当地居民的创新动能和潜能，是特色文化小镇创新生态系统的活力之源。

四是消费者。特色文化小镇的价值创造需要文化生产者和文化消费者的互动，无论是文化产品的享用，还是文化景观的游览，还是文化情景的体验，都需要消费者的不断参与和反馈，文化生产与文化消费的交互融合是特色文化小镇创新生态系统价值创造的过程。调查访谈资料显示，很多特色文化小镇都建立了消费者反馈平台，消费者是特色文化小镇重要的创新主体，在特色文化小镇创新过程中发挥着重要的作用。

五是社会组织。社会组织在特色文化小镇创新生态构建和价值创造中发挥着润滑剂的作用。"我们小镇已经建立了全国书画研究院，并且有三大民间支持体系，文化行业协会支持体系、书法家和美术家协会支持体系、画廊协会支持体系，这为小镇的发展注入了强有力的创新活力，成为小镇重要的创新力量,也为小镇创新生态系统培育发挥着重要作用。"(访谈者资料20230615SDQM)青年服务中心、创业联盟、商会、非物质文化技艺传承中心、行业协会等社会组织为特色文化小镇的产业创新、服务创新、业态创新发挥出智库服务和联结纽带的作用。

(二)价值共创的动机

特色文化小镇创新生态系统价值共创的整体动机是优化创新生态,实现特色文化小镇的持续创新。从企业供给、用户消费、环境优化的角度可以将特色文化小镇创新生态系统价值共创的动机分为生产者供给需求驱动、消费者消费需求驱动和空间优化需求驱动三类。

一是生产者供给需求驱动。特色文化小镇的生产不同于传统工业厂房的生产,其生产的产品内容更加侧重于精神需求,生产方式更加开放。特色文化小镇是一个综合文化生产空间,生产者供给已经突破了厂房、运输、消费的供给链条,更加要求消费者主体的参与和体验,使得生产者获得更加强烈的价值认同感和文化归属感,以不断增强生产自信,改进生产,促进创新的不断生成。"我们入住小镇以来,最大的感受就是生产供给更加灵活,更加贴近市场了,过去在园区、在厂房只是关注到我们的生产环节;现在在小镇,有持续的消费者可以走进来,我们也开放了生产车间,这更增强了我们创新的意识和动力,更加注重生产的体验性,现在我们更注重与消费者的互动,创新的思维更灵活,创新意识更强,产品创新和服务创新能力也得到了提高。"(访谈者资料20230506CQQM)因此,特色文化小镇的生产者迫切需要建立企业、商家、消费者、体验者之间的共同参与和协同创新的机制。

二是消费者消费需求驱动。特色文化小镇对消费者的最大吸引力在于特色文化,特色文化消费品可以是特色文化商品,也可以是特色文化体验。追求特色文化消费体验是消费者对特色文化小镇的消费需求偏好和消费需求导向。消费者不断寻求更加高级的体验消费愿望驱动消费者来到特色文化小镇感受更多的文化元素,获得更强烈的文化休闲体验。"我们来到小镇,追求的是特色的文化消费体验,而不是文化产品的购买,单纯文化商品我在商场和网上就能买到,来到这儿,我们需要的是文化场景的体验,是与文化生产的互动,与当地居民活态文化习俗的贴近,希望感受到自然的、真实的小镇文化环境。"(访谈者资料20220719HBYW)这就要求特色文化小镇进一步创新文化生产场景和文化消费场景,深度展示文化内核,创新文化消费业态,建立一种生产供给与消费体验之间的互动机制,形成良好的创新生态,在互动创新过程中实现价值的共创。

三是空间优化需求驱动。特色文化小镇是生产空间、生活空间、生态空间的集成,每一个空间的建设都不是简单的个体行为,都需要共同的价值创造。生产空间优化要求经济价值的共创,需要技术创新、生产创新、宣传营销创新共同完成价值的创造和实现。生活空间优化要求社会价值的共创,需要房屋建造、居民生活、设施建设、服务完善共同完成生活价值的创造和实现。生态空间优化要求生态价值的共创,需要排污治污、绿化美化共同完成生态价值的创造和实现。因此,空间优化需求驱动特色文化小镇不断丰富创新要素,培育多元创新主体,形成更加有效的创新方式,建立优质的创新生态系统。

(三) 价值共创的行为

多主体之间价值共创的行为是指多样的利益相关者通过相互之间的交互行为产生并实现价值的过程。[①] 特色文化小镇创新生态系统的价值共创行为是在共创动机的驱动下,各个创新主体之间相互交互、相互作用,促进特色文化资源的文化价值、经济价值、生态价值等综合价值的创造和实现过程。特色文化小镇创新生态系统价值共创的实现主要是通过协作、共享、重构等作用机理完成。

其一,协作。价值共创过程的重点是通过多主体之间的相互参与和各类资源的交换,实现商品或服务的使用价值和情境价值。[②] 特色文化小镇创新生态系统价值在共创过程中,政府、企业、居民、消费者等各类创新主体之间相互联结、动态互动。特色文化小镇创新生态系统中的协作可以分为块状协作和链式协作,块状协作是不同创新主体之间的资源配置和相互合作,链式协作是同一类创新主体之间的上下游协作和程序流程协作。特色文化小镇主管部门之间相互协作,上下级政府之间相互协作,形成

---

① Gouillart F. J. , "The Race to Implement Co-creation of Value with Stakeholders: Five Approaches to Competitive Advantage", *Strategy & Leadership*, Vol. 42, No. 1, 2014.

② Vargo S. , Lusch R. , "Institutions and Axioms: An Extension and Update of Service-dominant Logic", *Journal of the Academy of Marketing Science*, Vol. 44, No. 1, 2016.

"整体"政府，政府与企业之间相互协作形成"有效"政府。"我们的经验做法是发挥好政府的引导作用，企业的主体作用，我们每一个小镇都有一个企业投资建设主体，并且，非政府投资不低于70%。同时，我们构建了协同联动机制，省级相关部门协同，地市级政府做好纽带，县级政府抓落实压实责任，通过相互协作，促进小镇的协同创新。"（访谈者资料20231116ZJZM）

其二，共享。共享既是共创的结果，也是共创的行为路径。特色文化小镇创新生态系统价值共创行为中的共享包括资源共享、平台共享、利益共享等方面。资源共享是通过资源要素的整合，不同创新主体共同享用并利用资源进行价值创造。例如，特色手工技艺既是小镇特色文化企业生产创造的重要资源依托，也是当地居民改善生活、创造就业的本领。平台共享是通过建立专业的开发运营平台，将特色文化小镇的信息、产品、服务集中整合和运营，达到价值共创共享的目的。例如，依托数字技术建立的特色文化小镇创新生态系统数字运营平台和智慧管理平台有效促进了价值共享与共创。利益共享是通过创新投融资机制和利益分配机制，实现价值的最大化，达到参与主体的利益均衡。"我们通过要素资源的共享和发展平台的共享，充分调动各个创新主体的积极性，促进他们之间的共享协作，逐渐实现了小镇的多方共生共赢，比如产业升级与双创空间建设的共生，小镇历史与小镇文化的共融，文化产业与旅游产业的共赢等。"（访谈者资料20221201JSZM）

其三，重构。特色文化小镇创新生态系统的价值共创行为是立体的、交互的、多元的要素之间相互联结，并不断解构和重构的过程。空间重构是特色文化小镇价值共创实现的重要行为路径。一方面，它通过数字化应用实现从物理空间到网络空间的重构，特色文化小镇中的生产者、消费者不需要实地建厂或实地消费就可以实现文化产品的创作、生产、销售和消费；另一方面，它通过专业运营和整体营销实现从有限空间向无限空间的重构，通过现代传媒技术，打破规模承载力制约，增强原创性演艺作品、体验型文化服务产品等文化服务产品的规模效应和贸易效果，促进特色文化小镇的价值共创。"我们小镇之所以能在几年疫情防控常态化背景下，没有被打垮，没有受到特别大的冲击，一个重要原因就是，我们充分利用数字化技术，与B站、虾米音乐等互联网内容平台合作，开发了很多原创音乐内容和音乐产品,这就突破了传统的到小镇现场参与的物理空间制约,实现了从有限空间到无限空间的拓展,转变了小镇的创新方式,提升了小镇的创新发展能力。"(访谈者资料20230427HBQW)通过重构物理空间、社会空间、价值空间,特色文化小镇创新要素能够实现共创共赢,特色文化小镇创新生态系统获得高质量发展。

第 五 章

三类特色文化小镇创新生态
系统构建及培育案例

本章从全国范围内重点选择了三个特色文化小镇进行典型案例重点分析，在地域分布上，覆盖了我国东中西部不同区域；在类别上，包括了创意设计类、文化旅游类、三产融合类三类特色文化小镇。按照特色文化小镇创新生态系统理论内容和培育机制，对典型特色文化小镇进行深入研究，进一步验证和反思特色文化小镇创新生态系统理论体系，有助于将特色文化小镇创新生态系统理论更好地与实践相结合。

第一节 以"三产融合"激发创新动能
——嘉善巧克力甜蜜小镇

嘉善巧克力甜蜜小镇坐落在长三角生态绿色一体化发展示范区内的嘉善县大云镇，位于沪、杭、苏、甬四大城市的交会点，是浙江距离上海最近的一个特色文化小镇。小镇总规划面积3.87平方公里，核心区建设面积0.99平方公里，是嘉善县根据长三角一体化国家战略倾力打造的长三角生态休闲旅游度假区板块内的核心区域。小镇于2015年被列入浙江省特色小镇创建名单，于2019年9月获得浙江省特色小镇正式命名。

嘉善巧克力甜蜜小镇创新条件处于优势地位，因此把该小镇归结为创新条件优越型特色文化小镇。嘉善巧克力甜蜜小镇以旅游业的发展为媒介，走出了一条旅游+农业、旅游+工业、旅游+服务业的三产融合创新的发展道路，属于三产融合类特色文化小镇。同时，嘉善巧克力甜蜜小镇位于浙江省嘉兴市，从地域分布上来看，属于东部地区特色文化小镇的代表。嘉善巧克力甜蜜小镇借助优越的创新条件，构建了自身的创新生态系统，取得了较好的创新效应。

一 做足"旅游+"的三产融合创新

农业旅游、工业旅游和休闲旅游体现了文化的蕴意，提升了特色文化的价值，因此，三产融合类是特色文化小镇的重要类型之一。嘉善巧克力甜蜜小镇走出了一条"旅游+"的特色创新之路，把旅游作为一根红线引领产业融合发展，催生了农业旅游、工业旅游等特色旅游产业，实现了"以旅游集聚产业，以产业支撑旅游"的产业培育目标。在近十年的建设过程中，嘉善巧克力甜蜜小镇不断创新发展理念，以旅游为媒，不断拓展创新价值载体，形成了旅游+农业的水乡风光、旅游+工业的巧克力生产制作、旅游+休闲的温泉体验等特色化旅游项目。目前小镇内共拥有碧云花园、歌斐颂巧克力、云澜湾温泉等多个4A级景区和省级3A级景区村庄缪家村等。2023年前三季度，嘉善巧克力甜蜜小镇旅游收入约为4.1亿元，带动了所在的大云镇的旅游业发展，大云镇的旅游收入约占财政收入的80%。

（一）旅游+农业

碧云花园是一片一望无际的花海，其中点缀着荷兰风情的建筑，游客可以到杜鹃山纵览碧云花园全景，也可以到生态休闲区的草地运动拓展中心、特色农业景观区、培训餐饮休闲度假区，感受生态草地、采摘葡萄、欣赏花卉、观赏热带植物。

（二）旅游+工业

歌斐颂巧克力工厂不仅有巧克力的生产制作设备和工艺，还处处弥漫着巧克力文化。除了能参观巧克力生产的全过程，还可以体验"可可神奇之旅"，观察巧克力从一棵树、一粒豆开始变化的神奇旅程，可以学习、品尝、制作各种口味的巧克力。小镇还建有巧克力乐园，吸引了许多孩子和家长参与体验。在一条巧克力文化长廊中，有关可可的历史、种植、运输、加工以及巧克力制作的生产流程通过图文、声像、画等多种科技手段形象地呈现在游客眼前，传播了巧克力的知识，体现了巧克力的特色文化。

（三）旅游+休闲

云澜湾温泉是以温泉开发的温泉休闲度假旅游特色项目。云澜湾温泉被称为"美人温泉"，不仅是因为温泉中富含对身体有积极作用的矿物质元素，更是因为小镇"更好地服务女性消费"的创意创新理念。云澜湾的"美人温泉"立足于女性的需求，抓住女性消费者这一消费细分领域，做到服务周到、服务精致，创新设计了从美容护肤到健康养生，再到心理交流的一系列服务，建设了女性消费的文化场景，体现了"把你宠上天"的服务理念。

（四）旅游+乡村

特色文化小镇讲求的是生产、生活、生态的融合创新，着眼于提升当地居民的收入水平，提高居民的生活品质，优化居住、生活和生态环境。在嘉善巧克力甜蜜小镇的创新发展过程中，受益最大的是当地的居民。缪家村是巧克力甜蜜小镇的核心区域，现有农户1038户、户籍人口3358人；村党委下设六个党支部，现有党员139名；2022年村集体经济收入1480万元，村民人均可支配收入5.6万元。缪家村得益于"旅游+"的特色发展道路，在农业价值、工业价值、服务业价值提升的过程中，获得了发展的良好契机，走出了一条特色文化小镇引领下的乡村振兴的"甜蜜幸福之路"，成了"初心筑梦地，甜蜜共富村"。

环境共生是特色文化小镇创新生态系统构建的基本逻辑。农业资源和注重旅游是嘉善县的比较优势，旅游业收入占到嘉善县财政收入的80%。巧克力甜蜜小镇的发展与区域整体发展规划紧密结合，提升了创新发展效率。2021年嘉善县启动长三角生态休闲旅游度假区城市设计，强调建设以嘉善巧克力甜蜜小镇为核心的长三角生态休闲旅游度假区，把小镇及周边37.79平方公里的区域进行整体规划。同时，将以特色文化小镇为核心的12.79平方公里区域作为省级旅游度假区并创建国家级旅游度假区，进一步发挥特色文化小镇引领带动周边发展的作用。

二 借助多元复合创新条件

在对特色文化小镇创新生态系统评价过程中，创新条件包括了省市县政府对特色文化小镇的财政支持、金融资本、社会资本、地方政府的政策支持等可量化指标。同时，发展理念、文化基因、创新氛围是重要的非量化创新条件。嘉善巧克力甜蜜小镇在重点调查分析的 12 个特色文化小镇中，创新条件得分较高，位居第二，创新条件更显优越。其原因包括以下几个方面。

（一）强大的创新文化基因

嘉善巧克力甜蜜小镇位于浙江省嘉兴市，具有良好的创新环境和创新基因。浙江省是全国的经济大省，区域经济发展水平走在全国前列，但是，省域资源优势并不明显。浙江省之所以取得良好的发展成绩，更大程度上得益于其敢为人先、敢于创新的精神。创新精神和创业精神是浙江精神的主要内容。习近平总书记在担任浙江省委书记期间多次提及浙江精神。2003 年，他指出，浙江在历史上是各种文化交汇融合之处，在改革开放中孕育和造就了"自强不息、坚韧不拔、勇于创新、讲求实效"的浙江精神。尊重创新、注重创新、勇于创新是浙江省重要的发展基因。

特色文化小镇的实践源于浙江并取得良好的成绩，与浙江文化的长期浸润息息相关。浙江省的创新思维源于想方设法地满足人民群众的生产和生活需求，而特色文化小镇追求的主要目标也是提升产业发展效率、拓宽就业途径、提升生活品质、改善生态环境、促进城乡协调发展。特色文化小镇注重自下而上的草根创新，这与浙江省注重基层创新的理念和实践相一致。同时，特色文化小镇的创新发展与浙江省注重发挥市场作用高度相关，创业和创新既是浙江创新文化的内核，又是特色文化小镇创新发展的内在基因。

（二）鲜明的目标消费群体

用户导向是特色文化小镇创新生态系统理论的一条基本逻辑。只有充分地调查研究用户的需求，做好消费者市场细分；才能更好地顺应市场，创造实现更高的社会价值和经济价值。嘉善县是全国综合实力百强县之一，是全国唯一一个"县域科学发展示范点"，位于苏浙沪两省一市交界处，长三角城市群核心区域，形成了至上海、杭州、苏州、宁波等城市一小时到达的交通网络，实现"一小时经济圈"。2010 年京沪高铁通车之后，嘉善站到上海虹桥机场仅需 16 分钟，到杭州东站仅需 22 分钟。苏嘉甬高速公路竣工之后，嘉善成为全国为数不多的镇镇通高速地区。嘉善巧克力甜蜜小镇位于嘉善县大云镇，拥有明显的区位优势和便捷的交通条件，这为小镇的发展创造了良好的市场条件。嘉善巧克力甜蜜小镇将消费目标区域定位在上海、杭州和宁波，特别提出紧紧抓住上海的消费群体，做好上海的文化消费后花园。在小镇的宣传营销、产品设计、活动安排等方面加大对上海消费群体的影响。小镇生产的歌斐颂巧克力在上海等长三角地区的多家连锁直营店售卖，并积极拓展节日专款、婚庆喜款等满足不同消费群体的需求。小镇针对目标客户群积极拓展了研学游、亲子游等项目，收效良好。

（三）独特的文化资源

大云镇具有良好的自然条件和特色优质资源，水乡、温泉、鲜花、瓜果等是巧克力甜蜜小镇创新发展的重要基础条件。大云古名蓉溪，又名净云。大云境内有一条长达十里的小河，名叫蓉溪，又叫十里蓉溪，镇名由此而来。后来因为大云是典型的江南水乡风貌，蓉溪改名为"十里水乡"。"十里水乡"是大云的母亲河，也是大云和巧克力甜蜜小镇独特的水资源。嘉善没有崇山峻岭，却有一口好泉。早在元代就极负盛名，号称"天下第七泉"。2007年，"嘉热2号"在杭嘉湖平原首次成功打出温泉。2008年，浙江省国土资源厅正式对外宣布："这是杭嘉湖地区首次成功打出温泉，也是在长三角地区平原上首次发现温泉。"巧克力甜蜜小镇的价值内核之一就是温泉，云澜湾温泉是巧克力甜蜜小镇的核心项目之一。改革开放以来，鲜切花和大棚蔬菜瓜果成为大云的特色产业。大云年产鲜切花数量占到中国鲜切花总量的3%左右，品种丰富多样。尤其是杜鹃花的栽培历史悠久，是嘉善县的县花，杜鹃花的栽培和造型技艺是巧克力甜蜜小镇重要的文化遗产资源。同时，多种多样的瓜果蔬菜成为上海的"编外菜篮子"。鲜切花和瓜果蔬菜等农业产业资源优势为碧云花园的建设发展奠定了扎实的基础。除此之外，嘉善人袁了凡（1533—1606年）倡导的"善文化"也是巧克力甜蜜小镇的特色文化因子。

三 完善文化 IP 创新链条

嘉善巧克力甜蜜小镇虽以巧克力命名，但并不是以巧克力生产为单一内容的小镇，而是聚合了甜蜜文化主题下多种产业的特色文化小镇。挖掘提炼"甜蜜"主题、创新大云文化 IP 形象、宣传小镇的文化理念和口号、营销推介特色文化活动和产品是巧克力甜蜜小镇的价值实现路径。

（一）挖掘提炼甜蜜文化主题

鲜明的文化主题是特色文化小镇价值生成的基本前提。巧克力甜蜜小镇以巧克力命名，但不只有巧克力。巧克力代表的是一种甜蜜的文化，"甜蜜"文化是巧克力甜蜜小镇的特色文化内核。旅游＋农业、旅游＋工业、旅游＋服务业、旅游＋乡村，形成了碧云花园、歌斐颂巧克力、云澜湾温泉、缪家村等巧克力甜蜜小镇的核心项目。怎样提炼这些核心项目的特色文化主题是巧克力甜蜜小镇建设初期需要认真思考的首要问题，因为没有鲜明的特色文化主题就没有特色文化小镇发展的核心力量。巧克力甜蜜小镇紧紧围绕核心项目，从巧克力、花海、温泉、水乡、农庄、婚庆等元素中挖掘出"甜蜜"文化主题，找准小镇发展定位，形成了"旅游＋"的甜蜜产业生态链条，从"巧克力是甜的""爱情是甜的""鲜花是甜的""瓜果是甜的""生活是甜的"等多方面凸显小镇的"甜蜜"文化特色。巧克力甜蜜小镇和大云镇联合开发文化 IP 形象和品牌宣传口号，"来大云，行大运""大云把你宠上天"成为大云和巧克力甜蜜小镇的宣传文化理念。

（二）开发云宝文化 IP

完善文化 IP 成长链条是特色文化小镇创新生态系统创新链条的有机组成部分，没有文化 IP，特色文化价值就难以被充分挖掘和利用。2017 年巧克力甜蜜小镇迈出了品牌 IP 化的第一步，在上海进行了大云巧克力甜蜜小镇的旅游品牌发布会。巧克力甜蜜小镇立足大云的地域品牌特征以及"甜蜜"文化主题，开发了文化 IP 云宝，设计了旅游卡通形象，用可爱、甜蜜的形象塑造和传播了巧克力甜蜜小镇的特色文化。2017 年 7 月，首批组团的 100 个家庭来到巧克力甜蜜小镇进行了两天一夜的甜蜜之旅，每一个参与者感受了甜蜜的气息。接着小镇启动了《Follow 蜜》网综第一季，推出微博账号、微信公众号"云宝甜蜜说"，定期更新内容，打造云宝形象，启动云宝事件营销活动，进一步扩大云宝的影响力。2019 年奇趣探险动画片《甜蜜特攻队》在上海哈哈炫动黄金档首播，云宝 IP 荣获"2019 浙江文化和旅游推广和创新优秀案例"奖。小镇围绕明确的目标用户群体，在上海、杭州、苏州等地开展了"云游四海"系列活动，增强云宝的市场知名度。同时，云宝被送进了幼儿园、学校、社区，吸引力明显增强，公仔、T 恤、茶杯、抱枕等一系列的文创产品丰富了巧克力甜蜜小镇的文化价值载体。

（三）提升云上宣传

特色文化小镇创新生态系统构建要注重数字应用逻辑。巧克力甜蜜小镇充分利用"甜蜜"文化主题，结合云宝形象，建设了多样的云上文化场景，实现了良好的数字文化价值。巧克力甜蜜小镇打造了新媒体矩阵，运营大云旅游度假区和甜蜜大云公众号、视频号、抖音、微博及小红书，2022年设计海报114张、折页1本，制作宣传片3部，发布图文419篇，视频83个，新闻通稿63篇，传播覆盖《浙江日报》和《嘉兴日报》头版、中国网、腾讯新闻等。启动云上生活系列专题，推出"四季大云""大云图鉴""假期去哪儿"等专题性宣传。季节性限制是很多特色文化小镇创新发展中遇到的常见问题，巧克力甜蜜小镇以秋日乡甜艺术季、冬日温暖奇遇季、二十四节气、郁金香和樱花艺术节等为主题，实现全季旅游。通过打造独具特色的IP形象和较高辨识度的文化特色活动，嘉善巧克力甜蜜小镇完善了特色文化IP的成长路径，丰富了"甜蜜"文化内容。

四 突出民营企业创新能动性

民营经济发达是浙江省经济发展的显著特色，对浙江省的省域发展起到至关重要的作用。尊重创新、鼓励民营企业家创新是浙江省特色文化小镇取得先行经验的主要原因。在浙江省的特色文化小镇发展过程中，民营企业家发挥了强大的作用。巧克力甜蜜小镇的发展正是因为一批具有家乡情怀的优秀民营企业家的创意创新，没有这些民营企业的不断创新，就没有巧克力甜蜜小镇的发展。

（一）歌斐颂"为爱而归"莫雪峰

2004年，已过不惑之年的莫国平辞去了外企职业经理人的职位开始自主创业，一手创办了浙江恒丰包装有限公司，该公司不久就成长为行业中的龙头企业。莫国平非常重视对儿子莫雪峰的培养，莫雪峰从国内审计专业的本科毕业后出国深造，到美国波士顿大学攻读金融学专业硕士研究生。从小父亲工作忙，母亲经常给父亲身上带些巧克力，而莫雪峰自己也非常爱吃巧克力。到了国外之后，他经常买好吃的巧克力寄给家人。莫雪峰毕业时想留在国外工作，但是父亲想让他回来继承父业，莫雪峰提出条件，如果回国，得让他做自己喜欢的事情。出于对儿子的爱，莫国平答应了。对于莫雪峰而言，巧克力不仅代表着"甜蜜"，更代表了是全家人的爱。在国外学习期间，莫雪峰深入了解了被称为"世界上最甜蜜的小镇"好时小镇，到瑞士、比利时、荷兰等地考察了巧克力工厂，深入研究了国内巧克力市场，认为巧克力在国内具有较大的市场空间，但是国人对巧克力文化的了解和认同不足。于是，他回国后下决心开始发展巧克力事业，推广巧克力文化；他从瑞士引进了国际一流的生产设备，建成了顶级巧克力生产线，建设了以巧克力文化为核心的文化创意项目，巧克力甜蜜小镇应运而生。

（二）碧云花园"辛勤园丁"潘菊明

碧云花园是巧克力甜蜜小镇的核心项目之一，是以优质的自然生态环境为基点，以浪漫花海为主要内容的文化创新旅游项目。碧云花园的建设者是优秀的民营企业家潘菊明。潘菊明出生于20世纪60年代的农村，青少年时代就梦想在大自然中建设美丽家园，长大后在部队锻炼成长，退伍后开始了创业生涯。潘菊明进入了一家大云镇的乡办服装厂，从基层仓库保管员做到厂里的会计，再到厂子的副厂长，干得颇有成绩。后来，他从朋友那里借来几千元创办服装厂，经过艰难的创业，服装厂的实力越来越强，潘菊明实现了自己的创业梦想。一次，潘菊明和几位伙伴到日本考察，经过大阪时，他看到了漫山遍野的樱花，心中油然而生一种甜蜜和美好。于是，一颗"梦想花园"的种子在心中慢慢生根发芽。开始时，家人和朋友都很不理解他为什么执着于利润并不大的农业生态花园，后来渐渐感受到了他"营造碧水云天的生态农庄，奉献鸟语花香的人间天堂"的初心。在碧云花园中，展现温情和浪漫的大自然馈赠的"甜蜜"，支撑巧克力甜蜜小镇的"甜蜜"文化，是潘菊明对家乡的情怀和"甜蜜"事业的热爱。

（三）云澜湾温泉"女性精英"张虹

张虹出生于风景秀丽的嵊州，是浙江大学管理工程硕士、复旦大学EMBA、上海交通大学DBA，五洲新春（A股主板上市企业）创始人之一。江南摩尔、江南巴比伦等是张虹团队的经典项目。嘉善县大云镇打出杭嘉湖平原的第一口温泉井之后，张虹带领团队迅速投身温泉旅游的项目开发建设中。张虹以女性的视角，定位云澜湾温泉以"美人甜蜜"文化主题，引领"甜蜜经济"的"她消费""她产业""她时代"。云澜湾温泉是巧克力甜蜜小镇的三大核心项目之一，助力巧克力甜蜜小镇实现了镇小创新多，嘉善的"善文化"、江南水乡的"水文化"、温泉美容养生文化融为一体；实现了镇小功能全，以"全国首个女人温泉"为核心建设了集温泉养生、休闲度假、购物娱乐、住宿餐饮等为一体的一站式"甜蜜"度假目的地；实现了镇小梦想大，云澜湾温泉致力于打造成为一个世界级旅游康养天堂。

五　提升创新生态位适宜度

适宜的创新生态位是特色文化小镇创新发展的必备条件。特色文化主题定位鲜明、主导产业集聚效应明显、企业之间相互合作、技术创新不断突破等都是巧克力甜蜜小镇提升创新生态位适宜度的探索实践。

（一）特色差异化定位

差异化定位是创新主体占据适宜的生态位、更好发挥创新作用的首要前提。巧克力甜蜜小镇的定位独具特色，具有明显的差异化。巧克力甜蜜小镇是全国首个以巧克力文化为特色内容的小镇，并由巧克力衍生出了"甜蜜"文化的特色文化主题，具有较强的市场细分度。广西等地也有个别以"甜蜜"命名的特色小镇，但是，其"甜蜜"文化的主题并不鲜明，定位并不清晰。巧克力甜蜜小镇以"甜蜜"文化为特色主题，具有鲜明的文化特色。巧克力甜蜜小镇的特色差异化定位主要体现在有好的主题，以巧克力引领的甜蜜，既增强了小镇的文化感染力和吸引力，又串联起了小镇的多业态，丰富了"甜蜜"文化的内涵。特色差异化定位还体现在有独特的发展思路，"多业融合"是小镇的特色化发展思路，"以旅游为主线、以企业为主体、以'甜蜜文化'为灵魂、以生态为主调"的发展理念贯穿在小镇的整体发展过程中。

（二）核心项目错位发展

巧克力小镇的差异化定位是避免其出现与众多其他的特色文化小镇建设雷同的重要条件。在巧克力甜蜜小镇的内部形成特色产业集聚、促进产业链条的延伸和企业协同创新，是巧克力甜蜜小镇持续发展的内在要求。歌斐颂巧克力、碧云花园、云澜湾温泉、缪家村是巧克力甜蜜小镇的4个核心部分，均贯穿和体现了"甜蜜"文化；同时，这4个部分并不是彼此割裂、各谋出路的，而是相互协同、错位发展。从巧克力甜蜜小镇的整体规划和营销上看，这4个部分是作为有机整体进行宣传和推介的，歌斐颂巧克力主要是味蕾的甜蜜，碧云花园是视觉上的甜蜜，云澜湾温泉是身体的甜蜜，缪家村是发展的甜蜜，"甜蜜"文化内化于巧克力甜蜜小镇建设运营发展的各个环节、全过程。从企业发展定位上来看，碧云花园是观光农业、歌斐颂巧克力是工业旅游、云澜湾温泉是休闲服务业，通过旅游的媒介，很好地实现三产融合发展。从业态布局上来看，歌斐颂巧克力主要是工业旅游、亲子互动和研学体验，碧云花园主要是休闲和户外甜蜜文化活动场景空间以及教育研学，云澜湾温泉主要是养生度假，缪家村主要是民宿和乡村生活体验，吃住游娱学合理布局。从产品创新上来看，歌斐颂带动农户们种植草莓和蓝莓，推出首款水果巧克力，目前已有草莓味、蓝莓味、香蕉味等不同水果口味的巧克力投入市场，受到消费者的广泛喜爱，巧克力的产品创新和技术创新与碧云花园的花草游览带动了缪家村村民的农产品种植以及产品的文化品牌化经营，"甜蜜"产业链更加完整、更好地实现了生产、生活、生态的"三生融合"。

（三）构建丰富的文化场景

丰富的文化场景是创新生态位适宜的体现，也是重要的创新载体。通过开展丰富多彩的文化活动、建设多元的文化场景空间，巧克力甜蜜小镇获得了更大的文化内容支撑。歌斐颂巧克力建设有巧克力市政厅、欧洲生活体验中心、可可文化展示体验区、巧克力学院、婚庆摄影基地、青少年研学体验中心、巧克力工厂等文化场景空间，为消费者提供了丰富的文化体验。目前，歌斐颂已经形成涵盖8个系列、60多个品种的巧克力产品矩阵，特别是它的手工巧克力和专属特色巧克力成为市场的新宠。歌斐颂从瑞士引进了国内先进的巧克力迷你生产线，可以在点单机上按照自己的喜好选择口味、配料等，还可以自己设计款式、定制文字，提升了产品的个性化程度，活化了巧克力文化生产场景。碧云花园围绕杜鹃花的欣赏、展示以及非物质文化遗产"杜鹃花造型"连续开展了七届浙江省杜鹃文化节暨中国·嘉善第十七届杜鹃花展，其中以"杜鹃花造型"和菊花文化为内容，进行了系列科普教育，并走进学校、走进社区、走进科技展，丰富了文化内容场景。碧云花园结合缪家村及周边村民的果蔬种植业，开办了葡萄艺术节，邀请专家和游客进行葡萄品鉴、评选，举行"萄，你喜欢"创意市集，既提升了特色农业的文化品牌，又丰富了小镇的特色文化活动。小镇在优质的户外生态环境中，建设"萌宠乐园"场景，增强了亲子互动内容，增添了孩子们和家长脸上"甜蜜"的笑容。开办以巧克力甜蜜小镇的场景为内容的摄影展，增强了巧克力甜蜜小镇的吸引力和影响力。在云澜湾温泉，"爱丽丝舞台剧"、马戏表演、"妈妈的甜蜜味道"美食节、七夕甜蜜专属、云上乡村音乐节等特色文化活动，充实了巧克力甜蜜小镇的特色文化内容。"给云宝过生日"、猫咪酒店、生态农庄、特色民宿等也成了特色文化场景。丰富的文化场景成为巧克力甜蜜小镇创新生态系统的重要内容，为小镇的创新发展发挥了支撑作用。

六 创新管理服务机制

强化政府政策制度的支撑，优化运营管理，促进政府、企业、居民多方的价值共创是巧克力甜蜜小镇的创新服务保障机制。

（一）创新扶持政策

支撑保障机制是特色文化小镇创新生态系统培育的重要机制。政策制度的创新为巧克力甜蜜小镇的创新发展提供了重要保障。为了更好地助力巧克力甜蜜小镇的发展，嘉善县出台了用地、资金、项目、改革、公共服务五个方面的政策措施，大力支持巧克力小镇的发展。在考核制度方面，嘉善县创新实施了差异化考核指标，对大云镇侧重于各项文化和旅游发展指标的考核，保证大云镇集中精力将巧克力甜蜜小镇做出特色、做出成效。在人才支持方面，畅通了机关事业单位与企业之间的沟通协调机制，更好地帮助企业吸纳高质量的人才参与企业发展，实施"云彩归乡"计划，引导海归青年、返乡大学生等一批人才反哺家乡。在土地支持方面，嘉善县用好奖励政策，2016年获得省国土资源厅示范小镇奖励用地指标100亩，创新探索"飞地"发展，依托"县域统筹、跨村发展、股份经营、保底分红"的发展模式，将产业园区、其他区域的用地指标和巧克力甜蜜小镇的用地指标统筹使用。在金融和资金支持方面，县政府对巧克力甜蜜小镇创建主体融资给予大力支持，将大云旅游投资管理有限公司、大云文化生态旅游发展公司、大云旅游开发实业有限公司升级为县级国有资产控股平台，并由县财政每年给予500万元的贴息扶持，支持巧克力甜蜜小镇的发展。在基础设施服务方面，嘉善县对巧克力大道、温泉大道、花海大道、停车区等重点项目进行了设施服务建设和水环境整治。

(二) 创新社区治理

社区功能是特色文化小镇区别于产业园区、旅游景区的主要功能，是特色文化小镇实现生产、生活、生态相融合的必要条件。巧克力甜蜜小镇缪家村社区从基层党建、社会治理、集体经济发展等多个方面，以创新的理念和举措提升了社区的治理效能，提高了居民生活的"甜蜜"度。在全域旅游基础上，村党委聚焦群众增收致富，通过稳定工资性收入，拓展财产性收入，增加股金分红及通过民宿开发提高收入，探索形成推动农民增收的薪金、租金、股金、福利金、养老金、创业金"六金"模式，每年为村民发放各类福利、分红。针对缪家村人均耕地少、土地分散等关键瓶颈，围绕地、田、房要素，深化产权制度改革，全力推进全域土地综合整治、全域农田规模流转、全域农房有序集聚的"三全"集成改革。在守住耕地红线、提升耕地质量的基础上，盘活土地要素资源，做到宜农则农、宜游则游、宜居则居。注重数字化应用，运用"互联网+"，打造四朵云品牌，实现四朵云"智"理有方，推进社会治理共建、共治、共享。"云网格"通过发挥"网络触角"作用，广泛搜集社情民意，第一时间回应百姓诉求；"云管家"通过整合村民房屋资源，第一时间为租客提供房源，畅通新居民管理渠道，实现了"以房管人，以房管物，以房管事"；"云访室"通过群众线上"点单"，将基层矛盾第一时间化解在云端；"云诊室"通过"好大夫"在线医疗平台第一时间为村民提供国内顶尖医疗资源，实现了在家门口"看名医"。

(三) 创新强化运营管理

高效有力的运营管理与特色文化小镇的创新发展密不可分。嘉善县专门成立了巧克力甜蜜小镇的领导小组，县长担任组长，常务副县长统筹建设工作，县委组织部、县人大常委会副主任、分管文化和旅游的副县长协调具体任务。大云镇成立了巧克力甜蜜小镇工作领导小组，全体班子成员任工作小组成员。两级领导统筹巧克力小镇的运营管理，做好具体协调推进。建立了多部门协同管理机制，联同文化和旅游、市场监管、安监、行政执法等部门定期对巧克力甜蜜小镇进行综合治理，对发现的问题及时处理，成立嘉善甜蜜大云旅行社有限公司，强化专业运营。同时，完善了巧克力甜蜜小镇的旅游统计制度，落实专人负责统计和上报，做到每月有统计、每月有汇总，进一步增强了数据的准确性和可靠性。借助国家级旅游

第五章 三类特色文化小镇创新生态系统构建及培育案例　193

度假区创建工作，提升巧克力甜蜜小镇的各项运营管理工作效率。

嘉善巧克力甜蜜小镇在被评价的12个特色文化小镇中，综合得分排名第1位，主要得益于创新条件的贡献。嘉善巧克力甜蜜小镇具有优越的交通区位条件、民营经济发达的支撑条件、浙江省探索实践特色文化小镇的先行经验条件、地域内在的创新基因和创新精神条件、各级政府各项创新政策制度条件，以及三产融合的产业基础条件和文化旅游发展的资源条件。嘉善巧克力甜蜜小镇通过各类制度创新，不断优化创新环境，激发和保护民营企业家的创新能动性，持续促进小镇产品和服务的创新迭代，取得了良好的创新效果。嘉善巧克力甜蜜小镇以"甜蜜"文化为价值内核，不断衍生"甜蜜"文化产业链条，丰富"甜蜜"文化场景，以"旅游+"三产融合的模式，构建起良好的创新生态系统，走出了一条特色文化小镇创新发展之路。嘉善巧克力甜蜜小镇创新生态系统如图5-1所示。

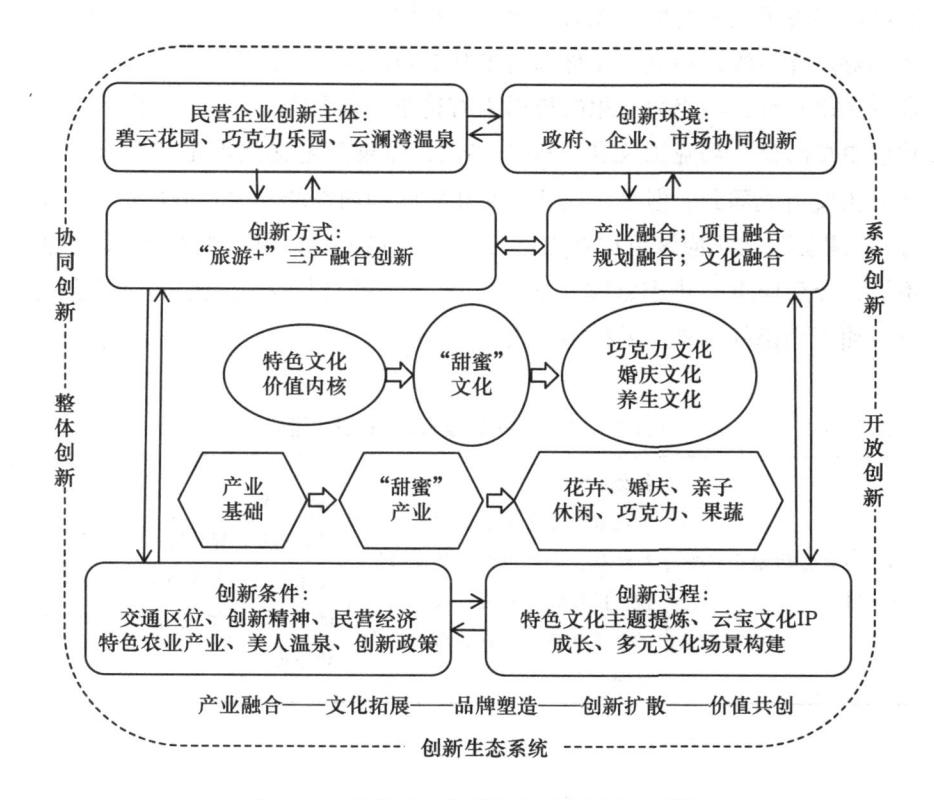

图5-1　嘉善巧克力甜蜜小镇创新生态系统

巧克力甜蜜小镇构建了良好的创新生态，进行持续的创新。巧克力甜蜜小镇进一步走高质量发展之路，仍需要不断创新思维，创新发展举措，提升创新效率。巧克力甜蜜小镇目前仍存在一些突出问题需要解决。一是，融合创新有待加强。尽管目前巧克力甜蜜小镇已经形成了"旅游+"的三产融合发展布局，但是三次产业的融合不足。同时，歌斐颂巧克力、碧云花园、云澜湾温泉三个核心项目之间还存在竞争大于协作的情况，协同创新不够。从产品、文化活动场景、游玩线路、业态布局上需要进一步优化设计，提升"甜蜜"产业链条的韧性，加强融合创新效应。二是，数字化应用不足。在缪家村的社区治理和小镇的云上推介中，巧克力甜蜜小镇运用了数字化技术手段，取得了一定成效。但是，小镇在数字化平台建设、线上文化消费场景营造、线下消费体验数字场景建设等方面仍显不足，影响了文化消费体验。三是，巧克力文化挖掘和传播不足。巧克力乐园已经建设了较丰富的巧克力文化宣传和体验场景，但内容仍显单薄，形式不够多样活泼，巧克力文化如何更好地与国人的生活理念、生活方式融合挖掘得不够，巧克力文化的传播力有待进一步加强。四是，"甜蜜"文化应更加凸显。巧克力文化、婚庆文化、温泉养生文化等是"甜蜜"文化的主要组成部分。但是，这几个文化之间的内在统一关系尚需进一步提炼，"甜蜜"文化应该更加聚焦。目前，尚显散乱，同时"甜蜜"度挖掘不够，今后应进一步丰富文化业态，提升"甜蜜"文化吸引力。嘉善巧克力甜蜜小镇的未来发展战略如表5-1所示。

表5-1　　　　　嘉善巧克力甜蜜小镇发展战略选择矩阵

	优势：S	劣势：W
嘉善巧克力甜蜜小镇发展战略	浙江省特色文化小镇建设的先行经验，沪杭甬交汇的地理区位，民营经济发展基础，灵活的创新政策；良好的自然生态环境	项目运营仍显分散，"甜蜜"文化主题展现仍显杂乱，"甜蜜"度不够，小镇规划设计的精致化不足

机遇：O 特色文化小镇走上高质量发展之路，国家级旅游度假区创建，长三角生态绿色一体化发展示范区建设	SO 战略：基于浙江省良好的创新基因和发展战略推动嘉善巧克力甜蜜小镇高质量发展，打造特色文化小镇创新生态系统构建的样本经验	WO 战略：强化"甜蜜文化"主题整体宣传、推介和运营，强化农业、工业、休闲服务业之间的三产融合创新，增强三大项目之间的文化活动互联，文化场景共建，延伸"甜蜜"产业链条，壮大产业实力
挑战：T 目标群体文化消费需求多元化，特色文化小镇文化消费内容的同质化，创新迭代需要加速	ST 战略：细化目标消费市场分析，做好消费者细分，围绕"甜蜜文化"加快创新升级，做好高端消费群体的"甜蜜文化"消费定制，进一步开发"甜蜜"产品和服务，满足"甜蜜文化"消费需求	WT 战略：加快巧克力、花卉、果蔬等特色产业的发展，提升特色产业的支撑作用，丰富文化业态，突出"甜蜜"元素，提升"甜蜜"文化吸引力

第二节 以"文化旅游"优化创新生态
——文家市文旅小镇

文家市文旅小镇最大的特点就是具有较为完善的文化资源保护传承环境、文化旅游发展环境、生活融入环境等，特别是其深耕文化旅游资源的开发和利用，属于文化旅游类特色文化小镇。文家市文旅小镇创新环境处于优势地位，因此把该小镇归结为创新环境优化型特色文化小镇。同时，文家市文旅小镇位于湖南省，从地域分布上看，属于中部地区特色文化小镇的代表。

文家市文旅小镇位于湖南省长沙浏阳市东南部的文家市镇。文家市镇地处湘赣边四县（市、区）交界处，镇域面积约156平方公里，下辖10个村，户籍人口54868人，常住人口6.5万人。文家市文旅小镇是以文家市村为中心的文家市镇中的一定范围的区域，占地面积234亩，入选"湖南省首批十大特色文旅小镇"，被湖南省委、省政府明确列入世界旅游目的地红色旅游精品重点打造，在全省特色小镇综合评价中位列文旅特色小镇长沙第一、全省第二。

一 发挥镇域经济创新优势

地方经济水平是特色文化小镇创新生态系统构建的基础。文家市文旅小镇的发展离不开文家市镇良好的经济发展环境。文家市镇是长沙市乡村振兴示范创建乡镇，湖南省首个税收过亿元乡镇。2022年，文家市镇全年完成一般公共预算收入2.56亿元，同比增长18%。花炮产业和文旅产业是文家市镇的支柱产业，其中文旅产业收入占比达66.3%。为了更好地建设文家市文旅小镇，发挥特色文化小镇对区域发展的带动作用，文家市镇不断强化产业发展支撑，创新镇域经济发展环境。

（一）文化消费环境支撑

特色文化小镇创新生态系统构建需要遵循环境共生逻辑，良好的外部文化环境是文家市文旅小镇创新生态系统构建的优势。文家市文旅小镇属于湖南省特色文旅小镇，具有较好的外部文化消费环境。湖南省具有较强的特色文化品牌，是文化旅游强省，具有较大的文化吸引力和良好的文化消费环境。在对几个重点特色文化小镇进行分析时，我们列出了小镇所在省份的人均可支配收入和人均文化消费支出两个指标，所在省份人均可支配收入最高的是嘉善巧克力甜蜜小镇，该特色文化小镇所在省份浙江省具有领先的经济地位，人均可支配收入最多。所在省份人均文化消费支出较高的是文家市文旅小镇，约3250元。所在省份人均文化消费支出在人均可支配收入中的占比，排在前三位。茯茶文旅小镇、大唐西市文旅小镇、文家市文旅小镇，分别为9.57%、9.57%、9.56%。与总体经济发展水平和收入水平相比，文家市文旅小镇的外部文化消费环境较好。近年来，湖南省出台了多项政策规范，着力打造张家界、韶山、南岳衡山、长沙、城头山古文化遗址等文化名片，加快建设世界旅游目的地，为特色文化小镇的建设和发展创造了更优质的文化消费环境。

（二）产业集聚创新条件

产业聚集是特色文化小镇创新生态系统构建的基本逻辑之一。特色产业聚集是特色文化小镇创新生态系统构建的重要条件，也是建设发展的主要目标。花炮产业和文旅产业是文家市文旅小镇的特色支柱产业，具有良好的发展基础。文家市文旅小镇的特色产业总产值为9.2亿元，特色产业总产值年增速为6.65%，特色产业投资占总投资的比重为75.3%。花炮产业是文家市镇的传统支柱产业，是文家市文旅小镇的特色文化产业。文家市花炮产业在持续传承特色手工制造的基础上，不断创新思维、创新技艺，实现产品种类和工艺的创新突破，具体情况如下。一是，创新产品品类。在传统产品品类"飞天鼠""月旅行"基础上，引进"加特林""水母烟花"等网红小产品，打造精品烟花出口谷。二是，保持特色差异。坚持保持产品原材料的特色化，就地取土纸、土硝、硫黄、炭末、红白泥土等原材料，保持产品的特色差异性。不断创新和使用新型环保底座、再生植物纤维外筒等环保配件材料，提升产品的现代品质。三是，加强科技融合。在传统烟花制作的基础上，创新科技应用场景，制作创意烟花和数字烟花，丰富花炮的应用场景。依托花炮产业开发衍生产品，在包装上融入更多文化旅游元素，把玩具烟花作为文创产品推向市场，富有创意的形象设计给烟花产品增添了趣味性和吸引力，让人耳目一新。四是，注重文旅融合。花炮产业不仅带动了文家市文旅小镇的就业和产业发展，同时，为文化旅游产业的发展提供了丰富的内容支撑。"花炮研学""非物质文化遗产传承体验""沉浸式烟花场景体验"等吸引了更多的游客，实现了产销双增。花炮产业的发展以及花炮与文旅的融合创新为红色旅游产业奠定了良好的基础。

二 优化外部服务创新环境

特色文化小镇创新生态系统理论认为优良的政府服务创新环境与特色文化小镇创新能力密不可分，文家市文旅小镇的创新发展离不开良好的政府服务创新。近年来浏阳市以"营商环境提质年"为抓手，从推进改革攻坚、优化企业服务、打响营商品牌等三个方面发力，凝聚"人人都是营商环境，事事关乎营商环境"的最大攻坚合力，全力打造"营商福地看浏阳"升级版。文家市文旅小镇重视文旅产业的营商环境建设，制定了相关的政策制度积极推动特色文化小镇建设。文家市文旅小镇创新理念，不断拓展发展思路，制定了《优化营商环境"六大举措"》，针对花炮产业升级提质、高新技术研发、人才引进、文化旅游等方面释放激励政策，引导烟花与文旅融合发展。2023年2月，16家企业和8位个人获得一次性免申即享政策兑现及奖励19万元。

政府是重要的创新主体，也是制度创新和环境创新的主导力量。只有完善的政府服务创新，才能更好地为企业创新创造优质条件。文家市文旅小镇积极落实和推进"千名干部联千企"行动，收集并解决了15家企业厂区内通信信号弱等问题61个，落实企业服务专员制度，帮助4家仓储企业完成项目备案，招商引资项目2个。特别是新冠疫情期间，文家市文旅小镇的干部顶住巨大的工作压力，保企业保发展，做到项目不停工、企业不停产。调研期间，正值湖南省文旅厅的干部在文家市文旅小镇下派工作，她们将最新的文旅产业政策更好地宣传落实到文家市文旅小镇，帮助小镇解决发展中遇到的实际问题，做好"上下联动"，为文旅企业的发展和文旅环境的优化发挥了重要作用。政府服务创新，推动了文家市文旅小镇企业与企业之间、企业与政府、政府不同部门和各级单位的协同创新。

三 创新文旅融合生态场景

特色文化小镇建设致力于生产、生活、生态的融合发展，生态环境是影响特色文化小镇创新发展的重要方面，也是特色文化小镇建设的基本目标。优质的生态环境是特色文化小镇创新生态系统构建的关键因素，也是促进创新要素集聚的主要原因。文家市文旅小镇以红色文化为价值内核，不断改善小镇生态环境，以"红绿融合"助推文旅融合，高品质建设美丽屋场。屋场建设是湖南省委、省政府在推进乡村振兴过程中提出的创新举措，是乡村发展在一定区域范围内的生活场景、生态场景、文化场景相融合的综合空间建设，能够有效提升乡村的生态环境建设。文家市文旅小镇以生态美、村庄美、产业美、生活美、风尚美为建设标准，结合美丽宜居村庄建设，重点打造了大江屋场、里仁屋场、沙溪屋场、新发至沙溪2.5公里"一河两岸"生态文旅长廊等乡村旅游基地，提升了村民获得感、幸福感。其中大江屋场位于文家市新发村，2017年，围绕初看有氛围、细看有内涵、总体有主题、体验有乐趣的总体规划，文家市文旅小镇对大江屋场进行全方位升级改造。大江屋场在创新文旅融合中，从规划、运营模式等方面采取了一系列创新举措，启动美丽庭院计划，制定村规民约，落实门前"三包"，因地制宜、因户制宜打造美丽庭院，目前，已建成7个美丽庭院、5个精品庭院；利用空闲的闲置房，改造一批场馆，配套一系列红色体验项目；引进研学旅行机构，引导村民以土地入股，形成

"村集体+运营公司+农户"三位一体的经营模式。经过几年的打造，如今的大江屋场青砖黛瓦、鲜花满庭、绿树成荫，保宁桥见证了秋收起义时的烽火硝烟，初心馆一张张老照片记录着各级领导干部对地方发展的关心，潺潺流水和徐徐凉风滋润着村民们的惬意生活，由村民自愿腾出的旧屋改造建设的文家市大江调查研究陈列室记录了调查研究的史实和意义，带来了文旅研学的新体验。美丽屋场处处浸润着红色精神，成为承接文家市红色旅游的腹地，也带给文家市文旅小镇文旅融合创新以独特自然资源。

四 注重红色文化 IP 培育成长

文家市文旅小镇拥有丰富的红色资源，包括秋收起义文家市会师旧址、秋收起义纪念馆、里仁学校旧址等一大批红色遗址、红色教育基地及古民居建筑群。其中秋收起义文家市会师旧址列入第一批全国重点文物保护单位。在保护和整合红色文化资源的基础上，不断抢抓国家红色旅游发展机遇，深度解读和再现红色经典，为文家市文旅小镇的发展夯实了文化内容支撑。

红色文化资源是文家市文旅小镇的特色文化内核，是创新生态系统构建的核心价值。红色文化 IP 培育既需要对已有红色文化资源的保护和深度挖掘，又需要拓展创新路径，提升特色文化品牌影响力。

（一）深入挖掘红色文化底蕴，摸清文化家底是红色文化 IP 培育的前提

文家市文旅小镇对红色文化资源、革命文物进行全面摸底调查，并多方筹措资金进行维修保护，目前共有全国重点文物保护单位 2 处、湖南省重点文物保护单位 5 处，革命文物 2800 件。特别是秋收起义文家市会师纪念馆深化革命文物保护利用工作，创新文物征集和管理措施，科学编制会师旧址环境整治工程、白蚁综合治理项目、馆藏红军标语修复项目计划书并报国家文物局批准立项；组织实施馆藏油画修复项目、文物库房安防系统工程；新征集藏品 68 件（套），完成现存馆藏的盘点、整理和录入工作。具体体现以下几个方面。一是在文化内涵挖掘上下大力气。借力省内知名党史专家，总结提炼了秋收起义精神内涵，已报湖南省委宣传部审核通过并转呈中央宣传部，力争纳入中国共产党人第二批精神谱系、中华

民族红色基因库。推出"秋收起义历史贡献与当代价值研究"主题征文活动，征集理论文章 50 多篇，评选优秀论文 20 篇。二是在藏品管理上下足功夫。潜心编制藏品征集五年计划，进一步拓宽藏品征集渠道，2022 年全年新增藏品数量 115 件（套）。有序推进现存馆藏的鉴定定级、登记造册以及分类分级保管工作，摸清文物家底。截至目前，馆藏藏品达 1132 件（套），珍贵文物 469 件（套）。加速推动文物库房安防工程、馆藏油画修复、馆藏珍贵文物囊匣制作等项目，进一步强化了藏品保护措施。三是在文物利用上做好文章。以 5·18 博物馆日为契机举办馆藏油画现场展览以及线上展览，大力弘扬革命精神。联合浏阳市博物馆举办"非物质文化遗产"临时展览活动，推进非物质文化遗产保护传承和创造创新。高位对接，分别选送 3 件珍贵文物赴北京中国共产党历史展览馆和 2 件珍贵文物赴北京中央礼品文物管理中心展出，有效扩大了馆藏文物的影响力。

（二）创新文化体验场景是红色文化 IP 培育的重要路径

前些年文家市文旅小镇的红色文化体验方式多为以历史图片、文物及介绍文字为主的橱窗展示，游客参观方式多为静态观光，缺乏体验元素。为了更好地加深红色文化体验，延长文化 IP 成长链条，文家市文旅小镇不断丰富文化传播载体，创新体验方式，激活文化创新价值。具体方面如下。

一是挖掘整理红色故事。挖掘整理了"秋收故事"系列、"长龙铁炮"等各类红色故事 300 余个，提炼创作了《文家市的抉择》《小石头砸烂大水缸》《红色文家市》等一批精品党课、红色歌曲、研学课程，发掘了人民功臣甘厚美的初心故事，让文物更生动，让历史更灵动。通过积极推进，文家市文旅小镇被湖南省委、省政府列入世界旅游目的地红色旅游精品进行重点打造，并获央视《走进县城看发展》栏目专题报道。2023 年 6 月，长沙市委组织部推出"一月一课一片一实践"等主题线路，重走"秋收"路、追寻初心源、同做"红军餐"等实践路线备受好评。二是建设丰富的文化活动场景。隆重举办"光辉起点·浏阳市喜迎党的二十大暨纪念秋收起义 95 周年演讲大赛"，弘扬奋斗精神。文家市文旅小镇联合市直各党支部举办"重走秋收路，追寻初心源"毅行活动，激励党员干部不忘初心、牢记使命，国庆期间推出"我在秋收起义纪念馆向祖国告白"特别策划，吸引游客来馆参观打卡。三是创新文化传播路径。

文家市文旅小镇创新红色宣讲"七进"内容形式,深入开展"喜迎党的二十大·奋进新征程"红色宣讲"七进"活动22场,在微信公众号推出《铭记秋收路 一起向未来》秋收系列故事12个,真正让红色故事"火"起来;进一步探索馆校联合育人模式,打造课后延时服务"三点半课堂",掀起红色教育进课堂新热潮;优化暑期"小讲解员培训班"培训模式,联合团市委、里仁学校精心培育21位小讲解员,为游客开展志愿讲解100多场次,让红色基因代代相传。

五 延伸红色文旅产业创新链条

红色文旅产业是文家市文旅小镇创新生态系统构建的价值支撑。文家市文旅小镇在对红色资源保护、升级、提质的基础上,将观光与体验融合,发展研学旅游基地,打造党性教育"活动链",丰富文化旅游场景,延长红色文旅产业链条,实现了良好的创新价值。

(一)做强红色研培,推动红色文化旅游融合

一方面,文家市文旅小镇将红色文化与教育深度融合,打造党性教育基地。秋收起义纪念馆一手抓课程开发设计,一手抓培训设施建设,着力筹建秋收干部学院。目前,已打造"政治理论、革命精神、创新发展、精准脱贫、组织建设、能力提升"六大教学主题板块;开发《文家市的抉择》《铁流千里会永和》等60多堂彰显时代主题的党性教育精品课程;开发出以秋收起义文家市会师纪念馆为出发地,且能满足不同培训时长需要的多条精品线路。文家市文旅小镇充分利用秋收起义党性教育基地资源,依托浏阳市委党校,2022年承办各类培训班50余个,推出"红七月·公益微党课"主题活动,全年完成公益授课32堂,受众2400多人。"秋收大讲堂"教育项目获评长沙市"学用新思想、奋进新征程"典型案例,秋收起义文家市会师纪念馆被评为湖南省干部党性教育基地,秋收起义纪念园获评湖南省级研学旅行基地。另一方面,文家市文旅小镇依托秋收起义纪念园,重点打造了湘赣边秋收起义研学旅行基地、红旅营研学基地、高升岭研学素质拓展基地等一批红色研学项目,精心培育了红米饭农庄、红源宾馆等红色主题业态。创新"红色教育在馆内、军事训练在基地、劳动实践在田间、生活服务在农家"的研学模式,建设了红军广场、红军长廊、四季花海、射箭场等红色文化设施和红色拓展内容,年均接待

学习培训的党员群众约 160 万人次，吸引研学学生 4 万余人。小镇目前拟与全国研学旅游头部企业——上海乐其教育集团合作，开发以红旅营基地为主体，对秋收起义纪念馆、高升岭、里仁屋场等 8 个区域 15 个点位资源进行串联整合，开发升级党的研学课程体系。

（二）创意融合，创新文化体验新场景

文家市文旅小镇在秋收起义纪念馆、里仁学校、红军广场、红军长廊、四季花海、红色拓展基地、射箭场、美丽屋场等基本文化旅游设施和场所建设的基础上，不断丰富文化内容，创新文旅体验新场景。目前，文家市文旅小镇主要依托红色文化资源开展红色研学等文化旅游活动；同时，进一步拓展思路，开发以花炮产业为主要内容的研学体验，拓展文化旅游场景。比如，在非物质文化遗产展馆内，展示了手工花炮制作的结鞭、洗筒、扯筒等步骤和工艺，人们能够更加直观形象地了解花炮的制作过程。"来到这里，住到这里"才能提升特色文化小镇的吸引力，增强创新活力。为了丰富夜晚文旅经济，文家市文旅小镇建设了富有特色的小镇民宿。比如，秋韵山居就是一家深受游客欢迎的民宿，它是由怀有浓厚文化情怀的当地企业家，整理了自己及亲戚家的宅基地修建而成的，坐落在里仁屋场的半山腰，周边风景秀丽，外观朴素大方，内部装修干净整洁、精致舒适。秋韵山居充分融入文化创意和艺术设计，将不同的房间设置成不同的风格，适合朋友、家人等不同群体的消费需求，满足多样化、差异化的居住风格偏好。

同时，文家市文旅小镇将烟花观赏融入夜间文化消费内容，丰富文化消费体验场景。夜幕降临，烟花晚会能够带给消费者难忘的文化体验，带动文家市文旅小镇的夜间经济发展。文家市文旅小镇每年举办花田音乐节、牛马会、湘赣边等特色演艺、特色节庆 20 多场，丰富了消费者和当地居民的文化体验。文家市文旅小镇是浏阳市"全 BA"篮球赛暨湘赣边篮球邀请赛的分赛区，来自文家市周边的江西"老表"们积极参赛。绚丽的烟花点亮夜空，本土特色文化节目激情表演，篮球赛火热进行，特色文化体验逐渐深入人心，促进了湘赣边界的人文交流。

此外，文家市文旅小镇依托当地的特色美食延长文旅产业链条。红米饭农庄是当地村集体经济的重要内容，创新了村集体和市场主体相互协作、互利共赢的发展模式。在红米饭农庄的进厅建有埃德加斯诺夫人展厅,埃德加斯诺夫人是中华人民共和国成立以来第一个访问浏阳、访问文家市纪念馆的外国人,展厅介绍讲述了一位外国友人与毛泽东、与文家市的红色故事。红米饭农庄不仅有当地的特色美食,还有令人感动的红色故事,丰富了文化体验场景,延长了文化体验链条。

(三)拓展思路,开发文创新产品

文创产品开发是文旅产业链条的重要环节,是红色文化创造性转化创新性发展的有效载体。文家市文旅小镇紧扣"秋收"主题,推出"文家市的秋收"文创产品近200种。目前,已开发"红旗如画""工农小兵""百姓粮红军餐"等多个系列的文创产品,投入市场并成功进入湖南省驻军营地各超市。沙溪村的鲜花寓意甜蜜的祝福,供不应求,通过创新理念和创新工艺,鲜花可以在3—5年保持天然结构,成为"永不凋谢"的鲜花,受到消费者喜爱。花炮产业作为文家市文旅小镇的支柱产业,为推动烟花产业与红色文旅融合发展,文家市文旅小镇紧扣红色文旅主题,推出烟花系列文创产品260余种,"心动海洋""三生三幸""花晨月夕"等主题产品,受到市场的青睐。浏阳市创美烟花爆竹有限公司的产品"加特林"荣获2022年长沙市优秀版权入围奖。此外,文家市文旅小镇发展了五神村外婆油、饼、面直播带货等农村电商。文家市文旅小镇与方圆卓越集团合作建设乡村振兴教培综合服务平台,建设村播驿站,"村里有好货,一起来直播",带动特色文创产品的开发和销售。

六 加强设施创新环境建设

社区功能是特色文化小镇的一项重要功能,只有有了居民的生活融入,有了鲜活的生活场景,才能拥有特色文化小镇活力。文家市文旅小镇并没有作为一个单独个体进行规划建设,没有将参观游览区、商业区单独规划,而是依托文家市村和文家市镇集约建设,它与周围居民的生活深度融合。因此,文家市文旅小镇较好地实现了景区、社区、街区的有机融合。文家市文旅小镇建设有里仁学校、岩前中学等多所学校,建设有向阳宾馆、童馨花园、枫树湾客栈、秋韵山居等特色民宿和酒店,建设有医仁诊所等卫生机构,建有一家敬老院,建有邮政银行等多家银行服务网点,并开通了文家市文旅小镇到大瑶、浏阳、湘龙村等地的公交线路。文家市文旅小镇在不断完善生活设施和生活服务过程中,社区创新环境逐渐优化，助推了创新生态系统的有效构建。

红旅营基地是浏阳市城乡发展集团有限责任公司在该镇开发的项目，可承担1000人以上规模的研学和素质拓展活动。由于地处高升岭半山，停车成了难题。文家市文旅小镇通过争取项目、筹措资金等方式帮助基地不断完善红色研学和旅游的各种基础设施，解决实际困难和问题。通过多方努力，2022年12月，一个可同时容纳70余辆大巴的旅游停车场落成。除了建设优化基础设施，文家市文旅小镇还结合美丽宜居村庄建设，将红旅营基地与附近的里仁屋场串联，丰富研学的吃、住、购等配套服务。同时，文家市文旅小镇还特别重视当地居民和游客的安全服务，特别是对烟花爆竹、危险化学品、消防、食品等领域进行重点排查和监督，确保当地居民和游客的安全。

七　探索创新运营模式

运营管理创新是特色文化小镇创新生态系统构建不可或缺的内容，强化运营也是特色文化小镇创新生态系统培育的重要模块。文旅产业的发展，需要多方资源的整合并发挥各主体之间的联动效应。

（一）探索多主体协同创新

文家市文旅小镇依托秋收起义红色名片，探索出"镇—馆—司—村"深度融合的机制，力求联动红色景区与分散资源，将单一的红色景点打造成红色景区，将文旅产业链延伸到村到户，探索镇馆带动、村企合作模式，持续壮大村集体经济，以红色文旅助力乡村振兴。目前基本形成了以秋收起义纪念馆为中心，发散建设乡镇生活园区的扇形格局，向上凭借文家市镇政府之力，向下发展"乡村大景区，旅游全链条"的全域文旅格局。

（二）引进专业公司高效运营

引进国资平台公司浏发集团入驻红旅营基地，开发"124+N"集体经济运营模式，"1"是一个机制，立足秋收起义纪念园红色平台，创新多方合作机制，整合各方场馆、资源、平台优势，积极开发中小学生红色研学、干部红色培训等项目，促进村集体经济增收，带动N户村民增收致富。镇村负责组织农户流转土地，纪念馆负责提供场馆，企业负责投资建设与经营。"2"是双重收益，村集体经济分红收益（田间课堂土地出租收益、民宿每人每晚村集体收益2元）、村民参与项目收益（民宿每人每晚农户收益10元）。"4"是"四在体验"，红色教育在馆内，军事训练在基地，劳动实践在田间，生活服务在农家。"N"是N户参与，由公司统一提供床具和床上用品，现有24户农户参与基地服务。2019年7月投入运营以来，红旅营基地共接待5万多人参加研学。湖南思格文化传播有限公司采用"村镇+公司+农户"模式运营，在沙溪屋场启动"古村寻宝"团队建设活动；尝试"非物质文化遗产+旅游""非物质文化遗产+研学"等跨界融合新模式，组织非物质文化遗产美食文市油饼制作厂家开发手工制作体验项目，进一步丰富文化消费内容，扩大文化消费市场。

文家市文旅小镇形成了初步的创新生态系统，对文旅小镇的创新发展起到了积极作用，但是，创新生态系统的质量仍需进一步提升。在对12个特色文化小镇创新生态系统评价的过程中，文家市文旅小镇创新生态系统综合得分排名第6位。其中，创新主体排名第8位，创新方式排名第6位，创新条件排名第9位，创新环境排名第2位，创新过程排名第4位，创新产出排名第4位，创新成效排名第5位。文家市文旅小镇有15个艺术交流部，配套服务类企业21家，专业从业人员123人，发挥了重要的创新主体作用。文家市文旅小镇成立了书法协会、剪纸协会等文化协会，建有鹏威、松威等电商企业，建立或参与了锦都、美峰、花火汇等互联网平台，促进了文家市文旅小镇的创新。同时，湖南省政府、浏阳市政府、文家市镇政府对文家市文旅小镇的发展给予了财政等多方面的支持，加上丰富的特色红色文化资源，文家市文旅小镇具有了有力的创新条件。文家市文旅小镇取得了良好的创新成效，年旅游群体人数347万人，主导产业年产值9.25亿，年旅游收入11.4亿，取得了多项特色文化品牌荣誉，居民文化活动丰富多彩。红色文化旅游资源和花炮产业是文家市文旅小镇的创新内核，生态与红色旅游相融合、特色产业与文化旅游相融合、生产和生活相融合是文家市文旅小镇创新发展的基本路径，产业集聚、环境共生是文家市文旅小镇创新生态系统构建的主要逻辑。文家市文旅小镇创新生态系统如图5-2所示。

文家市文旅小镇在构建创新生态系统的基础上，取得了良好的社会效益和经济效益，带动了当地文化资源的开发利用、经济水平的提升和人居

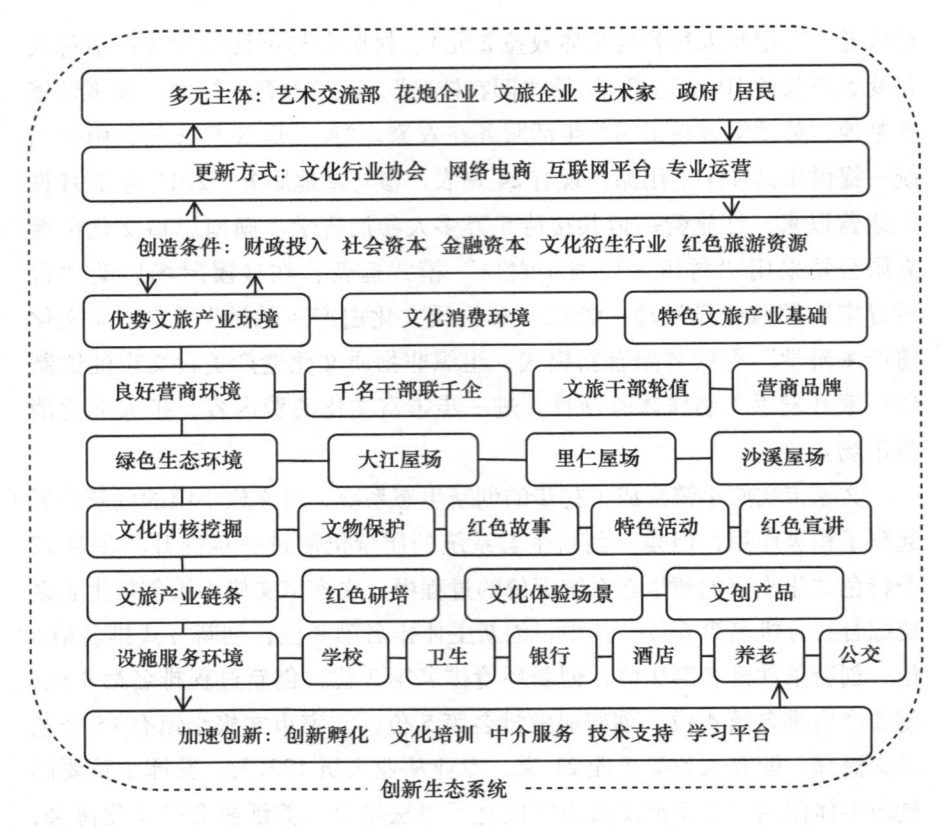

```
┌─────────────────────────────────────────────────────────────┐
│  多元主体：艺术交流部  花炮企业  文旅企业  艺术家  政府  居民  │
│                        ↑                                     │
│  更新方式：文化行业协会  网络电商  互联网平台  专业运营        │
│                        ↑                                     │
│  创造条件：财政投入  社会资本  金融资本  文化衍生行业  红色旅游资源│
│                                                              │
│  优势文旅产业环境 → 文化消费环境      特色文旅产业基础        │
│  良好营商环境   → 千名干部联千企  文旅干部轮值  营商品牌      │
│  绿色生态环境   → 大江屋场        里仁屋场     沙溪屋场       │
│  文化内核挖掘   → 文物保护  红色故事  特色活动   红色宣讲     │
│  文旅产业链条   → 红色研培  文化体验场景       文创产品       │
│  设施服务环境   → 学校  卫生  银行  酒店  养老  公交           │
│                                                              │
│  加速创新：创新孵化  文化培训  中介服务  技术支持  学习平台   │
└─────────────────── 创新生态系统 ─────────────────────────────┘
```

图 5-2　文家市文旅小镇创新生态系统

环境的改善。同时，文家市文旅小镇依然面临着多方面的问题。一是文化业态相对单一。尽管文家市文旅小镇依托秋收起义红色资源开发了一些演艺、培训、研学等内容，但是，文化业态仍然单一，尚未形成有效的文化消费增长点。多数游客参观完纪念馆就结束了在小镇的行程，留下来、住下来的游客仍然不多，有效文化消费不足。二是文化场景需要进一步激活。目前，文家市文旅小镇的文化活动相对较少，不论是当地居民的文化活动，还是游客可看可参与的文化活动都相对较少；小镇的文化功能主要集中在文化教育，而文化体验、文化传承和文化娱乐的功能不足。特别是数字文化场景营造不足，整个文旅小镇无论是在产品开发上还是设施服务上，尚未与数字科技有效融合，文旅消费的数字化程度较低。三是创意设计感有待提升。小镇的整体设计感不足，未能体现出鲜明的特色文化，文化主题没能充分表达；特色文化符号提炼不够，未能形成整体的文化气质。红色文旅符号没有渗透在标识物、街景、建筑中，文化冲击力不足。文家市文旅小镇只有在国家规范特色文化小镇发展和乡村文化振兴的战略机遇下，勇于面对高端人才供给不足、红色文旅产业的同质化发展、区位相对偏远等挑战，寻求更好的创新之路，才能实现进一步突破性发展。文家市文旅小镇未来发展战略如表5-2所示。

表5-2　　　　　文家市文旅小镇未来发展战略选择矩阵

文家市文旅小镇未来发展战略	优势：S 良好的文化消费环境，坚实的特色产业基础，优质的自然生态环境，红色文化资源	劣势：W 文化业态相对单一，文化场景不够丰富，数字科技应用不够，创意设计融入不足
机遇：O 国家对特色文化小镇的规范建议，乡村文化振兴战略，湖南省建设世界旅游目的地目标，湘赣边文化交流	SO战略：进一步壮大花炮产业，强化创意烟花的研发，与文化旅游深度结合，加强文家市文旅小镇与湖南省其他旅游目的地的协同建设	WO战略：扩大宣传，吸引更多的外省人群来小镇游览消费，丰富文化业态，加强数字文化场景建设，突出文化主题对小镇进行整体设计和创意提升
挑战：T 高端人才供给不足；红色文旅的同质化发展；区位相对偏远	ST战略：做好严肃红色教育与休闲娱乐的结合，争取省市的文化人才政策支持，创新生产、生活、生态的融合机制，开发当地特色文化旅游内容和活态文化形式	WT战略：加快智慧小镇和云上小镇建设，巩固产业基础，不断提升创新能力，走内涵式发展道路

第三节　以"创意赋能"提升创新价值
——青神竹编特色小镇

青神竹编特色小镇创新主体处于优势地位，因此，该把小镇归结为创新主体丰富型特色文化小镇。青神竹编特色小镇依托历史悠久的竹编文化，在文化技艺传承的基础上，不断创新理念、创新工艺、创新技术，设计出更多品类的竹编产品，推动了竹编特色文化产业的不断发展壮大，带动了小镇的生态环境改善、文化业态创新，促进了当地的经济发展和居民的生活品质提升，属于创意设计类特色文化小镇。同时，青神竹编特色小镇位于四川省眉山市青神县，从地域分布上来看，属于西部地区特色文化小镇的代表。青神竹编特色小镇在深厚的竹编文化的滋养下，培养了众多的手工艺人，发展了一批优质竹编企业，形成了规模较大的创新主体，构建了创新生态系统，取得了良好的发展成效。

青神竹编特色小镇位于四川省眉山市青神县青竹街道兰沟村，2021年被四川省政府纳入全省首批特色小镇管理清单，并成为全国首批"国家林业产业示范园区"。青神县是著名的"中国竹编艺术之乡"，兰沟村被誉为"中国竹编第一村"。竹编特色小镇以竹编产业为支撑，以竹编艺术为核心，以竹研、竹编、竹展、竹闲、竹验为主题，全力推进产城人文融合，构建了研发孵化、生产制造、商务会展、健康颐养、文化体验于一体的竹业全产业链，打造了集竹基地建设、竹编工艺品生产、竹制品加工、竹编艺术博览、竹文化生态旅游为一体的国家4A级旅游景区，形成了产业特而强、功能聚而合、形态小而美、机制新而活的创新空间。

一　依托特色文化生态基础

创新生态系统相较于创新系统而言，更加强调创新产生的环境依赖性。特色文化小镇创新生态系统构建需要植根于特色文化小镇生长的文化生态环境。青神竹编特色小镇的发展首先得益于其长期积淀的历史文化、传统产业、非遗技艺等综合性的特色文化生态基础。

（一）独特的历史文化资源

特色文化资源禀赋是特色文化小镇重要的创新资源，是创新生态系统构建的价值内核。青神拥有悠久的竹编文化，为青神竹编特色小镇的发展赋予了强大的文化基因。据《蚕丛氏的故乡》记载，早在5000多年前生活在青神县的先民便已经开始使用竹编簸箕养蚕。到了唐代，竹制品已广泛应用于生产和生活，并逐渐形成了竹制品市场。宋代时期，竹编技艺得到了快速发展；据传，苏东坡在中岩书院读书时，与青神才女王弗相恋，王弗送给东坡一把精美的宫扇作为"定情物"。东坡用竹扇驱蚊纳凉，留下了"宁可食无肉，不可居无竹"的千古名句。此后，篾工巧匠纷纷学编宫扇，称其为"东坡宫扇"，青神扇子从此声名远扬。随着竹编工艺的完善和发展，青神的竹编艺术水平不断提高，清代光绪年间竹编宫扇因精美绝伦被列为朝廷贡品。悠久的竹编文化成了青神竹编小镇创新发展的深层滋养。

（二）不断发展壮大的竹编产业

特色文化产业创新既是特色文化小镇创新生态系统的重要组成部分，也是特色文化小镇创新发展的重要条件。竹编产品的不断创新逐渐壮大了竹编产业，奠定了青神竹编特色小镇发展的经济基础。中华人民共和国成立后，青神竹编在保留传统的簸箕、箩筐等30多种生产生活用具的基础上，还开发了竹凉席、竹暖瓶壳等产品，竹产品成了家家必备的器具。20世纪80年代后期至90年代中期，是青神竹编产业的鼎盛时期，开发的产品达7个系列3000多个品种。经过多年的实践、积累和发展，青神竹编在继承传统技艺的同时，在开拓创新方面进行了不断探索。从传统的立体竹编、平面竹编，发展到瓷胎竹编、仿真竹编、彩色竹编等，共获得339项国家发明专利，其中平面竹编和立体竹编的生产工艺技术已成为四川省的地方标准。青神竹编具有独特的工艺和文化价值，被称为"竹编史上的奇迹，艺术中的艺术"。青神竹编作为国家地理标志保护产品，连续4年跻身中国品牌价值百强榜，为青神竹编小镇赢得了品牌价值。

（三）持续传承创新的非物质文化遗产技艺

非物质文化遗产技艺是特色文化的突出类别，是特色文化传承创新的活态表达。竹编技艺是青神竹编特色小镇创新生态系统构建的生命线，也是体现创新生态系统低替代性逻辑的主要方面，青神竹编技艺于2008年被纳入国家级非物质文化遗产名录。青神在2014年成功申报成为非遗省级生产性保护基地，成为国内第一个竹编类非遗生产性保护基地，青神竹编技艺成功入选第一批国家传统工艺振兴目录。此外，青神还荣获"竹编艺术传承国际范例奖"。作为优秀的非物质文化遗产，青神竹编在传承中不断创新技术、工艺和产品体系，占据了较高的产业创新生态位，体现了特色差异化，增强了青神竹编特色小镇的创新活力。青神竹编的传承主要有三种方式。一是通过持续实施非物质文化遗产传承行动，充分发挥竹编大师的引领作用，建立非物质文化遗产竹编文化传习所等培训基地。二是整合院校及培训基地教学资源。通过开办相关专业，编印竹编教材，打造精品课堂，培养具有一定技术等级的竹编工人，使成都艺术职业大学青神分校培养成为家族传承、学徒制等非物质文化遗产传承方式的有益补充。三是依托国际竹藤中心、国际竹藤组织、"一带一路"竹艺联盟等，实施线上线下双线并进人才培训计划，完成国内外5000余人竹艺培训。目前青神竹编特色小镇拥有国际竹编工艺美术大师1名、国家级竹编工艺美术大师1名、省级竹编工艺美术大师7名、市级竹编工艺美术大师20名、高级工艺美术师109人。大师们用薄如蝉翼、细如毛发的竹丝，编织出了一幅幅惟妙惟肖、栩栩如生的艺术含量极高的工艺品，这些珍品数次作为国礼赠送给多国政要。2019年8月，"青神竹龙"作为"世界上最长的竹编舞龙"打破了吉尼斯世界纪录，青神竹编不断创造竹编史上的纪录和奇迹。

二 加速企业集聚创新

企业创新生态是创新生态系统的核心，企业的创新、企业与企业的协同创新、企业与用户的交互创新深刻影响创新生态系统的构建以及创新效益的提升。品牌竹编企业和一些中小微竹编企业占据不同的生态位，但发挥不同的作用，相互协同，共同推进青神竹编特色小镇的创新发展。如何建立良好的企业创新生态，将小镇的特色竹编文化资源进行现代性重构，从而建立合理的产业体系呢？青神竹编特色小镇坚持"抓二带一促三"的建设思路，充分依托青神县富有的竹生态资源和独特的竹编产业优势及历史文化特色，不断推进种植、加工、旅游、服务等产业融合发展，构建了集竹产品的研发孵化、生产制造、技术培训、会展交易、健康颐养、文化体验于一体的全产业链，促进了产业集群的形成和高质量发展。如今小镇以上规模的竹编及竹文化产业企业达18余家，经销竹制工艺品的商家35户，竹产业从业人员近2000人，2022年实现年产值70亿元，外贸销售额突破5亿元。

(一) 培育创新基石企业

企业的创新与特色文化小镇的创新密不可分，有些特色文化小镇的发展过程就是基石企业成长的过程。四川省青神县云华竹旅有限公司为青神竹编特色小镇的发展奠定了重要的创新基石。该公司创始人陈云华于1947年出生在青竹街道兰沟村，是国际竹编工艺美术大师、中国竹编艺术大师、国家级非物质文化遗产代表性传承人，代表作《鹊华秋色图》

《幽远》等竹编精品获国家级博览会金奖。在相关部门的大力支持下，1991年，陈云华开始筹建中国竹艺城，1993年投入使用。目前，中国竹艺城每年可接待国内外游客10余万人次，已经成为集竹编生产、展销、竹艺旅游观光等内容于一体的独特空间。在陈云华的带领下，公司不断推陈出新，开发了一批竹编精品。2006年，竹编巨制《清明上河图》被台商以106万元人民币购买后收藏；2008年，公司攻克了"彩色竹编"难题，填补了世界上竹编无彩色的空白，把竹编从技术提升到艺术境界。公司拥有平面竹编、立体竹编、竹家具、瓷胎竹编等共计3000余个竹编品种，申请专利58项；其中，发明专利20余项（授权发明专利9项），申请版权保护100余项。"云华"牌竹编艺术先后荣获国内外金、银奖300多个。中国竹艺城先后被命名为"国际竹手工艺培训基地""国际竹藤中心培训基地""国家级非物质文化遗产生产性保护示范基地""四川省林业扶贫竹编培训基地"。公司先后举办了国内外竹编培训班500多期，培养竹编初、中级技能人才16000多人，带动了周边5000多户从事竹编产业、10000多人脱贫致富，为30多个国家和地区培训国际友人超5000人次。公司将竹编、研学和旅游紧密结合在一起，积极推动文旅融合。2022年，公司实现工业产值4亿元，实现主营业务收入3.5亿元、利润3000万元，上缴税金30万元。云华竹旅有限公司不断创新，将创意设计深深融合到竹编产品和竹编艺术中，带动了青神竹编特色小镇的建设。

（二）延伸产业创新链条

企业集群需要相互协同和错位发展，不断延长产业链条，形成产业集聚，才能实现更大的创新价值。产业集聚是特色文化小镇创新生态系统构建的基本逻辑之一，延伸产业链条是一项重要体现。青神竹编特色小镇以"竹文化"为价值内核，除了竹编产业的发展之外，积极延长竹产业创新链条，实现了更大的竹文化价值。小镇内的四川环龙新材料股份有限公司以竹子为原材料，积极向多种竹产品拓展，延长竹产业创新链条。公司充分利用竹子作为造纸原材料韧性强、不易烂、不掉粉、不掉渣、抗菌抑菌的特性，研发设计出各类竹纸制品。该公司不断创新，与芬兰国家技术研究中心（VTT）组建了竹材生物质精炼工程实验室及全价利用工程实验室，开展竹材生物质精炼技术、竹材全价利用技术等研究，目前已成功研发餐厨类、母婴类等7大系列60余种产品，竹纤维纸杯、餐盒、吸管等

10余种以竹代塑的竹替塑产品，形成了独具特色的竹产品体系。2019年，公司入选第四批国家林业重点龙头企业名单。2022年5月，22万吨竹材生物质精炼项目顺利投入运营，依托全球首创的核心专利技术，公司将建设成为全球领先的竹纤维全价循环利用基地。该基地每年对鲜竹的需求达150万吨，带动竹林种植250万亩，提供就业岗位5000个，促进农民增收10亿元，促进了配套企业的发展。竹产业创新链条的延伸极大地提升了青神竹编特色小镇的创新生态稳定性，提高了产业发展的抗风险能力，增强了小镇的发展韧性。目前，青神竹编特色小镇已有9家国家海关报关单位，产品远销欧、美、澳以及东南亚等50多个国家和地区，实现年产值60亿元、税收5亿元。

（三）推动跨界融合创新

特色文化小镇创新生态系统构建要坚持开放协同的逻辑，利用现代科技和数字应用手段，实现理念、创意、设计、市场的融合创新，形成价值共创机制。竹编技艺如果一味传承延续传统做法，就难以更好地满足现代化的、多元性的市场需求。积极推动跨界融合创新是建立开放式创新生态系统，推动青神竹编特色小镇创新迭代的必要举措。张德明作为国家级非物质文化遗产青神竹编传承人和竹福竹艺文化有限公司（竹福竹编艺术创作中心）的创始人，首创了精裱竹编专利技术，为竹编这一古老的艺术形式注入了新的活力，也使竹编这一冷门工艺逐渐引起国际的关注。张德明带领企业瞄准市场，与高端品牌嫁接，推动企业的跨界融合，创造了更大的竹编文化价值。2008年11月，张德明和法国品牌爱马仕的中国公司合作，利用其独创的"双线交叉走丝"竹丝扣器皿编法，为爱马仕创制了编织竹丝扣瓷茶具，开创了技艺与文化、传统与现代相融的时尚又实用的竹编产品制造先河，使竹编瓷胎技艺实现了由粗糙到精美的蝶变。通过跨界融合创新，竹编不再只是生活中的实用产品，更成为一种时尚的、极具文化内涵的文化创意产品，走进了更加广阔的文化经济空间。

（四）探索集体经济模式创新

当地居民是特色文化小镇发展的最大受益者，也是特色文化小镇最具活力的创新主体。壮大集体经济是特色文化小镇创新生态系统构建的动力和支撑，是提升当地居民收入水平的有力途径。青神竹编特色小镇在村两委的积极带领下，创新集体经济发展模式，有效激发了当地居民的创新能动性，激活了大众创新潜能，优化了创新生态。在20世纪70年代初的时候，兰沟村成立了第一个集体经济组织——中岩竹编工艺厂，村民用编了4年的果盘、面包篮，为村子换来了三台手扶拖拉机，兰沟村竹编因此名噪一时。这对兰沟村的集体经济起到一个承前启后的作用。目前，青神竹编特色小镇以村集体资源、资产入股成立了三个股份制公司，分别是青神莺初兰沟旅游管理有限公司（村集体占股51%）、青神县禧悦餐饮有限公司（村集体占股45%）和青神县青竹街道兰沟村竹业农民专业合作社（村集体占股20%），探索通过组织闲散劳动力承接劳务赚取佣金、流转土地承包经营权农户承包地收取托管服务费、村企合作分股金以及盘活闲置宅基地和村集体建设用地等资源赚取租金四种模式提升发展质量效益，壮大集体经济。为实现集体经济组织规范化运行管理，青神竹编特色小镇优选配强干部队伍，由省级担当作为好支书赵小建等同志组成村两委班子，并选取14名优秀人才进入集体经济组织作为管理人员，提升了集体经济发展的管理能力和运营水平。2022年，青神竹编特色小镇实现集体经济经营性收入107万元，并按照"效益优先、专用专管、透明公正"原则，建立集体经济专用账户，提取10%作为集体资产发展保证金，30%用于集体分红，5%用于51户脱贫户帮扶资金，55%用于村集体经济发展资金，2023年，集体经济经营性收入达136万元。集体经济发展模式的不断创新增强了村集体的自身"造血"能力，增加了集体收入，提升了当地居民的收入水平，也有力地支撑了青神竹编特色小镇的创新发展。

（五）助力中小微企业协同创新

关注大众创新是特色文化小镇创新生态系统构建的思维起点。中小微文化企业是特色文化小镇创新发展的生力军，是构建自下而上创新生态系统的基础。青神竹编特色小镇重视草根创新，积极培育引进各类中小微企业，并将小规模作坊式竹编企业聚集在一起成立竹编产业联盟，提升了企业的协同创新效应。入驻小镇的竹编企业缴纳一定保证金之后便可加入竹编产业联盟，联盟采取"公司+企业+农户"的模式，实行订单生产。青神竹编以手工制造为主，属于劳动密集型产业，其规模经济效益的提升需要更大程度的分工协作。某一公司接到订单后，采取一定方式通过竹编产业联盟将订单分配给不同的企业，进行共同生产，实行统一收购、统一销售。收购价和售价形成的差价有两个方面用途，一方面，用于补贴由于各种原因未接到订单的联盟企业；另一方面，用于联盟自身发展。通过竹编产业联盟，青神竹编特色小镇实现了效果更好的企业协同创新。

三 优化政府服务创新生态

政府能够为特色文化小镇发展营造良好的创新生态环境，是重要的创新主体，也是坚实的创新保障。青神县委县政府为青神竹编特色小镇创新生态系统构建和培育提供了各项创新保障，有效激发了居民、企业等创新主体的创新动力，促进了企业、居民、社区、园区等的价值共创。

（一）创新多重保障条件

村中镇、园中镇等是特色文化小镇主要的空间形式，为特色文化小镇的创新发展创造了更加多元的复合创新条件。青神竹编特色小镇位于竹编产业园核心区域，规划核心区面积2.86平方公里。为使青神竹编特色小镇获得更加优良的创新环境，得到更优质的创新服务，青神县成立了以县委书记县长任"双组长"、县委副书记具体抓落实的小镇建设领导小组，并将青神竹编特色小镇建设工作纳入县委县政府目标绩效考核。县委县政府专门成立了竹编园区管委会（即小镇管委会），设置了19个工作编制，保证小镇有一个稳定的管理服务团队。经过几年的建设运营，形成了合理顺畅的协调机制，保证了青神竹编特色小镇的建设效率。为更好地服务企业、全力优化营商环境，县委县政府成立了竹产业研究服务中心，核定编制10人，为小镇企业提供定制式、保姆式服务。在加强组织保障的同时，市县两级还将青神竹编特色小镇建设工作资金列入年度财政预算，市、县财政每年预算安排分别为2000万元、1000万元，这些财政专项资金用于扶持竹编产业发展。

（二）创新各项扶持政策

财政、金融、土地、人才等方面的政策以及各项制度规范是特色文化小镇创新发展重要的条件支撑。青神竹编特色小镇的发展离不开国家、省、市、县对特色文化小镇的政策支持。竹产业是青神竹编特色小镇的支柱产业，直接决定了青神竹编特色小镇的发展成效。针对地区竹产业发展的实际情况，省、市、县分别出台了一系列政策文件，保障了青神竹编特色小镇良好的产业创新环境。青神县将青神竹编特色小镇作为县域发展的重点，制定了《青神县青神竹编小镇建设方案》和《青神县青神竹编小镇发展规划》等规范文件，营造青神竹编特色小镇良好的政府服务创新生态。

（三）创新设施环境建设

设施建设和环境建设也是特色文化小镇重要的支撑保障。很多特色文化小镇位于城乡接合部或乡村，基础设施条件相对较差，影响了创新要素的集聚。青神竹编特色小镇同样位于乡村，设施和环境建设任务较大，而设施和环境建设的主要力量是政府。围绕青神竹编特色小镇的建设，青神县委县政府按照统一规划、合理布局、适度超前的原则，规划建设主干道、次干道、支路三级道路交通体系，实现干道畅通、路网完善，开通公交旅游专线，增设公交站点，构建了15分钟便捷交通圈。合理布置人性化的城市支路网络和公交线路、站点，满足各地块的通勤和居住需求。为了增加青神竹编特色小镇居民和游客的舒适体验，增设了园区户外导视图，使用了高标准生态停车场，建设了旅游步道、木栈道、亲子平台等小镇舒适物，极大改善了青神竹编特色小镇的基础设施环境，提升了公共服务能力。

（四）创新社区治理方式

社区是特色文化小镇最具活力的组成部分，创意社区是特色文化小镇创新生态系统的有机组成部分。创意设计是青神竹编特色小镇创新发展的灵魂，创意社区是竹编文化生动鲜活的体现。在兰沟村的建设过程中，充分融入创意设计，丰富文化业态，实现了较好的治理创新效果。兰沟村曾经因老旧破败是人们口中的"烂沟村"，因为离城区很近，所以村民大多搬到了城里生活，村里留下了大量的闲置农房；通过政府的规划引领、国有平台公司的示范带动、村集体的统一流转、社会资本的广泛参与，创意设计的深度融入实现了美丽蝶变。在"城市有乡村更美好，乡村让城市更向往"理念的引领下，小镇搭建了包括理事会、监事会、成员大会在内的合作社组织框架加强社区治理，建立了集体联股、村企联责、村民联利的社区发展模式，组织社区居民积极参与社区企业服务、生态环境建设、治安维护、文化交流等事项中，提升了社区居民的创新能动性。积极鼓励社区培育多样文化业态，形成了餐馆、茶室、咖啡馆等多种文化业态和竹里香火锅、竹里人家、城南旧事等网红竹文化IP。同时，社区开展了竹竿舞等多种活动丰富了社区居民的文化生活。社区还积极开展妇女竹编技艺培训和交流，为更多农村妇女提升就业技能，成为四川省妇女居家灵活就业示范基地。通过村房建筑外观的创意设计、文化业态的培育、文化场景的建设、村民自治的开展，兰沟村具有了鲜明的竹文化气息，创意氛围浓厚，创意社区治理有效，推动了青神竹编特色小镇创新生态系统构建。兰沟村也因竹而兴、因竹而富、因竹而成名，成为四川治理有效名村、乡村文化振兴省级样板村。

四 激活社会参与创新

社会力量是特色文化小镇不可或缺的创新主体，对特色文化小镇的创新生成、扩散、迭代发挥催化作用。高校、科研院所、行业协会、专业运营公司积极参与创新生态系统构建，促进了青神竹编特色小镇的创新发展。

（一）社会力量激活技术创新

技术创新是特色文化小镇创新生态系统的内在推动力，由技术创新带来的颠覆性创新更是成为特色文化小镇保持特色差异性的重要条件。青神竹编特色小镇与诸多高校、科研院所合作，加快新材料、新产品的技术研发，推动了产品和产业的创新迭代。为抢占国内外市场，小镇不断加大创新研发力度，与中央美术学院、清华大学美术学院、四川大学等合建青神竹编艺术研发中心，聘请国内15名专家组成顾问团，指导竹编产业发展。小镇与国际竹藤中心合作设立了青神竹产业博士工作站，通过"市管县用、县招企（院）用"的方式共建竹产业研究院，成功与四川大学、中国制浆造纸研究院等7所高校和科研院所签订合作协议，招引研发人员18名，共同开展竹产业的创新研发和品牌培育。为了更好地保证竹产品的质量，提升创新成效，小镇与芬兰国家技术研究中心（VTT）、中国科学院过程工程研究所等10余家科研院所合作，设立了四川省竹材生物质精炼技术工程实验室，建设了省内造纸行业首个竹制品检验检测中心。各类科研支持团队的参与，有效激活了青神竹编特色小镇的创新源。

（二）社会力量促进创意孵化

创意设计是特色文化小镇必不可少的创新要素，更是创意设计类特色文化小镇的核心支撑。创意设计不仅体现在青神竹编的创新生成、创新扩散过程，还体现在创意孵化过程。青神竹编特色小镇利用企业、社区、社会组织搭建了创新创意孵化平台，加速创新。竹里竹艺美学馆是由县属国有平台公司竹投公司牵头建设的文化空间，是竹里巷子社区的标志性建筑。竹里竹艺美学馆是在原来破旧的村舍基础上，通过创意改造建设而成的，与周围良好的生态环境融为一体。竹里竹艺美学馆不仅承载着竹编工艺品的展示展销、休闲茶艺等文化功能，更是一个创新创意孵化空间。它与中央美术学院城市设计学院、清华大学美术学院、北京国际设计周有限公司等多家机构联合进行创意设计和创意孵化，通过创意大赛、文化金融支持等催生了更多优质的竹元素创意项目和产品。小镇注重企业和社会组织的密切联合，开展创意研发和技能培训，助力创新创业。优秀民营企业竹福竹艺与四川省文创联盟传统工艺专委会等组织联合建设了青神县竹艺众创空间、青神县竹产业创业创新孵化园、四川省传统工艺（竹编）文创基地，加快竹产业的创意孵化。各类创新创意孵化基地的建设提升了青神竹编特色小镇的创新活力。

（三）社会力量助力品牌营销

品牌营销是加速创新扩散的重要路径，是提升品牌创新力的必要条件。通过品牌营销，创新理念和创新成果能够更好地传播，创新价值能够得到有效提升。国际竹藤组织、中国国际竹产业交易博览会、中国国际进口博览会等力量参与青神竹编的品牌运营中，提升了青神竹编的知名度，扩大了竹文化的影响力，实现了更大的竹文化经济价值。自2018年开始，每年在青神县举办的中国国际竹产业交易博览会，扩大了青神竹编的影响力。2020中国国际竹产业交易博览会·首届数字国际熊猫节升格为国家级会节，吸引了五大洲多个国家和地区的参展商和采购商。青神竹编特色小镇积极参加北京世界园艺博览会、中国国际进口博览会、中国进出口商品交易会等平台，宣传推介青神竹编文化和产品，取得了很好的社会效益和经济效益。青神竹编特色小镇还充分利用线上平台定期举办竹产品创意设计大赛，利用"线上+线下"各类宣传推介平台，打造"一站式"竹产业网络服务平台，扩大了青神竹编品牌的开放创新效应。

（四）社会力量参与文旅融合创新

文旅融合是特色文化小镇创新发展的鲜明特性，也是特色文化小镇创新生态系统构建及培育的基本要求。青神竹编特色小镇调动各方社会力量参与文旅融合创新中，使市场主体和当地居民成为文旅融合创新的生力军，构建了文旅融合生态群落，建立了文旅融合运营管理机制，开发了文旅融合线路，较好地实现了文旅融合创新。

大力实施竹文旅融合战略，推进以"竹"为核心的文化体验，形成了游竹里、赏竹编、住竹院、品竹宴、学竹艺、观竹萤的全方位竹文化体验。2014年，青神国际竹艺城发展投资有限公司成立并作为青神竹编特色小镇的主要投资运营主体，负责小镇建设和文旅运营。县属国有企业为建设主体，累计投入建设资金48亿元，建设文旅融合生态群落。竹林湿地公园、国际竹编艺术博览馆、萤火虫博物馆、熊猫馆、全国首家竹艺主题酒店竹里院子、竹里巷子等构成了青神竹编特色小镇的文旅生态群落，丰富了文旅融合场景，促进了文旅融合创新。积极推出了竹编研学游、竹编文化游、熊猫亲子游等5条精品旅游线路，竹编非物质文化遗产之旅跻身四川全省十大"非遗之旅"研学线路。青神竹编特色小镇注重与周边文化生态的联合创新，成功进入"大竹海联盟"和"大峨眉联盟"。抖音、小红书、旅行社、研学机构等社会平台积极参与青神竹编特色小镇的文旅融合创新运行中，取得了良好的成效。2022年，青神竹编特色小镇共接待游客150万人次，实现旅游收入9亿元。

青神竹编特色小镇在被评价的12个特色文化小镇中，综合得分排名第3位，主要得益于丰富的创新主体的贡献。青神竹编特色小镇以竹文化为创新内核，以创意设计为创新驱动，将创意设计融入产品、服务、建设中，取得了良好的创新成效，年旅游人次、年旅游收入、主导产业产值等指标组成的创新产出得分排名第2位，特色文化主题鲜明、设计布局有特色。在青神竹编特色小镇发展过程中，非物质文化遗产代表性传承人、工艺美术大师、当地居民、村集体、各类企业、政府、社会组织发挥了积极的创新能动性，促进竹编技术创新、产品创新、业态创新、服务创新。各类创新主体既功能错位，又相互联系、相互协作，形成了合理的创新生态位。在竹编基础上，不断向竹材料研发创新、竹纸制品、竹文旅等产业内容延伸，充分延长了产业链条，提升了产业竞争力，夯实了青神竹编特色小镇发展的经济基础。通过政府、公司、社会组织的协同创新，青神竹编特色小镇的创新环境逐渐优化，创新条件日趋完善，创新过程保持顺畅，创新方式得以更新，创新产出和创新效应良好。青神竹编特色小镇创新生态系统如图 5-3 所示。

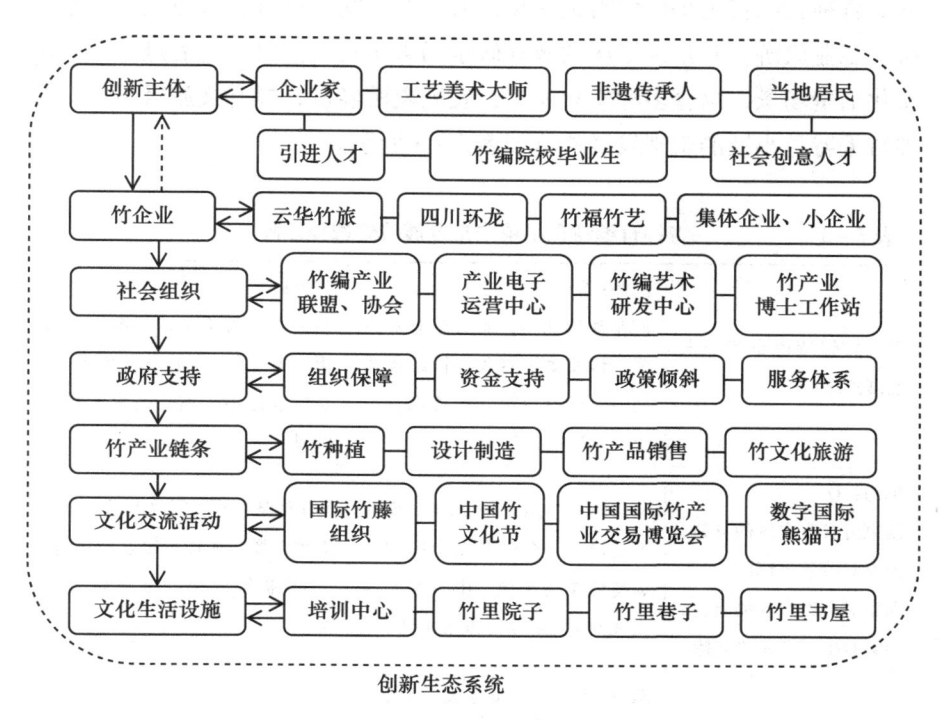

图 5-3 青神竹编特色小镇创新生态系统

青神竹编特色小镇在各类创新主体的带动下，构建了较完整的创新生态系统，走出一条创意设计驱动特色文化传承创新的特色文化小镇发展道路。同时，在青神竹编特色文化小镇的高质量发展中，仍然需要思考解决一些突出的问题。一是，品牌知名度有待提升。青神竹编作为一个区域品牌，已被列入国家非物质文化遗产名录，近年来，通过不断同外界交流与合作，业界知名度显著提高；但是，从文旅发展、特色文化小镇发展等角度看，社会广泛知晓度仍然不高，品牌资源的优势尚未得到充分发挥，品牌价值有待深层次开发。二是，产业现代化程度有待提高。青神竹编主要是以手工技艺为主，相对于浙江等经济发达地区的竹编产业，产业现代化程度相对较低，今后青神竹编特色小镇在保持手工竹编特色的前提下，应适当地创新生产方式，提升产业现代化程度。三是，文化场景有待进一步丰富。特别是在生产场景和消费场景的构建中数字化应用程度不高，现代科技元素仍需有机融入,文化管理和文化服务的精致化程度有待进一步提升。青神竹编特色小镇仍需进一步开放生产空间,促进更大范围的农业旅游、工业旅游,开拓深层次的教育研学场景构建。同时,仍需进一步丰富文化消费场景,培育多种文化业态,发展夜游经济,提升文旅吸引力。青神竹编特色小镇的未来发展战略如表5-3所示。

表5-3　　青神竹编特色小镇未来发展战略选择矩阵

青神竹编特色小镇未来发展战略	优势:S 产业基础扎实,龙头企业实力强,竹编文化悠久,竹编技艺精湛,竹编品牌知名度高,历史文化资源丰富	劣势:W 品牌影响力不足,竹编企业规模不大,产业现代化程度不高,文化业态不丰富,区位优势不明显
机遇:O 国家对农业农村的支持,国家对特色小镇的支持,国家对文旅产业的支持,国家对生态产业的支持	SO战略:利用产业基础,高标准建设享誉全省乃至全国的竹编特色文化小镇,由竹编产业发展向文化旅游业发展拓展	WO战略:开发国内市场,拓展海外市场,加强小镇基础设施、公共服务建设,提升城镇化品质
挑战:T 从模仿创新到自主创新的挑战,从产业发展到城镇发展的转换和提升	ST战略:加强服务设施建设,吸引并留住更多的创意人才加入小镇建设,创新人才引进和利用机制,提升小镇产品的创意水平,增强生活便利设施的建设,优化小镇生活环境	WT战略:巩固竹编产业的发展基础,提升小镇居民的文化素养,建设富裕、美丽的特色文化小镇

第六章

特色文化小镇创新生态系统构建及培育的优化建议

在前述研究中，我们建立了特色文化小镇创新生态系统理论，提出了特色文化小镇创新生态系统构建的核心要素和执行路径，并分析了特色文化小镇创新生态系统构建及培育的机制。在此基础上，我们结合特色文化小镇发展中存在的主要问题和不断变化的特色文化小镇创新发展实践，针对突出问题、核心要素，进一步分析提出特色文化小镇创新生态系统构建及培育的优化建议，更好地指导特色文化小镇高质量发展实践。

第一节 加强培育重点创新主体

创新主体发育不完善是影响特色文化小镇创新发展的一个突出问题。在特色文化小镇创新生态系统构建一章中，我们提出创新基石是特色文化小镇创新生态系统构建的核心要素之一，培育创新基石是特色文化小镇创新生态系统构建的执行路径之一。在此基础上，我们针对其中的重点创新主体进一步提出培育建议，以期更好地发挥创新主体的能动性。

一 壮大文化企业创新实力

特色文化产业的支撑不足是当前特色文化小镇发展中存在的突出问题之一，直接影响了特色文化小镇的创新能力。文化企业决定了特色文化产业的实力，是推动特色文化小镇创新创造的生力军，需要不断壮大创新实力。

(一) 形成适宜的文化企业创新生态位

适宜的文化企业创新生态位有利于形成企业创新生态系统,促进产业创新生态系统的构建。积极构建特色文化小镇的文化企业群,形成梯次合理、结构优化、类别丰富的文化企业,提高资源配置效率,提升企业协同创新成效。构建"小微企业—骨干企业—龙头企业"生态格局,建立文化企业为主体、产学研高效协同深度融合的创新体系,为全方位推动特色文化小镇高质量发展提供实体支撑。为此,特色文化小镇所属政府部门要牵头深入调研,挖掘待培育文化企业创新主体,针对不同类别和不同发展阶段的文化企业精准施策、精准培育。建立特色文化小镇文化企业培育任务清单,由特色文化小镇所属主管部门以及特色文化小镇文化企业负责人共同统筹协调解决企业发展中遇到的问题。对具备一定能力、成长性较好的文化企业进行跟踪指导。对文化特色突出,具有一定成长潜力的小微文化企业进行定向帮扶。对龙头文化企业,给予更大的平台支持,发挥企业的引领作用。

(二) 推动特色文化企业集聚创新

特色文化小镇蕴含的内在要求之一是"小产业,大市场",如何实现特色产业的大市场空间,实现更坚实的产业竞争力是特色文化小镇发展的主要目标之一。树立鲜明的特色产业定位,强化要素集聚,促进企业的集群式发展是重要途径。全国有诸多发展良好的以特色文化产业集群发展带动特色文化小镇发展的案例,均表明更好地推动特色企业集群发展对增强特色文化小镇发展经济动力具有重要意义。首先要以"小产业大市场"筑牢经济基础。青神竹编特色小镇的竹编企业集聚创新、文家市文旅小镇的花炮企业集群、黄桥琴韵小镇的提琴企业集群、宣城宣纸小镇的宣纸企业集群、德化茶具小镇的茶具企业集群等特色文化企业集聚创新群落提升了特色文化产品的市场占有率,壮大了特色文化产业的发展实力,提升了特色文化小镇的产业创新能力。因此,特色文化小镇要以主导产业为支撑培育众多的特色文化企业,促进形成企业创新集聚效应。锁定专一的文化产业,培育众多的文化企业,提升企业规模经济效益。开拓大市场是特色文化小镇产业经济发展的逻辑,也是引起公众强烈震撼的触点。

(三) 培育优秀民营企业家

《中共中央 国务院关于促进民营经济发展壮大的意见》对促进民营

经济发展壮大作出新的重大部署，提出"在民营经济中大力培育企业家精神，及时总结推广富有中国特色、顺应时代潮流的企业家成长经验"。一批优秀的民营企业家在企业的培育、建设、发展壮大以及推动特色文化小镇创新发展中起到了重要引领作用。浙江省规定特色文化小镇的非政府投资比例不低于70%，每一个特色文化小镇要有一个民营建设主体，充分表现出民营经济在特色文化小镇建设中的积极作用。一方面，特色文化小镇要为民营企业家构筑创新平台、集聚创新资源，在投资便利化、负面清单管理等方面改革创新，努力打造有利于企业家创新创业的营商环境；另一方面，坚持育引结合壮大优秀民营企业家主体，大力引进具有创新发展、追求卓越、诚信守约、勇于担当的优秀民营企业家，带领企业实现高质量发展；同时，积极培育本土优秀民营企业家，通过政策倾斜、协会带动、金融企业协助等模式，充分释放创新创业激情，努力打造一批能力卓越、富有开拓精神的本土优秀民营企业家。

二 提升当地居民创新能力

当地居民和特色文化小镇有着深深的融入感，具有一定的资源和人脉关系，有利于破除与特色文化小镇相关主体之间的社会隔阂，在推动特色文化小镇发展、传承创新本土特色文化资源中发挥着不可替代的作用。在特色文化小镇创新生态系统构建中，应该重点培育当地居民的创新能力，发挥主体作用。

（一）开展创新能力和综合素质能力培训

特色文化小镇多数处于乡村或者城乡接合部，当地居民的文化水平和创新能力普遍较低，还不能完全适应特色文化小镇高质量发展的需要。因此要有计划地开展教育培训，提供学习教育机会，全方位提升当地居民的创新能力。一是实施学历教育提升帮扶计划。对考上大学的家庭进行资助，鼓励和帮助成年居民报考自学教育、成人教育，提升特色文化小镇当地居民的科学文化素质。与职业技术院校合作，采取线上与线下平台相结合的方式，针对特色文化小镇的主导产业门类和企业发展需要实施订单式培养，帮助提高居民的学历水平和综合能力，提升特色文化小镇人才供给层次。二是针对初中及以下劳动力，着重开展烹饪技能、特色工艺、园林绿化、家政服务等培训项目，力争实现特色文化小镇居民人人都能就业的工作目标。三是以提高就业与再就业能力为重点，分类实施开展好职业技能培训。根据特色文化小镇的产业发展布局和企业岗位需求，开展定向定岗培训。对大中专以上的劳动力，围绕特色文化小镇高端产业发展，重点培育信息技术、文化创意、旅游管理等方面的高技能人才。四是开展多种形式的文化活动，丰富特色文化小镇居民文化生活。邀请文化产业、文旅运营管理、文化资源保护利用等领域的专家学者举办讲座报告，拓宽居民的视野。充分利用了小镇客厅、文化服务中心等公共文化空间，举办医疗保健、健康饮食、智能技术、文化艺术、文明礼仪等课程，提升居民综合文化素养。

（二）提升当地居民参与小镇运营管理服务创新能力

特色文化小镇既需要专业化的运营，也离不开日常辅助性的运营管理。动员当地居民参与小镇的管理服务中，既可以发挥其主人翁作用增加就业机会，又有助于特色文化小镇的高效运营。制订有效的参与计划，在规划和建设小镇的过程中，编制特色文化小镇居民参与方案，以宣传、征求意见、开展培训、座谈会等各种形式，确保广泛的居民参与小镇规划、设计及后期管理等各个环节中。居民自主管理是促进特色文化小镇自组织创新的有效路径，对推动特色文化小镇可持续发展具有重要作用，要成立居民自治委员会提升运营管理效率。建立特色文化小镇居民参与运营管理服务机制，采取志愿者服务、工资收入、临时用工等多种形式，组织当地居民参与小镇的环境卫生管理、物流服务、物业管理、治安管理等服务中。实行有效的奖惩措施激发居民创新主动性，通过"建言献策""创意天地""我的舞台"等不同平台展示居民的创意创新想法，组织评选"创意达人"等居民创新奖项，给予公开表彰，资助创意基金等多种方式的奖励，激发居民创新能动性。

（三）提高当地居民对特色文化的活态传承创新能力

当地居民原生态的生产生活作为一种特色文化，是特色文化小镇发展的重要文化资源。因此维护好当地居民的特色文化习俗和技艺就是对特色文化小镇创新发展的重要贡献。特色文化小镇管委会和所属地方政府积极营造良好的特色文化传承环境，比如组织文化节庆、戏曲表演、传统手工艺展示等活动，提供文化交流、学习和展示的平台，营造浓厚的文化氛围，激发居民对特色文化的兴趣和热爱。建立特色文化传承创新机制，以

"老带新""师带徒""进社区""进学校"等方式将特色手工技艺传承下去,促进当地居民"人人懂特色文化,人人爱特色文化,人人传特色文化"。

三 强化创业创新型人才创新作用

创业创新型人才是特色文化小镇重要的创新主体,能够带动企业创新、产品创新、服务创新和管理创新等。然而,创业创新型人才缺乏是特色文化小镇面临的创新制约瓶颈。加大对创业创新型人才的培养和引进,强化其创新作用,对特色文化小镇创新生态系统构建和创新能力提升具有深刻影响。

(一)发挥文化艺术领军人才创新引领作用

文化艺术领军人才是在某一文化艺术领域掌握前沿的理论知识或高超的文化艺术技艺,能够带领团队开展创新型工作的艺术大师、文化专家等人士。特色文化小镇要积极加强与文化艺术领军人才的沟通和合作,依托国际国内知名的艺术家及科研团队,进行特色文化小镇的主题定位,内涵挖掘以及特色塑造。例如,引进国际著名的陶瓷艺术家入驻小镇,并展开创作、生产、销售、会展、体验等一系列工作,将大大提升陶瓷小镇的知名度,提高陶瓷小镇的文化艺术品位,增强陶瓷小镇发展的内生动力。加强与知名戏剧表演艺术家的联系和合作,将艺术家自己的创作和作品与小镇整体风格设计、产业业态设计相融合,深入挖掘文化内涵,建设戏剧小镇等,以文化艺术领军人才的影响来提升小镇的知名度。国家级的工艺美术大师,非物质文化遗产代表性传承人都可以作为特色文化小镇的领军人才重点培养和引进。文化艺术领军人才对特色文化小镇的培育和建设可以起到"四两拨千斤"的作用。地方政府应对参与特色文化小镇建设的领军人才制定力度较大的经费支持、工作环境优化、制度保障等方面的细化的支持政策,充分发挥领军人才对特色文化小镇培育的引领作用。

(二)创新技术人才培育理念

特色文化小镇要深入开展人才需求调研,摸准摸透不同环节亟须的园林建设、旅游管理、景区运营、市场营销、创意策划等各类人才。坚持"不为所有,但求所用"的柔性引才原则,采取"线上+线下"人才招引联动。可以采取"集成式""预约式""清单式"等个性化服务模式,开展常态化联系优秀人才制度,落实好人才工作联动机制。例如,文家市文旅小镇探索实行特色文化小镇管委会、所属地政府负责人和工作人员每人联系几名或多名专业技术人才,为各类人才切实解决住房、出行、子女教育等方面遇到的实际困难。同时定期开展联谊和形式多样的文化活动,丰富专业人才的业余生活,确保人才来得开心、干得安心、留得舒心。加强特色文化小镇的宣传营销,主动与高等院校联系,向在校大学生和即将毕业的大学生,特别是特色文化小镇所属地生源大学生主动推销小镇,让他们认识小镇、了解小镇,增加对小镇的认同感,鼓励他们在小镇进行专职和兼职的创业。

(三) 发挥新乡贤和德高望重的族人的创新能动性

新乡贤是联结故乡与外界先进生产力的重要枢纽,德高望重的族人在发展本地特色经济,处理本地利益纠纷等方面发挥着显著作用。特色文化小镇的发展要充分发挥这两类人的创新能动性。对当地新乡贤和德高望重的族人深入开展资源摸底,针对个人专长,按年龄、职业等要素进行分类登记,建立新乡贤和当地有声望的人才数据库,实行动态管理,切实把能在特色文化小镇发展中发挥作用的各行业、各领域优秀人才纳入工作范畴。以特色文化小镇的发展愿景来感染新乡贤,通过出台鼓励新乡贤返乡的相关政策,调动新乡贤资源、凝聚新乡贤力量,诸如提供基本公共服务、税收减免或财政补贴政策优惠、宣传表彰等举措吸引新乡贤返乡参与特色文化小镇建设中来。出台《特色文化小镇乡贤理事会章程》和《乡贤理事会议事规则》等制度,明确乡贤在特色文化小镇建设中的职责义务、议事方式、服务管理、表彰激励等细则,确保乡贤依法依章、规范参与特色文化小镇建设事务中。积极搭建乡贤联谊平台,定期开展联谊活动,为乡贤与乡贤之间、乡贤与群众之间密切联系、沟通情感提供平台,弘扬传统和现代乡贤文化,激发乡贤归属感和责任感,带动形成见贤思齐、崇德向善的文明乡风。引导新乡贤和德高望重的族人发挥亲缘、人缘、地缘优势,积极探索开展系列活动,引导他们在引资引智、产业发展、社区治理、公益慈善等方面为特色文化小镇的创新发展贡献力量。

第二节　促进创新方式更新

发展方式和运营管理方式的创新不足往往导致许多特色文化小镇发展不佳乃至运营失败。从文化生产、文化消费、运营管理等角度更新创新方式，是特色文化小镇可持续发展的重要路径。

一　促进文化生产方式创新

文化生产方式落后是特色文化小镇产业支撑不足的一个重要原因，降低了文化生产效率，制约了文化经济价值的实现。不断充实文化产业门类，扩大文化生产内容，开放文化生产空间，转变文化生产方式能够促进文化生产方式的创新，从而强化特色文化小镇的产业支撑。

（一）充实产业门类

很多特色文化小镇将文化旅游产业定位为小镇支柱性产业，认为特色文化小镇就是要发展旅游，发展旅游就是建设特色文化小镇。虽然，文化旅游小镇是特色文化小镇的一种主要类型，所有的特色文化小镇都具有文化旅游的功能；但是，特色文化小镇的产业支撑绝不仅仅是文化旅游。近年来，受全球新冠疫情的影响，文化旅游行业遭到重创；这也是很多特色文化小镇经营不佳，走向衰败的重要因素。因此，可以看出，创新特色文化小镇的产业门类，增强特色文化产业的竞争力，是抵抗市场风险，增强特色文化小镇发展韧性的重要之举。特色文化小镇要选择适合本地区域经济优势的特色产业作为支撑，以产业的不断壮大和发展培育衍生产品及服务，延长产业链条，丰富产业业态，有机融合文化、产业和旅游，充实产业门类才能获得更加稳固的发展基础。

（二）加速转变生产方式

乡村长期以来难以实现经济的快速增长的主要制约因素就是农业生产方式的落后。特色文化小镇生产方式的转换包括传统农业生产方式向现代农业生产方式的转换和传统农业生产方式向非农生产方式的转换。很多特色文化小镇并没有取得良好的发展效果主要归因于小镇没有实现生产方式的转换，没有实现产业的转型升级。例如，有些致力于发展三产融合类特色文化小镇的苹果小镇只是将苹果产业作为小镇的主导产业，将苹果采摘作为小镇的主要服务内容；并没有围绕苹果进行深度的产品挖掘，开发设计更多的以苹果为主题的特色文化产品和文化服务，没有将其融入家居、服饰等更多的行业，没有融入更多的产品场景，制约了小镇的价值实现空间。将创意设计融入生产设计和服务营销中，促进产业的融合，是更多的特色文化小镇开拓更广阔的市场空间的必然选择。

（三）丰富生产场景

特色文化小镇不仅要有经济发展中的文化生产或文化创作，还要有观赏体验和即时互动。特色文化小镇的生产不同于传统产业的生产，也不同于文化产业园区中文化产业的封闭式生产，而是一个在物理空间上和时间空间上开放的全参与式的生产空间。当我们走进很多特色文化小镇时，看到的主要是其商业消费场景，而未能走进其真实的生产创作场景，从而削弱了特色文化小镇的真实性和可体验性。生产场景做得好的小镇往往吸引力更强，反之则常让人感觉单调乏味。比如，一些以特色文化技艺为主导的特色文化小镇不仅是有产品的生产销售，更应该是能让游客获得丰富感知的生产体验，如制作生产陶瓷、亲手设计并制作艺术画作、学习并体验特色刺绣等都是生产场景的内容。在互联网等现代信息技术的支持下，网上的可视化工坊也能带来更多的生产体验，增强消费者与生产者之间的信任互动。

二 促进文化消费方式创新

特色文化小镇不仅仅要注重生产场景体验，还要建设多元的消费场景，通过丰富的文化消费场景体现特色文化，承载特色文化价值。从特色文化小镇的建设实践来看，文化消费场景的不足在很大程度上阻碍了特色文化小镇的长远发展，创新文化消费方式能够更大程度地激发特色文化小镇的创新潜力。

（一）不断丰富线下文化消费场景

线下文化消费场景单调是导致特色文化小镇缺乏特色、同质化发展、缺乏吸引力的常见原因。消费者来到特色文化小镇不能够获得新奇有趣的消费体验，就会影响对特色文化小镇的消费需求。文化消费需求的主要影响因素不是消费偏好，而是曾经体验过的文化消费经历；曾经的文化消费体验越丰富，文化消费的需求就会越强烈，这种消费行为被贝克尔等人称为有益致瘾。① 只有不断丰富线下消费场景才能不断丰富消费者的文化消费体验,激发消费者对特色文化小镇的消费欲望,带来持续的消费倾向。一是,建设餐饮消费场景。一方面,要不断创新特色美食品种,形成富有特色的、地道正宗的美食诱惑;另一方面,要不断创新就餐场景。许多特色文化小镇的特色食品品类趋于雷同,没有形成让人挥之不去的味蕾记忆,依然局限于餐馆、摊位的传统就餐形式,没有将就餐环境与小镇的特色景观、特色手工技艺、特色表演有机融合在一起。二是,建设娱乐场景。一方面,要创新娱乐内容;另一方面,要不断丰富娱乐形式,追求休闲娱乐是特色文化小镇消费的主要消费倾向。当前很多特色文化小镇并没有形成鲜明的娱乐体验内容,没有很好的娱乐体验形式,特色文化小镇需要以创新的娱乐场景激发消费活力。三是,休憩场景必不可少。特色文化小镇讲求心灵空间的放松,来到特色文化小镇不是要享受繁华的商业消费场景,更是要获得别具一格的休憩场景。特色文化小镇既要建设具有特色的大型休憩设施;又要建设休憩微场景,喝茶看表演,就餐欣赏美妙音乐是很多特色文化小镇构建的休憩场景。但有些特色文化小镇在整个空间设计中忽略了休憩场景,甚至缺乏座椅、休息绿荫,影响消费体验。

(二) 积极拓展线上文化消费场域

传统文化产业更多地受到消费环境、消费渠道等因素的限制,消费体系脆弱,难以抵抗外部的不确定性风险。多数特色文化小镇是以传统文化产业为主导产业,其文化产品消费具有现场性、实物性和非交互性的特征,文化消费场景单一,文化消费空间受限。积极拓展线上文化消费场域是特色文化小镇实现新的增长空间的必然选择。特色文化小镇以文化产业为主,需要更加重视消费环境的建设,更加注重消费场景的创新,更加看重消费体验的升级。将互联网、5G 等现代信息技术融入特色文化小镇的消费场域中,拓宽文化产品的销售体验渠道,增强线上文化消费的体验性。例如,通过网络直播进行线上非遗技艺的展示,进行文化产品推介,通过直播带货加强品牌培育和线上销售。充分利用现代科技手段建立特色文化小镇专门网站,开设特色文化产品、特色文化体验等栏目,形成特色文化小镇消费数据库,增强消费者与生产者、消费者与消费者之间的信息

---

① 资树荣:《国外文化消费研究述评》,《消费经济》2013 年第 1 期。

互联，强化消费与供给的有效衔接，挖掘线上消费潜力。通过网络平台完成消费者对文化产品的购买、定制，通过网络视频完成特色演艺的非现场跨区域观演，通过 AI、AR、VR 实现线上的沉浸式文化旅游体验，通过云娱乐、云直播、云展览等方式增强文化互动，实现多主体互联、多社群互联和多角色互联，吸引更多的粉丝参与特色文化小镇的持续创新中。

三 促进运营管理方式创新

特色文化小镇的运营管理影响着小镇能否良性健康发展。特色文化小镇的运营是在城镇运营管理、景区运营管理、文化产业园区运营管理、文化社区运营管理基础上的多维运营管理，因此需要多方发力，共同提升运营管理水平。

（一）应用智慧管理和服务系统

随着数字时代的到来，特色文化小镇的运营管理还需要进一步加强智慧化运营管理。一是针对特色文化小镇实际，建设信息化基础设施。一些小镇在规划设计时没有提前做好谋划和考虑，导致建成后运营管理水平低效。因此特色文化小镇在建设之初，就要本着适度超前的原则，优先建设通信网络、便民服务终端网络以及公共基础平台。已经建成的小镇，可以以现有的信息系统与资源为基础，统筹规划，推进统一的信息支撑平台建设，开发多种业务应用平台。二是完善特色文化小镇数字化管理场景。构建数字化平台，将智慧监管、智慧交通等模块嵌入其中，可以有效实施实时监管、动态监测和及时预警，提升公共服务水平。比如，通过智能互联技术，小镇内的交通、供水、供电等基础设施可以实现智能化管理，提高效率和安全性。通过智能导览系统和虚拟现实技术，游客可以更好地了解特色文化小镇，享受更加便捷的服务体验。

（二）提升自组织管理水平

特色文化小镇自组织包括当地的村委、居民群体以及社会组织等，他们在小镇的运营管理中起着重要作用。建议成立特色文化小镇治理委员会和特色文化小镇决策咨询顾问团。治理委员会由政府部门、相关企业、社区居民、社会组织等代表共同组成，负责参与讨论、沟通和决策小镇的各项公共事务，确保倾听多方声音、协同多元利益。决策咨询顾问团由专家学者、专业技术人才组成，是小镇的常设智囊团，为小镇的规划建设提供专业化的决策辅助和技术咨询。另外还要充分发挥在小镇生活、工作的所有居民的主体作用，构建特色文化小镇发展共同体，提升居民的获得感和幸福感，最终形成联动融合、开放共治的治理局面。

（三）注重专业运营能力提升

特色文化小镇专业运营内容包括产业运营、文化创意设计、管理服务等多方面。特色文化小镇专业运营主体既包括大型文旅运营公司，也包括一些由少数专业人士组成的小型运营团队。调研结果显示，专业运营力量参与当前特色文化小镇发展相对薄弱，专业运营能力需要进一步提升。一是，重视以市场为导向的企业化运营。特色文化企业在对市场的敏锐性、消费者需求调研的精准性、了解文化产品和文化服务的特性等方面具有明显的优势，能够对特色文化小镇实施更有效更专业的运营管理。因此，应遵循政府主导、企业主体、市场化运作的思路，以社会资本为主，充分发挥市场机制的调节作用，调动企业参与的积极性，发挥特色文化企业在运营管理中的主体作用，让特色文化企业全程参与特色文化小镇的设计、规划、建设和管理过程中，避免政府包揽立项。二是，紧抓特色文化小镇的产业运营。特色文化小镇在推进过程中应将产业运营放在首位，这是实现高效的运营管理机制的重要环节。三是，注重特色文化活动的策划运营。特色文化活动、特色文化节庆、特色文化品牌的成功运营将有力地扩大特色文化小镇的影响力，助力特色文化小镇实现良好的运营效果。

（四）创新文化旅游融合模式

无论是特色文化小镇，还是其他类型的特色小镇，旅游服务是一项重要功能。打通文化生产、文化服务、旅游观光、文化参与、文化消费之间的壁垒，打造富有感染力的文旅体验圈。传统旅游往往倾向于将游客与当地居民进行一定程度的空间隔离，游客只能在指定区域或路线上进行游览，无法真正融入当地社区和文化生活。随着游客自身修养和旅游需求的升级，表演式的文化展示和参与已经不能满足其需求。因此，特色文化小镇，特别是文化旅游类特色文化小镇，应实施全域旅游战略，创造一步一景的旅游体验，即除了对建筑、道路、基础设施等按照旅游景区的要求进行打造或提升外；还应最大限度地将文化生产、社区生活、地方文化活动等向游客敞开，搭建起地方居民与外来游客沟通交流的桥梁。这样做有助于提升特色文化小镇居民整体的文明程度和当地的文化服务水平，增强居民的获得感和自豪感；同时有助于加深地方文化对游客的影响，激发深度游和休闲度假游，引导当地旅游业自身的转型升级，拉动住宿、餐饮、购物等各类相关消费，提高特色文化小镇整体收益。

第三节　支持要素集聚创新

资金、金融、土地、人才等创新要素集聚不够制约了特色文化小镇创新能力的提升。针对这一突出问题，特色文化小镇创新生态系统的构建与培育迫切需要文化、创意、人才、资金、土地、科技等诸多要素集聚创新，强化多元创新条件的支撑。

一　多举措支持文化金融创新

特色文化小镇因其自身建设周期长、收益回报率相对偏低、投资回报时间长、投资风险偏高等诸多特点，在发展过程中，面临规模性持续性资金来源匮乏、对投资者实力要求高、普通金融产品和服务难以满足多样化融资需求等困难及挑战。尤其是特色文化产业是特色文化小镇的支持产业，需要更多的金融支持。因此，需要引导金融机构加大对特色文化小镇产业发展的信贷支持力度，用好社会资本，多渠道解决特色文化小镇建设的资金瓶颈问题。

（一）创新投资融资方式

要基于特色文化产业的特点和我国金融市场的现状，创新金融手段和金融产品。在传统工业产业融资模式的基础上，研究设计出一套符合特色文化企业的特殊金融政策，在信贷模式、担保模式、上市融资模式等方面大胆创新。破解特色文化小镇建设融资难题，需要用好包括开发性银行政策资金、商业银行信贷资金、政府贴息、ABS 资产证券化等在内的多种融资方式，通过多元化融资模式对特色文化小镇给予资金支持。鼓励特色文化小镇当中的优质项目通过主板、中小企业板、创业板、新三板、区域股权交易中心等多层次资本市场进行股权性融资。可以借鉴北京市在全国范围内首创"小城镇发展基金"的做法，鼓励设立专注于特色文化小镇建设的股权投资基金，以股权基金的方式拓宽融资渠道。学习借鉴住房和城乡建设部联合中国农业银行《关于推进政策性金融支持小城镇建设的通知》，加大对特色文化小镇的政策性信贷资金支持。又如，天津市发行了扶持特色小镇发展的政府专项债券，在一定程度上为特色文化小镇建设项目的落地实施与如期完成提供了有力的资金保障。在特色文化小镇发展过程中，各项建设项目也可以通过政府发行债券的方式吸引民间资本，满足资金需求，带动项目建设加速前进。同时应注意严防地方政府债务风险，加强跟踪监督、规范纠偏等工作，确保特色文化小镇规范健康发展。

（二）促进众筹和小额贷款

"基于文化资本与金融资本的价值互换原理，文化活动与众筹有着天然的紧密联系，众筹项目最早也是从艺术领域发起的。"[①] 在"互联网+"大背景下，众筹文化通过网络平台实现了个体与集体的创意链接，提供了对文化资源的合理配置与优质整合的机会，更为文化产业发展提供了新的融资渠道。特色文化小镇以众筹的方式取得资金来源，对于投资者而言，不仅是资本的投入，更是文化共享和精神满足感的体现，是文化创意梦想的实现。只要参与者保持积极心态，并在合理合规的前提下发展，众筹无疑能够促进特色文化小镇的健康发展。此外，种类繁多的小额贷款和微型贷款都能够为资本较少的个人及小型文化企业提供融资机会，推动实现创新项目和文化创意的落地，助推特色文化小镇蓬勃发展。

（三）发展金融衍生产品

一方面，文化资产自身价值属性与金融市场的需求带来了文化资产证券化的新机遇；另一方面，文化产业具有轻资产性、高波动性等特点，要求金融市场提供相应的风险管理工具，特别是文化产业的快速数字化转型进一步加剧了这一需求。中国人保等保险机构在支持文化产业中进行了积极尝试；但是，保险支持小微文化企业的程度还很低，还处于起步探索阶段。因此，应当开发专门针对文化产业的保险产品，如保护知识产权和创意产出的保险，为促进特色文化小镇健康发展保驾护航。这不仅需要金融市场对文化资产的准确把握和创新思维，还需要政府和相关机构的支持和引导，以确保文化资产的健康发展和有效利用。

[①] 林方、温馨：《文化创意众筹平台：类型、潜力与局限》，《产业创新研究》2023年第15期。

（四）成立产业担保基金

为了弥补在特色文化小镇中特色文化产业轻资产、缺乏质押的短板，帮助贷款债券的实现，分担商业银行对特色文化企业的贷款风险，增加银行对特色文化企业或特色文化产业项目的信任，增强其信贷投放的信心，建议建立特色文化小镇特色文化企业信贷风险分担和补偿机制，引导信贷资金支持特色文化产业发展，成立特色文化产业担保基金。成立特色文化产业担保基金符合国家对文化产业发展的支持政策导向，同时，苏州、天津等地已经探索实施了较为成功的担保基金运营管理经验。因此，在特色文化产业发展基础良好，转方式调结构压力上行的情况下，有条件有必要成立以政府出资、文化产业引导基金注资、优质担保公司运作、运营管理机制科学、多元主体参与的特色文化产业担保基金。具体注资规模、运作方式、担保基金放大系数等问题可由宣传部门、金融部门、银行机构等部门共同研究制定。

（五）进一步完善和优化融资体系

加强对银行相关人员的培训，使之更加了解特色文化小镇和特色文化产业的发展现状及融资特征，增强银行对特色文化企业发展现状的认识，加强对运营风险的识别知识和技术的掌握，创新特色文化产业融资思维。同时，完善辅助性产业融资体系，建设科学的特色文化小镇产业发展统计路径，为融资支持提供丰富的数据。加强金融机构对特色文化小镇支持的组织保障。借助工商银行、建设银行、农业银行、中国银行、交通银行等国有银行设立的省级层面的普惠金融事业部，加大对特色文化小镇融资困境的研究和支持力度，并结合国家对特色文化小镇培育和建设的精神以及相关制度制定精准的扶持政策。

二 探索实施创新性土地政策

当前，特色文化小镇在土地利用方面还存在着利用粗放、使用不规范等问题，需要从土地供给、土地利用等多个方面化解特色文化小镇用地难题，推动特色文化小镇实现高质量可持续发展。创新特色文化小镇土地使用模式也是优化特色文化小镇培育机制的重要方面。

（一）积极探索实施点状供地模式

特色文化小镇注重文化景观、设施环境的建设，注重原生性、活态化的文化保护，景观设施建设小型和分散，如果采用传统的片状供地模式会造成一定的浪费，并且给投资建设主体带来较大的压力。因此，特色文化小镇建设可以积极探索，实行点状供地模式，优化土地使用权的资源配置。

（二）合理进行用地指标调整

探索建立市级范围内的用地指标调整制度，保证耕地红线，用地指标增减挂钩，地方政府用地指标向特色文化小镇倾斜，对省级特色文化小镇、国家级特色文化小镇给予一定的奖励和支持。探索实行跨区域的用地指标调整政策，统筹土地使用权限，为浙江嘉善巧克力甜蜜小镇的"飞地抱团"模式提供了先行经验。通过创新土地使用机制，激活建设主体创新的积极性。

（三）创新土地流转利用方式

从1958年开始，我国的土地实行二元分治，党的十六大报告对农村土地流转制度给予了合法化地位，从此，农民的土地可以进行合理流转。集体土地可以灵活地进行多元化的经营，农村非农产业逐渐开始发达。更多的农民将农地进行流转，进城务工，促进了城镇化的进程。土地流转也成为特色文化小镇建设用地的主要来源渠道。创新土地流转方式能够更加合理地利用土地资源，实现地方政府、企业、村民和村集体的多方共赢。例如，可以采取以合理的价格进行土地一次性流转的方式，也可以采用土地出租的方式，或者采用土地作价入股的方式，或者企业、基地、农户共同合作方式等综合利用特色文化小镇用地。

（四）提高土地利用效率

提升土地利用质量是特色文化小镇创新发展的内在要求。2019年，浙江省级特色小镇以全省1.8%的建设用地面积，贡献了全省7.9%的工业企业营业收入和6.5%的税收收入。特色文化小镇要注重利用好闲置农村建筑，在增加土地供给、满足用地需求的同时保护乡村原始风貌，在保留乡土气息的基础上发展文化旅游和特色文化产业。坚持对闲置房屋进行创意提升改造，建设创客空间、乡村民宿、小镇客厅、艺术展馆等。通过创新的开发模式来优化土地资源的使用。譬如，对有限的土地资源采取混合用途开发，即允许在单个地块上实现商业、住宅和休闲多种功能的结合等。这不仅有助于提高土地利用效率，化解特色文化小镇建设用地难题；还有助于创建更加互动的文化环境，提升小镇整体活力和经济多样性。实施绿色建筑标准和生态友好的基础设施建设,减少土地开发的环境足迹,保护文化遗产,促进生态环境优化。实施土地使用效率奖补政策,对于具有突出示范性的特色文化小镇,可制定相应的奖励办法给予一定的用地指标奖励等。浙江省对通过年度考核的特色文化小镇奖励50%左右新增建设用地指标,增强了特色文化小镇的创新发展动力。

三 提升财税支持效率

有力的财税支持不仅有助于减轻特色文化小镇发展中的经济压力,还能激发投资与创业动力,促进特色文化小镇经济和文化的繁荣发展。浙江、安徽、河北、福建等多个省份都已经出台包括专项资金、财政补助、财税返还等方式的特色文化小镇资金支持政策。但是目前也存在财政支持不够系统、盲目投资、民间投资积极性有待提升、社会资本参与性不高等问题。因此,设计精准、有效、适合特色文化小镇发展的财税政策是特色文化小镇创新生态营造和持续健康发展的重要路径。

(一) 实施差异化财政支持方式

不同的特色文化小镇是基于不同的文化资源禀赋而培育的,拥有的产业基础不同,交通区位不同,发展优势和面临的发展短板各有不同。因此,要对特色文化小镇进行充分的调研,了解实际发展情况和不同的诉求,给予合适的支持方式。例如,有的特色文化小镇文化资源禀赋突出,文化主题定位清晰,但是,专业的文化艺术人才和经营管理人才不足,高层次的人才是小镇发展的瓶颈;这就需要政府在专家公寓、人才补贴、发展平台等方面加大财政资金投入。再如,有的特色文化小镇文化资源底蕴丰厚,但是没有相应的产业基础、开发不够、发展思路不清晰;这就更多地需要在政府主导之下进行全面的科学的规划,深挖资源,进行产业培育,提升小镇的品牌影响力。又如,有的小镇发展规划合理,思路清晰,但是基础设施较差;这就需要政府在交通、公共设施等方面的建设上给予大力的支持等。

(二) 树立整体融合支持思维

特色文化小镇不是孤立的存在,政府财税支持不能仅仅满足特色文化小镇的需求,更涉及如何通过财政手段促进特色文化小镇与地方经济协同发展,进而带来地方发展水平整体提升。树立融合发展思维,提升资金支持利用效率。将特色文化小镇建设与乡村全面振兴相结合,做好特色文化小镇产业项目支持与乡村产业振兴的融合发展,以特色文化产业项目促进乡村产业项目落地。将特色文化小镇建设与全域旅游工作相结合,做好环境建设、品牌宣传、文化传承和创新。将地方职业教育发展与特色文化小镇人才培养、技能培训相结合,促进特色文化小镇文化素养提升。将文化产业园区建设与特色文化小镇产业发展规划相结合,提高产业发展成效。树立整体发展思维,着眼长远,将特色文化小镇建设融入地方各项发展规划之中,提升资金支持的使用效率,促进特色文化小镇的持续创新发展以及特色文化小镇与所在区域的融合发展。

(三) 探索税收优惠模式创新

特色文化小镇是微型产业集聚空间,也是创新创业的新型平台,可以承载更多的创新探索。创新探索企业所得税、增值税和土地使用税等优惠税收政策对创新主体培育及创新生态系统构建具有明显效果。比如,可以为投资特色文化小镇建设的企业,以及提供文化服务、艺术创作与传统手工艺保护的个人或机构提供一定比例的税收减免。再如,通过探索尝试自由贸易区改革试点经验复制推广工作,将"增值税小规模纳税人智能辅助申报服务"、企业"套餐式"注销服务模式等相关制度做法落实到特色文化小镇发展中,保证制度创新顺利扩散。又如,允许海南自由贸易港探索实行的"零关税""低税率""简税制""强法治"的税收制度等先行先试的税收政策在发展较成熟的特色文化小镇使用推广。优惠有效的税收支持能为特色文化小镇的发展注入创新动力。

(四) 将更多的资金融入生态链中

一方面,财政支持特色文化小镇要形成自身的完善的生态链条,拓展财政投资渠道,提升支持效力;另一方面,所投资金要尽可能地涵盖特色文化小镇的企业创新生态链条、产业创新生态链条、运营管理生态链条等生态链条,这样能够避免"撒芝麻盐"式投资,最大限度地发挥资金的效益。减少投资的短期行为和片面行为,要着眼于链条创新和整体投资,形成整体合力。

(五) 增强财政支持的杠杆撬动作用

目前各级政府对于特色文化小镇的财政支持力度与特色文化小镇的快速发展,以及其中众多特色文化企业迅速发展产生的财政支持需求不相适应。我国对特色文化小镇中文化企业的财政投入方式主要是针对产业本身发展的专项资金投入，依然停留在"就事论事"阶段，财政资金的放大效应不明显。因此，应该充分发挥财政对金融机构和社会资本进入特色文化产业的引导作用，促进实现投入主体多元化与投入渠道多元化。继续探索实践 PPP 模式，调动多方利益相关者的参与，通过长期的公私合作促进小镇的发展，具体形式包括 BOT、信托、ROT、PFI 等。这些融资形式应该依托不同的投资项目进行合适的选择。例如，特色文化小镇的公共服务可以采取 PFI 或委托运营的方式，文化遗产开发利用、公共文化空间建设等可以采取公共资源经营权作价入股，或者经营权转让的方式等。[①] 充分利用好文化产业专项资金、各大银行重点支持项目等，通过特许经营、低息贷款等多种模式，以少量政府资金带动社会资本，建立多元支持体系。

四 大力度引育文化创新人才

特色文化小镇对各类人才有着较大的需求，特别是急缺主题策划和专业运营、文化金融等方面的文化创新人才。因此，要充分发挥特色文化小镇产业、旅游、文化、社区等多个方面的功能和优势，加大力度吸引文化创新人才流入，为特色文化小镇的发展提供强有力的智力支撑。

（一）建立机制，持续加大人才引进与培养力度

建立有效的人才引进和培养机制是确保小镇持续发展及创新的重要条件。一方面，要积极实施人才引进和培育政策，吸引与特色文化小镇建设和运营发展相关的技能人才、设计人才、研发人才、服务人才、营销人才或管理人才入驻；完善人才培养使用机制，建立急需人才储备库并实施动态管理；通过提供专业技能培训、文化教育和创新思维培育等途径培养本地人才，为特色文化小镇提供源源不断的智力供应与文化支持。另一方面，要创造良好的工作、生活、休闲、学习和日常消费环境，为大量人才的流入完善相应的配套设施，以更多的职业发展机会、有竞争力的薪酬、高质量的生活条件提升特色文化小镇吸引力。此外，特色文化小镇注重创

[①] 陈炎兵、姚永玲：《特色小镇——中国城镇化创新之路》，中国致公出版社 2017 年版，第 131 页。

意经济，尤其离不开各类创新创意人才。因此安居乐业的生活体系不能仅仅依赖政府或社会资本在小镇内兴建的房产、购物中心、体育场地等硬环境，而是要在方方面面都形成人才吸引效应，特别是通过营造开放包容的文化氛围、创业创造的干事热情、运动休闲的空间品质，为人才提供"小镇如家"的心理归属感，从而为小镇内外循环提供源源不断的文化动力和创新动力。

（二）促进人才多元化和国际交流

特色文化小镇通过国际合作和文化交流项目、艺术家居住计划、学术研讨会等吸引来自不同文化背景的艺术家、管理者、学者、技术专家等各类人才。这不仅丰富了小镇的文化内涵，提升了小镇知名度；还带来了新的视角和创意，提升了特色文化小镇自身的文化价值与竞争力。此外，人才多元化也意味着在特色文化小镇的建设、发展与治理过程中要充分吸纳与其特色密切相关、与其人文紧密融合的多方主体，特别是以文旅领军人才等为核心的成熟智库。以常设专家智囊团等形式，实现人才团队、专家智库、当地政府和民众、市场第三方等多方主体在内的无缝对接与常态互动，为特色文化小镇的建设带来更多的管理经验和技术支持，这对特色文化小镇文化创新价值的实现具有重要意义。

第四节　优化创新环境场景生态

特色文化小镇的发展不仅仅要提升道路、交通、路政管网等硬环境，更要提升公共服务、创新文化、文化场景、文明素养等软环境。创新环境营造不佳，文化场景建设落后、生活场景融入不足等问题降低了特色文化小镇的创新活力。优化创新环境场景生态是拓展特色文化小镇创新生态系统构建和培育路径的重要方面。

一　注重融入生活场景

生活场景是特色文化小镇的活态文化体现，也是特色文化小镇创新生态系统生长的自然滋养，包括建筑场所、居住条件、生活环境、日常生活等。

(一) 做好民居的整理改造

特色文化小镇强调的是当地居民和当地文化的深度融入，而不是彼此割裂分离。走进很多发展不佳的特色文化小镇，会发现整个小镇都是商业店铺，没有当地居民的居住房屋，没有当地居民的生活场景，这些居民的居住场所往往不包括在特色文化小镇的规划建设范围之内，小镇成了专门的游览或商业运营空间，最终难以实现特色文化小镇的持续发展。民居的整理和建设是特色文化小镇成功发展的必要条件，应该遵循当地居民的主观意愿，结合当地的城镇和乡村发展规划灵活进行。特色文化小镇可以作为村庄整治、合村并居的地点选择，在特色文化小镇集中建设符合当地文化底蕴和乡土风情的民居建筑类型，吸纳周围居民和外来游客来到小镇，加入小镇的产业发展中，在小镇获得更多的居住空间。避免强拆强建，充分利用空心村闲置的房屋，进行整理置换。对不愿意交回的空置房屋，进行租用，通过创意改造，改建为特色作坊、创意空间或特色民宿；这样既保留了居民对乡土的情感依恋，又提升了土地资源的利用效率。邯郸粮画小镇以粮食画产业为主要特色和支撑，集中了寿东村、寿南村几个村庄的村舍建设，通过整体创意提升，将几个连片无资源无特色的贫困村集中打造成为一个美丽富裕的特色文化小镇，实现了居住环境和生活条件的改善；民居就在小镇之中，小镇就在居民之中，实现了特色文化小镇与当地居民的良好融合，增强了特色文化小镇的生动性。

(二) 建设特色文化小镇舒适物

小镇舒适物不仅是当地居民高品质的生活所需，也是特色文化小镇消费者高品质的消费体验所需。"舒适物"的概念是由西方经济学家乌尔曼西（Edward L. U.）在关于城市经济发展研究中提出的，包括阳光、空气等令人舒适的环境和设施，能够吸引人口聚集。[1] 扈爽等人通过对不同类型的城市面板数据进行统计分析得出，舒适物能够提高城市创新水平。[2] 有些特色文化小镇在建设过程中忽视舒适物的建设或对小镇舒适物设计不

---

[1] Edward L. U., "Amenities as a factor in regional growth", *Geographical Review*, Vol. 44, No. 1, 1954.

[2] 扈爽、朱启贵：《城市舒适物、创意人才和城市创新》，《华东经济管理》2021 年第 11 期。

够科学，使得小镇消费体验环境不佳，影响消费者的消费意愿。特色文化小镇的舒适物包括广场、绿地、茶室、咖啡店、坐凳、步道、水系、厕所等。例如，水系的建设，不是每一个特色文化小镇都必须建设大规模的水系。但是，有了水，小镇就有了灵性，因此，特色文化小镇不妨适当挖掘"水"元素，增强小镇的休闲体验内容；同时，安装直饮水系统，提高消费者的舒适度。再如，绿地建设，有些特色文化小镇环境绿化做得不到位，要么绿化不够，要么绿化不实用。特色文化小镇绿地建设不仅仅是为了美化环境，更是要为居住者和消费者提供舒适的生活体验空间。周文彰曾提出，告别绿化形式主义，要以实用为首要目的，美化为次要目的。特色文化小镇绿化应该以适合本地气候和区域环境的大树种植为主，草坪绿地和新奇树种为辅，这样就能带来两个方面的益处。一方面，可以提供更加宽阔的绿荫面积，增强居民和消费者的舒适度；另一方面，可以降低小镇维护成本。又如，坐凳建设，当我们走进很多特色文化小镇，可能会发现"可以坐坐"的地方太少。当游客走累的时候找不到坐下来休息的地方，当遇到人员密集的时候，"一凳难求"，削弱了游客的消费舒适体验。在坐凳空间的设计中，增加长凳和椅子是常见做法，但最好的做法依然是增大固定设施的可坐性。[①] 特色文化小镇在规划设计中应该充分利用路沿、台阶、隔墙等建筑载体扩大坐凳空间，增加消费者休息、餐食和交流的空间；同时，要将坐凳空间与绿化空间有机融合，提升消费体验舒适度。

（三）融入日常生活场景

特色文化小镇只有根植于当地的特色文化之中，建立在当地居民鲜活的日常生活之上，才能得到长远持续的发展。人为建造出来的假古镇等非常不可取；很多特色文化小镇只注重刻意的商业运营规划，重视小镇的硬件环境建设，而忽略生活场景的融入和软性环境建设，发展不可持久。日常生活场景融入不足降低了特色文化小镇体验的真实性，难以真正走进消费者的心灵体验之中。特色文化小镇的日常生活场景，包括做早餐的、在外吃早餐的、送快递的、卖菜的等日常生活内容，还包括当地居民的婚丧

---

① ［美］威廉·H. 怀特：《小城市空间的社会生活》，叶齐茂、倪晓晖译，上海译文出版社2016年版，第28页。

嫁娶等风俗活动。超市、卫生所、幼儿园、运动场、邮政中心、咖啡馆、西餐厅、特色民宿、农家菜馆、民俗客栈都是日常生活场景的载体空间。例如，特色文化小镇应该更加注重特色民宿的建设。让更多的消费者来到小镇、住在小镇居民家中、吃在小镇居民家中、玩在小镇居民家中，体验到更加生动的特色文化生活。从饮食、语言、习惯等角度全方位了解和体味特色文化，增强消费者体验的深刻性。再如，适当将当地居民的婚俗等生活场景对外开放，让更多的消费者参与其中，丰富特色文化小镇的体验内容。

二 完善公共服务环境

"愿意来、留得住、过得好"是特色文化小镇建设的主要目标之一。文化、教育、医疗、卫生、养老等完善的公共设施和公共服务是吸引人口聚集，提高居民幸福感的必要条件。

（一）完善教育服务

特色文化小镇的教育服务功能主要体现在两个方面，一方面，是针对特色文化小镇居民及周围居民提供的各类教育服务；另一方面，是以教育为主题开发设计出的各类专门性教育服务门类。根据第七次全国人口普查结果，2020 年全国 15 岁及以上人口平均受教育年限仅为 9.91 年，乡村教育状况依然令人担忧。多数特色文化小镇位于乡村地区，其周边教育服务水平仍然有待提高。特色文化小镇因为产业的集中，吸引了更多人口集聚和生活，其教育服务也应该得到进一步完善提高。例如，建立规范的托幼机构，将周边的乡村小学坐落在小镇之中，并充分利用公共空间，设立小镇客厅、小镇文化中心等，提升小镇教育服务水平。比如，将文化遗产的开发利用与中小学生的素质教育紧密结合，开发研学专题。再如，以休闲娱乐促进家庭成员之间相互学习和交流互动的亲子小镇。是否能够真正瞄准教育所需，是否有科学系列的教育体验内容，是否能够走进消费者心中达到真正的教育目的是特色文化小镇文化功能发挥如何的重要检验标准。

（二）完善医疗服务

目前很多特色文化小镇中没有专门的卫生服务中心，缺少专业的卫生服务人员，卫生服务设施落后，偶尔仅有的卫生服务人员多是当地的赤脚医生。卫生服务水平的落后既降低了当地居民的生活品质,也影响了小镇游客的消费服务环境;有些游客在小镇遇到突发身体状况,无法获得及时救治的例子屡见不鲜。特色文化小镇应该成为高质量乡村卫生服务的新阵地,吸引建立一支专业的卫生服务人员队伍,配备必要的卫生服务设施,形成持续顺畅的卫生服务保障机制,提升小镇居民和游客的健康保障水平,优化生活服务空间。

（三）完善养老服务

无论是城市还是乡村,养老都成为一项紧迫的社会任务。对于城市居民而言,如何寻求可靠的养老机构,获得更加便捷、优质的康养服务是其对未来养老的主要诉求。对于乡村而言,收入低,缺乏基本生活保障是多数老人面临的问题;如何获得最基本的养老保障是其主要隐忧。特色文化小镇在吸引大学生、外来人才的同时,当地居民是其主要参与主体,特别是有许多留守的老人和妇女,这类人群养老压力更加艰巨。目前的特色文化小镇建设,很少关注当地居民的养老状况,多数特色文化小镇基本没有专门的托老机构或组织,没有提供相应的养老服务。因此,一个成功的特色文化小镇应该建立相应的养老服务机制,通过政府主导、社会捐助、志愿服务等路径提供更加完善的养老服务体系。目前一些特色文化小镇的养老服务偏重房屋地产建设,忽视了养老内容体系建设。特色文化小镇要建立一套专业的健康维护、托老养老体系,以专业的养老内容和完善的养老服务满足公众的健康疗养需求。比如,条件较好的特色文化小镇可以与不同的医疗机构或医学院校建立长期的合作机制,建立鲜明的医疗吸引核,设立医养结合中心,创立健康套餐,探索水疗、药疗等新形式,建设老年人友好型发展机制。

三 建设多元文化场景

文化场景是特色文化表达和体验的生动载体,是特色文化小镇重要的文化内容支撑。文化场景建设包括文化场所的建设、文化活动的开展等。

（一）拓展建设文化场所空间

多数特色文化小镇的文化空间场所传统有限,缺乏新意和开放性。文化场景场所局限于小镇的文化广场,有些特色文化小镇甚至没有成熟的公共文化广场,没有集中规范的文化活动场所,常有不同的活动兴趣群体为了抢占活动场所发生冲突的事情。特色文化小镇应该结合小镇整体规划，规划建设小镇学校、小镇客厅、小镇茶室、露天剧院等场所，为特色文化小镇提供宽阔的文化活动空间。同时，注重开发利用空置民居、老旧厂房，通过创意改造建设文化活动物理空间。在 The Theory of Scenes 一书中，芝加哥大学 Terry Nichols Clark 教授研究得出，博物馆、艺术馆、音乐厅等文化设施是城镇发展新的魅力所在。文化广场、特色博物馆、创意图书馆、小镇客厅等既能美化小镇景观，更能优化小镇生活环境。景德镇的陶瓷小镇创设的乐天创意市集，不仅拓展了文化活动新的物理空间，还聚集了更多的创新要素，丰富了陶瓷主题的文化活动。乐天创意市集坐落在景德镇东郊的一个国有雕塑瓷厂内，该厂是景德镇十大国有瓷厂之一，擅长陶瓷雕塑，厂内曾有许多技艺精湛的师傅和传统的陶瓷烧制设备。由于市场环境的变化和生产供给的不足，该厂于20世纪90年代倒闭。虽然经过一些旅游开发的尝试，但是整体上一直没有被很好地利用，处于荒置状态。2010年，乐天公司租用雕塑瓷厂大约1/4的区域，开始进行一些创意改造，并建设了"乐天陶社"和"乐天创意市集"。每周六上午，乐天陶社都要举办已拥有100多个摊位的创意市集；景德镇陶瓷学院的毕业生由原来的走出去，变成留下来创业，大批的外来大学生到这里学习和交流，许多企业家来这里寻找和发现人才，众多学者、名流到这里参观、考察。创意市集周边建设了乐天陶社手工室、乐天陶社咖啡馆、陶艺工作室、明清园市集等。在创意市集的带动下，一个破旧的老雕塑瓷厂街区变身为充满活力的陶瓷艺术集聚空间和展销场所。[①]

（二）开展丰富多样的文化活动

在拓展文化活动物理空间的同时，积极进行文化活动内容空间的开发和创新。丰富的文化活动场景能够带领参与者获得饱满的精神体验，在文化场景中的参与、互动、交流带给人们精神的愉悦和精神的滋养。很多特色文化小镇的文化场景单一，相对固化，特色不鲜明，缺乏创新性，限制了居民和游客的精神体验空间。比如，更多特色文化小镇将特色演艺作为小镇重要的文化场景，吸引了消费者的驻足，丰富了文化活动形式。但很多特色文化小镇中的特色演艺面临形式趋同、内容缺乏文化内涵、过程忽

---

① 参考祁述裕带队进行的实地调研报告。

略公众的参与等一些亟须改进的问题；对此，可以采用表演伴餐、街道随机演艺、移动化视频化表演和观演等形式，实现原创与引进相结合，大型专业演出与小众趣味表演相结合，不断创新演艺新形式。因此，要结合当地发展实际，创新思维，从不同角度开发设计文化活动场景。比如，可以建立特色文化小镇电视台创新文化场景，增强文化凝聚力和文化感召力。将自己身边的好人好事、观点看法通过电视台进行讲述、录制、交流，借助小镇电视台，开展对居民行为礼仪的培训，小镇建设常识的普及宣讲，自编自演文化节目等。

开展文化活动需要重视以下几个关系。一是，基本需求与文化提升的关系。看电视、听广播、读书看报、公共文化鉴赏、参与公共文化活动等是基本需求，文化信息服务、艺术团体的表演、艺术展览、公众的艺术教育是文化提升。二是，大众需求与差异需求的关系。公共阅读、放松休闲、特色美食等是大众对特色文化小镇的基本消费需求，个人定制、私人会展、专门体验等是消费者的个性化和差异化的文化活动需求。三是，免费参与和收费体验之间的关系。特色文化小镇应该是一个开放的文化空间，一定要有丰富的免费参与的文化活动；同时，可以根据消费者的偏好设计收费的文化活动，满足消费者多层次的文化需求。四是，线下文化和线上文化活动之间的关系。充分利用现代科技，创新线上文化活动形式，能够有效拓展特色文化小镇的文化场景空间，提高特色文化小镇的发展韧性。

（三）切合特色文化主题

遵循文化的规律和价值，建立符合当地文化特色的文化场景，对特色文化小镇创新生态系统的构建及培育才有用有效。特色文化小镇文化场景建设需要强化文化功能，要正确厘清商业活动和文化活动，要正确处理商业活动与文化活动之间的关系。商业活动是以经济收益为首要目的，文化活动是以精神需求为首要目的。很多特色文化小镇的文化活动弱化了其文化功能，过分强调了其商业功能，违背了特色文化小镇建设的主要目的。特色文化小镇针对不同的内容进行的各项文化活动都要首先强调其文化功能，才能不偏离轨道，实现文化创新价值。特色文化小镇的文化活动，以及文化场景的建构应时刻围绕小镇的文化主题展开，从不同角度开发文化内容，展示文化内涵，凸显特色文化。特色文化小镇中的文化场景建设要很好地切合文化主题，与特色文化小镇整体建设相和谐，避免崇洋、喜大和求怪等现象。在特色文化小镇构建过程中突出本土特色，才能最具差异化和最具竞争力。特色是否突出，特色文化产业支撑是否足够强劲，特色文化内容是否足够厚重，文化业态是否足够丰富是衡量特色文化小镇规模适宜性的主要尺度。

四 提升精神文化风貌

特色文化是特色文化小镇的创新内核，长期浸润着当地居民的精神文化生活，感染着来到小镇的游客。通过塑造特色文化小镇精神、营造健康的商业文化环境、培育形成良好的社会风尚，特色文化小镇的创新内核不断积聚能量，创新生态系统获得持久的文化滋养。

（一）塑造特色文化小镇精神

塑造小镇精神是特色文化小镇精神文明建设的主要抓手。充分挖掘本地文脉，从传统的文化资源中寻找智慧，紧密结合小镇现代发展定位和发展现实提炼形成小镇精神，凝聚精神力量和价值认同，是特色文化小镇汇集本地创造力量，聚集外部优质资源的重要吸引核。小镇精神的塑造要充分尊重历史文化，体现宝贵的文化底蕴和文化内涵；同时也要展现小镇现代生产和生活风貌，形成特色文化小镇发展的愿景。小镇精神要贯穿渗透在特色文化小镇的规划建设、产业布局、宣传引导、生活场景等方方面面，更好地与小镇文化IP培育、小镇品牌形象设计、小镇故事讲述、小镇设施服务等相融合。

（二）营造健康的商业文化环境

商业文化环境关乎特色文化小镇带给游客的消费体验，关系游客对小镇的消费满意度，影响消费者对特色文化小镇的消费倾向，是特色文化小镇精神素养提升的重要组成部分。诚然，特色文化小镇需要深度开发，需要实现经济增长的良好指标；但是，并不能以商业营利为首要目的，进而破坏良好的营商文化环境。良好的商业文化环境营造要特别注意避免过度商业化和形成诚实守信的商业准则。首先，避免过度商业化。走进很多特色文化小镇，扑面而来的是浓重的商业气息，到处可见各式缺乏特色但又琳琅满目的商业店铺；小镇特有的文化内涵和文化特色并没有良好地呈现出来，缺少了注重精神体验的文化景观或文化活动，没有形成浓郁的文化氛围，严重降低了特色文化小镇的文化消费吸引力。其次，形成诚实守信的商业准则。舒适的消费体验是特色文化小镇精神风貌的直观表现。随着人流客流的不断增加，有些特色文化小镇的知名度越来越大，美誉度却时有隐患，"艳遇""酒托""宰客"等现象时常发生，浊化了特色文化小镇的精神空间。营造健康良好的商业文化环境是特色文化小镇持续发展的必要条件，没有好的营商环境，就没有小镇持久的文化吸引力。

（三）培育形成良好的社会风尚

注重培育和形成良好的社会风尚是特色文化小镇良好文化生态重塑的重要内容和主要途径。良好的社会风尚是健康的、向上的道德准则，通过影响个体的心理与行为，塑造整个社会精神风貌。特色文化小镇的良好社会风尚可以从培育良好家风、培育文明乡风、培育淳朴民风三个方面着重建设。比如，培育良好家风，在特色文化小镇中宣传营造注重家风家教的浓厚氛围，将孝老爱亲、勤俭持家等优良家风作为小镇学校教育和宣传教育的重点之一，注重生长于特色文化小镇的鲜活的家规、家训、家教、家书、家谱的搜集和利用，用身边物和身边事教育小镇居民传承好家风、建设好家庭。又比如，培育文明乡风和淳朴民风，注重创新，通过丰富多彩的文化内容和文化活动潜移默化地影响小镇居民的思想观念。举办孝善敬老饺子宴、"好媳妇""好婆婆"评选、家庭演奏会等活动促进小镇居民家庭关系的和谐、邻里关系的和睦，在共同的文化活动中形成积极向上的文化价值观，促进小镇风气的改善和精神面貌的提升。

第五节 加速创新扩散和迭代

缺乏差异化、交流提升不足、创新周期长等是制约特色文化小镇创新过程高效进行的主要问题。科学的创新过程是创新持续迭代的必然要求，如何加速创新扩散和迭代是特色文化小镇创新生态系统构建和培育优化建议的重要内容。

一 保持特色文化创新的低替代性

"特色"是文化小镇发展的基础和根本，独特的文化魅力和文化特色是特色文化小镇的核心竞争力。这种文化特色正是源于特色文化小镇的地域文化、传统文化或产业集聚形成的特色产业文化等方面。由文化构建的特色文化 IP 是特色文化小镇影响力的价值源点，也是特色文化小镇最重要的品牌内核。要实现长远发展，特色文化小镇必须聚焦特色、放大特色，进行差异化竞争，做到"人无我有，人有我优"，保持特色文化创新的低替代性。

（一）加强文化资源调查研究

地方政府和特色文化小镇建设主体首先要对所辖区域，以及周边地域的文化资源及文化特点深入了解，才能做到有的放矢，找准特色文化小镇建设的着力点和特色。明晰文化资源情况是建设特色文化小镇的首要条件和基础条件。其一，地方政府和特色文化小镇建设主体要对所辖区域内的物质文化遗产资源、非物质文化遗产资源、历史故事、地方文脉、风土人情、地理特色等文化资源通过实地调查、亲身体验、查阅历史资料等多种途径进行深入的了解和梳理。其二，要与其他具有相似文化的地方相对比，找准突破口，清晰定位，科学谋划。通过了解和调查，掌握其他地方的文化资源特点和特色文化小镇的建设情况；通过对比，分析当地的文化资源禀赋，自身的优势和劣势，制定科学的特色文化小镇发展规划，不盲目认同，不盲目建设。其三，深挖特色文化，确定特色文化小镇的主题后，从文化底蕴、文化寓意、文化产品内容、文化产品形式、配套设施服务等方面进行纵深挖掘，深度开发。

（二）维护历史原貌和独特风情

独特的建筑、历史风貌、风土人情是特色文化小镇发展建设的宝贵特色资源。特色文化小镇的建设一定要结合自身历史、文化、自然、地理、环境等资源禀赋，因地制宜。当下有很多特色文化小镇，从规划设计到落地，几乎大同小异，毫无差异，导致特色文化小镇缺乏竞争力。国外一些特色文化小镇在保持历史原貌方面的做法值得借鉴。突尼斯市以北 18 公里处，有一个名叫西迪布赛义德的特色小镇，依山而建，三面俯视地中海，因所有的房屋都只有白色的墙和蓝色的门窗两种颜色，被称为"蓝白小镇"。小镇风格独具、环境幽雅，蓝与白颜色搭配，具有很强的辨识度。该小镇每年吸引众多国内外游客纷至沓来，有"世界十大浪漫小镇之一"的美誉。小镇的大部分建筑建于 18 世纪奥斯曼土耳其帝国时期，尽管历经风雨沧桑，但依然保持当初的建筑风格和文化意蕴。当地政府规定，小镇内所有建筑必须保持历史原貌，所有建筑的主人或住户等不得擅自对房屋构造等进行随意改动翻修，否则将面临高额罚款。特色文化小镇注重的是以特色文化为引领的城市建设理念和乡村生态优势的融合，更加注重艺术和文化在规划建设及建筑设计中的凸显，具体表现在以下几点。

一是将艺术文化表达贯穿在特色文化小镇规划设计中。艺术文化是特色文化小镇建设的必要因素。人本主义城市社会学倡导"艺术文化论"。正如芒福德所说，"影响城镇发展的关键因素是文化、艺术和价值认同、政治目标，而不是人口统计学家们所提出的人口数量"，他认为城镇的本质应该是文化，城镇发展的基本功能应该在于文化贮存，文化传播和交流，文化创造和发展。左大康认为，文化城镇的主要职能在于宗教、艺术、科学、教育、文物古迹等文化机制。特色文化小镇保持创新的低替代性就必须要强化文化艺术对特色文化小镇整体建设的引领意识，保持原有的特色文化、特色建筑、特色风情。

二是做好文化街区的建设。20世纪60年代，西方提出的"历史地段保护"为我国的历史文化街区保护建设提供了借鉴。芦原义信在《街道的美学》中指出，街道的设计、建筑墙面的设计对增强城镇体验具有重要的作用。文化街区是特色文化小镇中特色文化表达的有效载体空间，对表达、体验、传承特色文化具有积极的正向推动效应。因此，特色文化小镇要以特色文化主题为统领，做好文化街区的建设，强化社区融入、场景融入、文化融入，提升文化创新创意活力，提高特色文化差异性。

（三）深挖特色文化小镇的文化内涵、历史价值和精神本质

文化是特色文化小镇发展的灵魂，只有深挖小镇的传统文化、地方文化、特色产业文化，以及自身的发展历程，培育形成小镇独特的文化精神，特色文化小镇的发展才能真正具备竞争力。特色文化小镇要结合时代和实际需求对当地历史文化进行创造性转化和创新性发展，结合文化体验、文化旅游、文化商业、文化创意、文化科技等新型文化产业业态，提升特色小镇的文化吸引力和旅游体验内涵。一些地方就是通过对戏剧文化的传承、发扬与创新，将戏曲、村落、宅院、农庄、田园、街巷、剧院、山水完美相融，营造出一个集人文、艺术、休闲、旅游、度假于一体的理想特色文化小镇。

（四）做好特色文化产业和特色文化的品牌共创

在突出文化特色的基础上，找准并大力发展特色产业。特色文化产业是特色文化小镇的发展基础，也是彰显小镇特色文化的载体。因此，立足产业建镇是特色文化小镇发展的根本，这就需要各地结合本地资源禀赋、区位优势、产业基础和政策红利，因地制宜、突出特色、找准最有特色和最具成长性的特色文化产业作为主导产业，避免产业竞争同质化。特色文化小镇要深挖特色文化产业蕴含的文化内涵，提炼并打造该特色产业对区域发展的符号价值、品牌价值和文化价值。特色文化小镇通过产业自身文化品牌的塑造、产业文化内涵的挖掘、工业旅游、商贸旅游的开展以及与文化创意的融合，打造出由产业赋予的小镇文化品牌，并发挥其对区域发展的文化价值。

二 建设多样的创新组织

创新组织在特色文化小镇创新生态系统中发挥着重要的联结作用，一方面，它能够为满怀激情、勇于创业的个体创造一个有效的平台，促进个体之间的相互协作，激励创新行为的不断发生；另一方面，它可以化解和破除组织之间的社交壁垒，形成相互协作的共建共赢局面。特色文化小镇中的创新组织可以包括律师事务所、创业孵化器、投融资机构、专业的运营管理公司、民间社会组织等。建设多样的创新组织可以促进创新交流，加速创新成长周期。圣迭戈和芝加哥都拥有大量的高知识居民、顶尖的高等院校、充足的资本和富有激情的创业者；但是，这两个地方的发展状况存在较大的不同，这与两个地方所构建的创新生态有直接的关系。其中一个典型的例子就是比尔·沃特森以及他创立的组织"连接"（CONNECT），这个组织主要的工作就是积极构建学界和商界之间的联系，帮助更多的创业者实现梦想。

（一）发展壮大实体创新组织

个体只有加入一个组织当中去，才能获得更大的心理认同，在更大程度上发挥其价值。在特色文化小镇中，除了具有一技之长的个体外，还需要一些组织来为特色文化小镇的培育提供桥梁和枢纽。创新组织能够高效地打破社交圈的局限，扩大个体之间的联系。例如，特色文化小镇中的青年服务中心、创业联盟、商会、非物质文化技艺传承中心、村民委员会等。

一方面，要帮助创新组织扩大服务的广度。在特色文化小镇的主题和定位相融合的基础上，创新组织尽可能广泛地扩大组织服务的群体，培育出在全国同领域内叫得响的基石组织品牌，助推特色文化小镇品牌影响力的提升。位于加利福尼亚南部的非营利组织拉他，致力于建立联系全美国的创业科学家的机制，帮助这些个体很快地融入整个相关的投资融资体系、科研转化体系、成果孵化体系当中，并针对不同的个体，提供个性化的、差异化的服务方案。这些参与其中的个体或组织有着共同的利益基础和共同的价值认可。通过拉他机构的服务，他们的社交壁垒打破了，社交成本降低了，工作的效率得到了有效提升。另一方面，要充分利用特色文化小镇已有的组织，扩大其服务功能，加深组织服务的深度。在特色文化小镇中有许多社会组织，应该对其进行深入的开发和利用，壮大中介服务组织在加强沟通交流，促进创新中的积极作用。充分利用小镇中的学校、小镇客厅、小镇党校、小镇电视台、金融机构、图书室、手工作坊、文化企业公共平台、创新创业中心等组织和空间，加强小镇个体之间、机构之间的沟通和交流，提升小镇文化凝聚力。这一点可以借鉴硅谷银行的做法，硅谷银行除了发挥着重要的金融服务功能外，还扮演着创业和创新者之间的沟通桥梁的角色，发挥着创业者个人与各种服务机构的联结促进作用。当创业者成为硅谷银行的客户后，就会享受包括晚宴、酒会、休闲度假、读书会等一系列服务和交往的机会。在这里，创业者个人可以充分展示自己的想法和创意，一些企业和机构可以有效地推销自己的产品和服务；这样的活动，加快了创新转化的速度，提升了硅谷的内在发展效率。[①]

（二）注重培育虚拟创新组织

互联网正在改变着人类的生产方式和生活方式，互联网普及率和移动互联网普及率呈现急速上升的趋势，不断壮大的互联网新兴业态倒逼组织形式从实体向虚拟转化。特色文化小镇正处于发展的初期，硬件条件和软件条件均不十分成熟；因此，在引进人才和引进高水平的组织时往往面临一定的困难。在这样的情形下，培育和发展虚拟组织对特色文化小镇的建设具有特别的作用。集聚的发展主要有三个阶段，或者说三个层次。第一

---

① ［美］维克多·黄、［美］格雷格·霍洛维茨：《硅谷生态圈：创新的雨林法则》，诸葛越、许斌、林翔等译，机械工业出版社2015年版，第76页。

个阶段是企业集聚，相关的企业集聚在产业园区等特定的地域空间之内；第二个阶段是项目集聚，不同的项目集聚在一起；第三个阶段是要素集聚，推动虚拟空间的建立和完备。特色文化小镇应该综合运用要素集聚模式，吸引要素的虚拟聚集，整合互联网资源，形成有竞争力的虚拟创新组织，这样就可以更好地做到"小地方、大品牌"。因此，特色文化小镇需要进一步优化营商环境，提供更加灵活和便捷的政府服务，吸引更多的互联网组织和企业入驻。例如，猪八戒网是一个文化创意的共享平台，也是一家虚拟创新组织。它通过互联网这个平台，将有创意和想法的个人，有设计和策划项目的专业公司，有消费需求的消费者等各方主体有机地联合在一起，促进了创新行为的产生。重庆市委、市政府以及相关部门和领导为该企业的发展创造了宽松灵活的发展环境，支持该组织的发展，取得了很好的发展效果。特色文化小镇应该积极地从宣传、土地、资金、工商等方面创造优越的条件培育和发展这样的创新组织，搭建更加便捷的创新交流平台，促进创新生成和扩散。

三 注重提升数字传播效能

伴随着数字化变革，文化内容传播从有限的物理空间转变为无限的网络空间，文化内容体验从被动感知提升到主动交互，文化品牌塑造从单一广告拓展到多角色共塑。特色文化小镇需要以"全程媒体、全息媒体、全员媒体、全效媒体"为创新理念，充分借助数字化的传播手段提升传播效能，促进创新扩散。

（一）做好宣传内容创新，适应新媒体传播需求

目前，特色文化小镇的品牌知晓度整体偏小，全国范围内知名度高、传播力强的特色文化小镇为数不多，其中一个重要原因就是没有做好特色文化内容的宣传设计，没有形成高效率的媒体传播。在全媒体时代，要根据新格局、新生态、新载体的需要，做好特色文化内容塑造和传播。特色文化小镇需要深入挖掘当地的特色文化和特色产品，开发设计出适合新媒体传播特点的内容和语言，建立专业社交媒体运营团队，制定科学的规划方案，进行系统运营和整体策划，讲好特色文化故事，讲好特色文化IP，讲好特色文化品牌。

（二）注重移动端宣传推介，加速信息传播

以长短视频、网络直播等为主要代表的网络视听产业呈现出全面繁荣的态势。数字平台内容海量增长，平台用户快速增加，"草根群体"可以在无限的网络平台上疯狂展现，呈现"众神狂欢"的文化景象。消费者也沉浸在一种碎片化、娱乐化的消费情景中，乐此不疲。从"默默无闻"到"网络爆红"能够加速信息扩散，增强特色文化小镇的吸引力。充分利用微信公众号、微博、抖音、小红书等新媒体平台，将特色文化小镇的文化理念、文化产品、文化服务、文化品牌宣传推介出去。利用点击量、用户评论等内容，生成大数据，获得消费者的消费偏好，获得更加精准的市场大数据信息，为特色文化小镇提供更加精准的市场需求信息。同时，通过文旅舆情监测获得负面信息，及时纠偏。

（三）抢占电商平台适应现代消费需求

据中国互联网网络发展状况统计报告，截至2023年6月，我国网民规模达10.79亿人，网络购物应用用户规模达到8.84亿人，电商已经成为现代销售和消费的主要方式。很多特色文化小镇线上营销的意识和理念不够强烈，充分利用互联网营销平台的能力有待提升。一些特色文化小镇中的企业多数是家族式企业，生产方式依然是供给端主导，销售方式依然是摆摊经营和门店经营，市场开拓受到严重限制。特色文化小镇要充分利用社交媒体、短视频平台、自媒体、App等立体化营销矩阵，做好市场推广，利用京东、淘宝、拼多多、抖音等电商平台做好市场销售；同时，加强与消费者的互动，按照客户需求定制服务，形成顾客导向的生产模式，满足消费者的个性化、差异化需求。培育"当地网红"，吸引多领域的"网络达人"，发现留言意见领袖，形成特色文化小镇创新扩散的新引擎，促进特色文化消费。

四　提升政策创新绩效

近年来，为支持特色文化小镇的健康发展，国家发展改革委、住房和城乡建设部、财政部等部门出台了多项相关政策，整体呈现出政策数量多、法律效力级别高、政策主题多样、制定主体多元、多部门协同推进、上下联动等特点，取得了明显的成效。但是，概念运用不规范、政策知晓度不高、考核评价机制不完善等问题急需提升政策的针对性和有效性，促

进特色文化小镇创新的催化、扩散、迭代。

（一）创新考核评价机制

特色文化小镇建设的考核评价标准对地方政府实际工作具有明显的导向作用。特色文化小镇的考核标准应该从评价原则、评价指标、评价方法等多个方面充分尊重文化的发展规律，尊重地域特色的发展特点。一是要做到统一和差异相结合。不同的特色文化小镇所属区域具有不同的经济发展条件和规划发展定位，不能以统一的考核指标对行政区划进行考核。例如，浙江省针对不同的区域发展优势禀赋实行的差异化考核评价，有效保证了特色文化小镇发展的良好政策环境。二是要做到短期与长远相结合。品牌培育需要一定的时间，特色的形成更需要较长时间的积淀和涵养。因此，特色文化小镇建设的评价体系在考核评价周期方面要注重长期与短期的结合，立竿见影的指标需要短周期考评，效果缓慢的指标需要长周期考核。三是要硬指标与软指标相结合。考核指标体系不仅仅要包括地区经济增长、带动就业等硬指标，更要包括发展规划的科学性、小镇特色的鲜明性、文化的传承、生态的保护、发展思路的清晰度、对新型城镇化和新农村建设的带动作用、居民的幸福感等软指标。

（二）加强政策的理论研究

已有特色文化小镇政策多是指令性通知，缺乏公共政策相关理论的研究。戴维·伊斯顿（David Easton，1917—2014年）认为公共政策的基本运行逻辑是以政策需求为导向的不断产生过程。特色文化小镇政策的质量和效果主要取决于政策主体。政策失败的主要原因有权限的超越、能力的不足和良知的缺乏。[1] 充分发挥特色文化小镇政策的价值作用，首先要加强政策相关理论的研究。比如，加大对政策工具类型的研究和运用。为了解决一定的社会问题，或者实现某一项政策目标采取的手段或方式称为政策工具。[2] 依据Rothwell和Zegveld理论观点，政策工具可以分为供给型、需求型和环境型。[3] 特色文化小镇的供给型政策主要是如何从供给端发

---

[1] 俞海山、周亚越：《公共政策何以失败？——一个基于政策主体角度的解释模型》，《浙江社会科学》2022年第3期。

[2] 李国正主编：《公共政策分析》，首都师范大学出版社2019年版，第110、111页。

[3] Roy Rothwell：*Walter Zegveld. Reindusdalization and technology*，London：Logman Group Limited，1985，pp. 83 – 84.

力,为特色文化小镇提供土地、人才、资金等方面的支持。特色文化小镇的需求型政策主要是通过怎样的措施拉动对特色文化小镇消费,激发社会对特色文化小镇产品和服务的消费意愿。特色文化小镇的环境型政策主要是通过优化特色文化小镇发展环境,规范特色文化小镇建设行为,促进特色文化小镇的发展。已有的特色文化小镇政策主要属于环境型政策工具,着眼于为特色文化小镇发展营造良好的环境并提出规范特色文化小镇发展的具体要求。而侧重特色文化小镇发展所需的人才、产业等要素供给的专项政策支持较少。同时,如何进一步培育特色文化小镇的消费市场,拉动特色文化小镇消费的政策较少。因此,今后应该加强对特色文化小镇供给型政策和需求型政策的研究,提升政策的理论水平。

(三) 加强政策的绩效评估

除政策的制定和实施过程中,往往忽视对政策的实际效果的评价。已出台的特色文化小镇政策质量如何、产生的效果如何尚缺乏专门的系统的研究,影响了特色文化小镇政策效率和特色文化小镇发展成效。例如,对特色文化小镇的财政支持和奖励的使用评审缺乏相应的制度设计,特别是对资金使用效果缺少评审机构、评审程序、评审指标和效果评估,需要建立资金使用的具体规章制度,明确使用的主体和范围,建立资金使用效果的评估体系和制度,提升对小镇财政资金支持和奖励的实效。我们通过参考祁述裕等人建立的对北京市文化创意产业政策的绩效评价指标体系发现,[①] 特色文化小镇政策的绩效评估可以从政策质量、政策服务质量和政策效果三个角度进行。特色文化小镇政策的质量可以从政策的合规性、适应性、系统性、协调性、配套性、创新性、可操作性等指标考量;特色文化小镇政策的服务质量可以从特色文化小镇主管行政部门和建设主体的服务能力、服务效率,目标群体的参与性等指标考量;特色文化小镇政策的成效可以从特色文化小镇数量完成情况、质量完成情况、对经济增长的贡献、对文化传承创新的作用、当地居民的满意度等指标考量。通过定性与定量相结合的方法对特色文化小镇政策绩效进行评估,有利于发现问题,及时改进,从而提升特色文化小镇支持政策的实际效果。

---

① 祁述裕主编:《近十年北京市文化创意产业政策实施情况绩效评估研究报告》,清华大学出版社2016年版,第14、15页。

（四）加强政策的反馈调整

特色文化小镇政策的出台是为了促进特色文化小镇的创新发展，实现特色文化小镇的健康可持续发展。进一步强化政策的反馈调整机制是提升特色文化小镇政策效应的不可或缺的环节。一方面，要做好政策的"立改废"，已出台的一些特色文化小镇的政策文件，目的往往是解决特色文化小镇发展中的阶段性矛盾。当问题解决后，或者出现新的矛盾后，需要及时调整政策或废止原有政策，做到政策的持续性和灵活性相统一。另一方面，要保证政策在有效期内执行的常态化，任何一项特色文化小镇政策出台后，在没有进行新的修订或废止之前，就要坚持执行下去，有些政策出台后不久便失去了执行的动力和约束，成为"一纸空文"。今后应加强特色文化小镇政策执行的常态化，政策监督的透明化和政策效应的持续化建设。

参考文献

一　中文文献

（一）经典文献

《马克思恩格斯全集》第一卷，人民出版社1956年版。

《马克思恩格斯全集》第三卷，人民出版社2002年版。

《马克思恩格斯全集》第二十三卷，人民出版社1972年版。

习近平：《摆脱贫困》，福建人民出版社2014年版。

（二）中文专著及译著

艾思同、李荣菊主编：《政府文化管理教程》，国家行政学院出版社2013年版。

蔡秀玲：《论小城镇建设——要素聚集与制度创新》，人民出版社2002年版。

常杰、葛滢编著：《生态学》，浙江大学出版社2001年版。

陈炎兵、姚永玲：《特色小镇——中国城镇化创新之路》，中国致公出版社2017年版。

费孝通：《费孝通论小城镇建设》，群言出版社2000年版。

侯捷主编：《中国城乡建设发展报告：1996》，中国城市出版社1997年版。

黄国勤：《论建设社会主义新农村》，中国农业出版社2007年版。

姜启源、谢金星、叶俊编：《数学模型（第五版）》，高等教育出版社2018年版。

李钟文等主编：《硅谷优势——创新与创业精神的栖息地》，人民出版社2002年版。

林峰：《旅游小镇开发运营指南》，中国旅游出版社2017年版。

祁述裕主编：《近十年北京市文化创意产业政策实施情况绩效评估研究报告》，清华大学出版社2016年版。

尚玉昌编著：《行为生态学》，北京大学出版社2001年版。

孙迎春：《发达国家整体政府跨部门协同机制研究》，国家行政学院出版社2014年版。

唐燕、[德]克劳斯·昆兹曼等：《文化、创意产业与城市更新》，清华大学出版社2016年版。

田轩：《创新的资本逻辑：用资本视角思考创新的未来》，北京大学出版社2018年版。

王缉慈等：《创新的空间：企业集群与区域发展》，北京大学出版社2001年版。

王振亮：《城乡空间融合论：我国城市化可持续发展过程中城乡空间关系的系统研究》，复旦大学出版社2000年版。

向春玲等：《中国特色城镇化重大理论与现实问题研究》，中共中央党校出版社2015年版。

张爱平、孔华威：《创新生态：让企业相互"吃"起来》，上海科学技术文献出版社2010年版。

张彦、林德宏：《系统自组织概论》，南京大学出版社1990年版。

张艳丽：《战略人力资本与企业持续竞争优势》，社会科学文献出版社2020年版。

左大康主编：《现代地理学辞典》，商务印书馆1990年版。

[澳]约翰·福斯特、[英]J.斯坦利·梅特卡夫主编：《演化经济学前沿：竞争、自组织与创新政策》，贾根良、刘刚译，高等教育出版社2005年版。

[澳]德波拉·史蒂文森：《城市与城市文化》，李东航译，北京大学出版社2015年版。

[澳]乔舒亚·甘斯：《创新者的行动》，高玉芳译，中信出版集团2019年版。

[丹]扬·盖尔：《交往与空间》（第四版），何人可译，中国建筑工业出版社2002年版。

［德］马克斯·韦伯：《经济与社会》（第二卷），阎克文译，上海世纪出版集团 2010 年版。

［法］亨利·列斐伏尔：《空间的生产》，刘怀玉等译，商务印书馆 2022 年版。

［法］勒·柯布西耶：《明日之城市》，李浩译，中国建筑工业出版社 2009 年版。

［加拿大］爱德华·雷尔夫：《地方与无地方》，刘苏、相欣奕译，商务印书馆 2021 年版。

［加拿大］简·雅各布斯：《美国大城市的死与生》，金衡山译，译林出版社 2006 年版。

［美］R. 科斯、［美］A. 阿尔钦、［美］D. 诺斯等：《财产权利与制度变迁——产权学派与新制度学派译文集》，刘守英等译，上海三联书店、上海人民出版社 1994 年版。

［美］埃德蒙·费尔普斯：《大繁荣——大众创新如何带来国家繁荣》，余江译，中信出版集团 2018 年版。

［美］艾伦·J. 斯科特：《城市文化经济学》，董树宝、张宁译，中国人民大学出版社 2010 年版。

［美］爱德华·格莱泽：《城市的胜利》，刘润泉译，上海社会科学院出版社 2012 年版。

［美］保罗·L. 诺克斯、［美］琳达·麦卡锡：《城市化：城市地理学导论》（第 3 版），姜付仁、万金红、董磊华等译，电子工业出版社 2016 年版。

［美］彼得·德鲁克：《创新和企业家精神》，企业管理出版社 1989 年版。

［美］布赖恩·贝利：《比较城市化》，顾朝林等译，商务印书馆 2010 年版。

［美］丹尼斯·C. 缪勒：《公共选择理论》，杨春学等译，中国社会科学出版社 1999 年版。

［美］丹·塞诺、［以］索尔·辛格：《创业的国度：以色列经济奇迹的启示》，王跃红、韩君宜译，中信出版社 2010 年版。

［美］德尼·古莱：《发展伦理学》，高铦、温平、李继红译，社会科学文献出版社 2003 年版。

［美］段义孚：《恋地情结》，志丞、刘苏译，商务印书馆 2019 年版。

［美］杰夫·戴尔、［美］赫尔·葛瑞格森、［美］克莱顿·克里斯坦森：《创新者的基因》，曾佳宁译，中信出版社 2013 年版。

［美］克莱顿·克里斯坦森：《创新者的窘境》，胡建桥译，中信出版集团 2020 年版。

［美］理查德·佛罗里达：《创意阶层的崛起》，司徒爱勤译，中信出版社 2010 年版。

［美］刘易斯·芒福德：《城市发展史——起源、演变和前景》，宋俊岭、倪文彦译，中国建筑工业出版社 2005 年版。

［美］迈尔斯、［美］休伯曼：《质性资料的分析：方法与实践》，张芬芬译，重庆大学出版社 2008 年版。

［美］迈克尔·斯彭斯、［美］帕特里夏·克拉克·安妮兹、［美］罗伯特·M. 巴克利编著：《城镇化与增长：城市是发展中国家繁荣和发展的发动机吗？》，陈新译，中国人民大学出版社 2016 年版。

［美］尼尔·史密斯：《不平衡发展》，刘怀玉、付清松译，商务印书馆 2023 年版。

［美］诺曼·K. 邓津、［美］伊冯娜·S. 林肯主编：《定性研究（第 3 卷）：经验资料收集与分析的方法》，风笑天等译，重庆大学出版社 2007 年版。

［美］托马斯·弗里德曼：《世界是平的》，何帆、肖莹莹、郝正非译，湖南科学技术出版社 2006 年版。

［美］威廉·H. 怀特：《小城市空间的社会生活》，叶齐茂、倪晓晖译，上海译文出版社 2016 年版。

［美］维克多·黄、［美］格雷格·霍洛维茨：《硅谷生态圈：创新的雨林法则》，诸葛越、许斌、林翔等译，机械工业出版社 2015 年版。

［美］约瑟夫·熊彼特：《经济发展理论》，何畏等译，商务印书馆 1990 年版。

［西德］H. 哈肯：《协同学》，徐锡申、陈式刚、陈雅深等译，原子能出版社 1984 年版。

［英］埃比尼泽·霍华德：《明日的田园城市》，金经元译，商务印书馆 2010 年版。

［英］彼得·W. 丹尼尔斯、［新加坡］何康中、［加拿大］托马斯·A. 赫顿编：《亚洲城市的新经济空间：面向文化的产业转型》，周光起译，上海财经大学出版社 2016 年版。

［英］弗里德里希·A. 哈耶克：《科学的反革命——理性滥用之研究》，冯克利译，译林出版社 2012 年版。

［英］凯西·卡麦兹：《建构扎根理论：质性研究实践指南》，边国英译，重庆大学出版社 2009 年版。

［英］约翰·霍金斯：《创意生态：思考在这里是真正的职业》，林海译，北京联合出版公司 2011 年版。

（三）中文期刊论文及学位论文

曹如中、史健勇、郭华等：《区域创意产业创新生态系统演进研究：动因、模型与功能划分》，《经济地理》2015 年第 2 期。

曹智、刘彦随、李裕瑞等：《中国专业村镇空间格局及其影响因素》，《地理学报》2020 年第 8 期。

陈建煊、杨建梅：《基于生态系统的企业集群研究》，《技术经济与管理研究》2004 年第 5 期。

陈杰：《洞察"Z 世代"消费趋势》，《知识经济》2019 年第 26 期。

陈立旭：《论特色小镇建设的文化支撑》，《中共浙江省委党校学报》2016 年第 5 期。

陈宁：《全域旅游下的乡村文化旅游发展对策》，《农村经济与科技》2022 年第 2 期。

陈耀华、刘强：《中国自然文化遗产的价值体系及保护利用》，《地理研究》2012 年第 6 期。

陈宇峰、黄冠：《以特色小镇布局供给侧结构性改革的浙江实践》，《中共浙江省委党校学报》2016 年第 5 期。

程玉、杨勇、刘震等：《中国旅游业发展回顾与展望》，《华东经济管理》2020 年第 3 期。

程跃、周泽康：《新兴技术企业生态位的动态优化——基于网络能力的案例研究》，《技术经济》2019 年第 2 期。

代明、王颖贤：《创新型城市研究综述》，《城市问题》2009 年第 1 期。

戴亦舒、叶丽莎、董小英：《创新生态系统的价值共创机制——基于腾讯众创空间的案例研究》,《研究与发展管理》2018 年第 4 期。

单雯翔:《从"功能城市"走向"文化城市"发展路径辨析》,《文艺研究》2007 年第 3 期。

樊根耀:《论创新主体的历史变迁》,《西安电子科技大学学报(社会科学版)》2000 年第 1 期。

范玉刚:《特色小镇可持续发展的文化密码》,《学术交流》2020 年第 1 期。

方创琳:《中国新型城镇化高质量发展的规律性与重点方向》,《地理研究》2019 年第 1 期。

费孝通:《小城镇 大问题》,《江海学刊》1984 年第 1 期。

傅超:《特色小镇发展的国际经验比较与借鉴》,《中国经贸导刊》2016 年第 31 期。

高宏存、纪芬叶:《区域突围、集群聚合与制度创新——"十四五"时期文化产业高质量发展的大视野》,《行政管理改革》2021 年第 2 期。

高宏存:《文化小康的历史逻辑与未来指向》,《江苏社会科学》2020 年第 5 期。

高雪莲、张贝、马露露等:《创新企业为何在都市区集聚——基于北京企业和人才集聚意愿的调查》,《天津商业大学学报》2017 年第 6 期。

高玉敏、马亚敏:《"文化+":推动传统文化资源实现创造性转化、创新性发展》,《四川戏剧》2020 年第 10 期。

高月姣、吴和成:《创新主体及其交互作用对区域创新能力的影响研究》,《科研管理》2015 年第 10 期。

龚希、丁莹莹:《技术生态位视角下技术创新系统述评》,《技术经济与管理研究》2020 年第 7 期。

辜胜阻、曹誉波、李洪斌:《激发民间资本在新型城镇化中的投资活力》,《经济纵横》2014 年第 9 期。

顾江:《文创新镇发展的红利与制约因素》,《中原文化研究》2014 年第 4 期。

关锋:《新时代精神文明建设的生成逻辑》,《湖湘论坛》2021 年第 3 期。

郭新茹、沈佳、陈天宇:《文旅融合背景下我国文化产业园区高质量发展路径研究——以江苏为例》,《艺术百家》2021 年第 5 期。

何鹏杨、龚岳、李贵才:《基于空间视角的农业转移人口市民化文献综述》,《农业经济》2021年第1期。

何向武、周文泳、尤建新:《产业创新生态系统的内涵、结构与功能》,《科技与经济》2015年第4期。

胡鞍钢、周绍杰、任皓:《供给侧结构性改革——适应和引领中国经济新常态》,《清华大学学报》(哲学社会科学版)2016年第2期。

胡银根、廖成泉、刘彦随:《新型城镇化背景下农村就地城镇化的实践与思考——基于湖北省襄阳市4个典型村的调查》,《华中农业大学学报》(社会科学版)2014年第6期。

扈爽、朱启贵:《城市舒适物、创意人才和城市创新》,《华东经济管理》2021年第11期。

黄冬霞、白君礼、罗红彬:《图书馆服务创新主体研究》,《图书馆》2022年第5期。

黄鲁成:《区域技术创新生态系统的特征》,《中国科技论坛》2003年第1期。

黄震方、陆林、苏勤等:《新型城镇化背景下的乡村旅游发展——理论反思与困境突破》,《地理研究》2015年第8期。

计小青、赵景艳、刘得民:《社会信任如何促进了经济增长?——基于CGSS数据的实证研究》,《首都经济贸易大学学报》2020年第5期。

纪芬叶:《文化产业创新生态优化与高质量稳定发展》,《治理现代化研究》2020年第4期。

贾旭东、谭新辉:《经典扎根理论及其精神对中国管理研究的现实价值》,《管理学报》2010年第5期。

江小娟:《网络空间服务业:效率、约束及发展前景——以体育和文化产业为例》,《经济研究》2018年第4期。

焦晓云:《新型城镇化进程中农村就地城镇化的困境、重点与对策探析——"城市病"治理的另一种思路》,《城市发展研究》2015年第1期。

解学梅、王宏伟:《开放式创新生态系统价值共创模式与机制研究》,《科学学研究》2020年第5期。

金经元:《我们如何理解"田园城市"》,《北京城市学院学报》2007年第

4 期。

雷雨嫣、陈关聚、徐国东等：《技术变迁视角下企业技术生态位对创新能力的影响》，《科技进步与对策》2019 年第 17 期。

李帆、马亮、李绍平：《公共政策评估的循证进路——实验设计与因果推论》，《国家行政学院学报》2018 年第 5 期。

李凤亮、潘道远：《我国文化产业创新的制度环境及优化路径》，《江海学刊》2017 年第 3 期。

李凤亮、杨辉：《文化科技融合背景下新型旅游业态的新发展》，《同济大学学报》（社会科学版）2021 年第 1 期。

李凌汉、池易真：《价值共创视角下乡村精英主导农村科技创新的逻辑机理》，《行政与法》2021 年第 9 期。

李强、张莹、陈振华：《就地城镇化模式研究》，《江苏行政学院学报》2016 年第 1 期。

李万、常静、王敏杰等：《创新 3.0 与创新生态系统》，《科学学研究》2014 年第 12 期。

李晓斐：《城乡一体化：小城镇理论的反思与扩展》，《华南农业大学学报》（社会科学版）2019 年第 3 期。

李炎、杨永海：《资源禀赋与地方文化产业发展研究》，《中国名城》2018 年第 7 期。

李杨：《创新过程视角下的上海科技政策变迁》，《中国科技论坛》2023 年第 4 期。

李雨蒙：《非物质文化遗产信息资源分类——以传统体育、游艺与杂技类为例》，《图书馆论坛》2020 年第 2 期。

林方、温馨：《文化创意众筹平台：类型、潜力与局限》，《产业创新研究》2023 年第 15 期。

林明华、杨永忠：《文化企业技术创新制约因素、动力机制及其对策研究》，《科技进步与对策》2013 年第 11 期。

林毅夫：《中国经验：经济发展和转型中有效市场与有为政府缺一不可》，《行政管理改革》2017 年第 10 期。

林勇、张昊：《开放式创新生态系统演化的微观机理及价值》，《研究与发展管理》2020 年第 2 期。

刘怀玉：《从资本主义的幸存到现代性的阴影王国——〈空间的生产〉之语境、总问题与推想》，《西南大学学报》（社会科学版）2022年第4期。

刘亚丽、纪芬叶：《以人为本的县域城镇化实现路径研究》，《科学时代》2014年第3期。

刘士林：《文化城市与中国城市发展方式转型及创新》，《上海交通大学学报》（哲学社会科学版）2010年第3期。

卢洪友、张依萌、朱耘婵：《"人才新政"提高了城市创新能力吗？》，《财经问题研究》2021年第6期。

吕一博、蓝清、韩少杰：《开放式创新生态系统的成长基因——基于iOS、Android和Symbian的多案例研究》，《中国工业经济》2015年第5期。

马亚敏、高玉敏：《跨文化传播视域下中华文化"走出去"模式研究——基于李子柒短视频海外传播的考察》，《治理现代化研究》2022年第1期。

梅杰：《智慧城市更新：科技图景与三重路径》，《甘肃社会科学》2022年第3期。

闵学勤：《精准治理视角下的特色小镇及其创建路径》，《同济大学学报》（社会科学版）2016年第5期。

潘素、梅周立：《推进以村镇融合为特色的就地城镇化》，《中州学刊》2014年第11期。

齐骥、元冉、[美]特里·N.克拉克：《场景的"蜂鸣生产力"》，《山东大学学报》（哲学社会科学版）2022年第4期。

祁述裕：《建设文化场景 培育城市发展内生动力——以生活文化设施为视角》，《东岳论丛》2017年第1期。

祁述裕：《提升农村公共文化服务效能的五个着力点》，《行政管理改革》2019年第5期。

钱菱潇、陈劲：《开放式创新研究述评：理论框架、研究方向与中国情境》，《演化与创新经济学评论》2022年第1期。

秦富、钟钰、张敏等：《我国"一村一品"发展的若干思考》，《农业经济问题》2009年第8期。

秦佳良、张玉臣、贺明华：《国外草根创新研究述评》，《技术经济》2018

年第3期。

全飘、周洁如：《基于用户参与的在线旅游社区品牌价值共创机制研究——以马蜂窝为例》，《管理现代化》2021年第4期。

邵云飞、周湘蓉、杨雪程：《从0到1：数字化如何赋能创新生态系统构建？》，《技术经济》2022年第6期。

申丹琳、文雯、靳毓：《社会信任与企业多元化经营》，《财经问题研究》2022年第1期。

申晓艳、丁疆辉：《国内外城乡统筹研究进展及其地理学视角》，《地域研究与开发》2013年第5期。

盛朝迅：《从产业政策到产业链政策："链时代"产业发展的战略选择》，《改革》2022年第2期。

石忆邵：《中国新型城镇化与小城镇发展》，《经济地理》2013年第7期。

苏斯彬、张旭亮：《浙江特色小镇在新型城镇化中的实践模式探析》，《宏观经济管理》2016年第10期。

苏涛永、王柯：《数字化环境下服务生态系统价值共创机制——基于上海"五五购物节"的案例研究》，《研究与发展管理》2021年第6期。

孙柏瑛：《强镇扩权中的两个问题探讨》，《中国行政管理》2011年第2期。

孙丽君：《文化资本理论视域中的文旅产业融合动因及路径》，《深圳大学学报》（人文社会科学版）2022年第3期。

孙全胜：《中国特色城镇化道路的制度创新研究》，《企业经济》2020年第7期。

仝志辉、陈淑龙：《改革开放40年来农村集体经济的变迁和未来发展》，《中国农业大学学报》（社会科学版）2018年第6期。

王芳、黄军：《小城镇生态环境治理的困境及其现代化转型》，《南京工业大学学报》（社会科学版）2018年第3期。

王高峰、杨浩东、汪琛：《国内外创新生态系统研究演进对比分析：理论回溯、热点发掘与整合展望》，《科技进步与对策》2021年第4期。

王缉慈、朱凯：《国外产业园区相关理论及其对中国的启示》，《国际城市规划》2018年第2期。

王士兰、陈前虎：《浙江省中小城镇空间形态演化的研究》，《浙江大学学报》（理学版）2001 年第 6 期。

王莉静：《基于自组织理论的区域创新系统演进研究》，《科学学与科学技术管理》2010 年第 8 期。

王娜、王毅：《产业创新生态系统组成要素及内部一致模型研究》，《中国科技论坛》2013 年第 5 期。

王绍芳、王岚、石学军：《创新驱动视角下县域新型城镇化发展对策研究》，《经济纵横》2017 年第 7 期。

王小鲁：《中国城市化路径与城市规模的经济学分析》，《经济研究》2010 年第 10 期。

王晓静、刘士林：《中国文化村镇的理论问题与历史变迁研究》，《山东大学学报》（哲学社会科学版）2020 年第 5 期。

卫志民、赵娟：《多元制度创新效应：理论、实践与路径》，《新视野》2021 年第 1 期。

魏巍、彭纪生、华斌：《政府创新支持与企业创新：制度理论和委托代理理论的整合》，《重庆大学学报》（社会科学版）2021 年第 4 期。

温燕、金平斌：《特色小镇核心竞争力及其评估模型构建》，《生态经济》2017 年第 6 期。

吴海涛：《论淮河文化的内涵特质》，《学术界》2021 年第 2 期。

吴军：《场景理论：利用文化因素推动城市发展研究的新视角》，《湖南社会科学》2017 年第 2 期。

吴一洲、陈前虎、郑晓虹：《特色小镇发展水平指标体系与评估方法》，《规划师》2016 年第 7 期。

武建龙、于欢欢、黄静等：《创新生态系统研究述评》，《软科学》2017 年第 3 期。

徐剑锋：《特色小镇要聚集"创新"功能》，《浙江社会科学》2016 年第 3 期。

徐磊、解保军：《共生与共享：美好生活的自由本质》，《哈尔滨工业大学学报》（社会科学版）2022 年第 3 期。

徐梦周、王祖强：《创新生态系统视角下特色小镇的培育策略——基于梦想小镇的案例探索》，《中共浙江省委党校学报》2016 年第 5 期。

徐苏妃、张景新：《基于复杂适应系统理论的广西特色小镇发展评估与对策》,《桂林航天工业学院学报》2017年第4期。

严金明、夏方舟、李强:《中国土地综合整治战略顶层设计》,《农业工程学报》2012年第14期。

杨伟、周青、方刚:《产业创新生态系统数字转型的试探性治理——概念框架与案例解释》,《研究与发展管理》2020年第6期。

姚宝珍:《博弈视角下区域协调发展的制度困境及其创新路径——以制度互补理论为基础》,《城市发展研究》2019年第6期。

叶振宇、张万春、王瑞霞等:《我国创新创业型特色小镇高质量发展的思考——基于中关村创客小镇的考察》,《发展研究》2019年第3期。

于水、王亚星、杜焱强:《异质性资源禀赋、分类治理与乡村振兴》,《西北农林科技大学学报》(社会科学版)2019年第4期。

俞海山、周亚越:《公共政策何以失败?——一个基于政策主体角度的解释模型》,《浙江社会科学》2022年第3期。

俞万源:《城市化动力机制:一个基于文化动力的研究》,《地理科学》2012年第11期。

湛泳、刘萍:《草根创新:概念、特征与关键成功因素》,《科技进步与对策》2018年第18期。

张光宇、曹会会、刘贻新等:《基于知识转化模型的颠覆性创新过程解构:知识创造视角》,《科技管理研究》2022年第7期。

张贵、刘雪芹:《创新生态系统作用机理及演化研究——基于生态场视角的解释》,《软科学》2016年第12期。

张贵、吕长青:《基于生态位适宜度的区域创新生态系统与创新效率研究》,《工业技术经济》2017年第10期。

张鸿雁:《论特色小镇建设的理论与实践创新》,《中国名城》2017年第1期。

张鸿雁:《中国新型城镇化理论与实践创新》,《社会学研究》2013年第3期。

张晖:《乡村治理视阈下的农村集体经济组织建设》,《广西社会科学》2020年第11期。

张康之、张乾友:《论精英治理及其终结》,《北京行政学院学报》2009年第2期。

张萌、戚涌:《基于复合协调度模型的创新主体协同机理研究》,《科技管理研究》2020 年第 18 期。

张牧:《特色小镇建设中的文化品牌价值与实践向路》,《长白学刊》2021 年第 5 期。

张三元:《论美好生活的自由之维》,《探索》2021 年第 1 期。

张银银、丁元:《国外特色小镇对浙江特色小镇建设的借鉴》,《小城镇建设》2016 年第 11 期。

张振鹏:《基于扎根理论的文化企业商业模式创新机理研究》,《理论学刊》2022 年第 4 期。

张振鹏、刘小旭:《中国文化产业生态系统论纲》,《济南大学学报》(社会科学版)2017 年第 2 期。

赵小芸:《国内外旅游小城镇研究综述》,《上海经济研究》2009 年第 8 期。

郑小荣、陈伟华:《公共政策评估审计基本理论初探》,《会计之友》2021 年第 19 期。

周锦:《数字文化产业赋能乡村振兴战略的机理和路径》,《农村经济》2021 年第 11 期。

周青、姚景辉:《"互联网+"驱动企业创新生态系统价值共创行为的作用机理研究》,《信息与管理研究》2019 年第 6 期。

周志忍、蒋敏娟:《中国政府跨部门协同机制探析———一个叙事与诊断框架》,《公共行政评论》2013 年第 1 期。

朱容辉、刘树林、林军:《产学协同创新主体的发明专利质量研究》,《情报杂志》2020 年第 2 期。

资树荣:《国外文化消费研究述评》,《消费经济》2013 年第 1 期。

芮千里:《河南省区域创新生态系统适宜度研究》,博士学位论文,河南大学,2012 年。

刘亚丽:《工程项目招标评标方法研究》,硕士学位论文,天津大学,2003 年。

张仁开:《上海创新生态系统演化研究——基于要素·关系·功能的三维视阈》,博士学位论文,华东师范大学,2016 年。

赵小芸:《旅游小城镇产业集群动态演化研究——以云南实践为例》,博士学位论文，复旦大学，2010 年。

二 英文文献

Adner R., "Match Your Innovation Strategy to Your Innovation Ecosystem", *Harvard Business Review*, Vol. 84, No. 4, 2006.

Alexy O., George G., Salter A. J., "The Selective Revealing of Knowledge and Its Implications for Innovative Activity", *Academy of Management Review*, Vol. 38, No. 2, 2013.

Baykal N., "A Quantitative Approach to UNESCO's Intangible Cultural Heritage Lists: Criticism and Suggestions", *Milli Folklor*, Vol. 30, No. 120, 2018.

Birkinshaw J., Hamel G., Mol M. J., "Management Innovation", *Academy of Management Review*, Vol. 33, No. 4, 2008.

Boettke P., Leeson P., Coyne C., "Institutional Stickiness and the New Development Economics", *American Journal of Economics & Sociology*, Vol. 67, No. 2, 2008.

Bogdanor V., *Joined-up Government*, New York: Oxford University Press, 2005.

Chesbrough H., "The Market for Innovation: Implications for Corporate Strategy", *California Management Review*, Vol. 49, No. 3, 2007.

Chesbrough H. W., *Open Innovation: The New Imperative for Creating and Profiting from Technology*, Boston: Harvard Business School Press, 2003.

Clark T. N., Lloyd R., Wong K., Jain P., "Amenities Drive Urban Growth", *Journal of Urban Affairs*, Vol. 24, No. 5, 2002.

Cook P., "Regional Innovation System: Competitive Regulation in the New Europe", *Geoforum*, Vol. 23, No. 2, 1992.

Diamond J. M., "The Island Dilemma: Lessons of Modern Bibliographic Studies for the Design of Natural Reserves", *Biological Conservation*, Vol. 7, No. 2, 1975.

Edward L., "Amenities as a Factor in Regional Growth", *Geographical Review*, Vol. 44, No. 1, 1954.

Ehrlich, "Bilateral Collaboration and the Emergence of Innovation Networks",

Management Science, Vol. 53, No. 7, 2007.

Friedlle R., Alford R., *Bringing Society Back in: Symbols, Practices, and Institutional Contradictions*, University of Chicago Press, 1991.

Gouillart F. J., "The Race to Implement Co-creation of Value with Stakeholders: Five Approaches to Competitive Advantage", *Strategy & Leadership*, Vol. 42, No. 1, 2014.

Hannan M., Freeman J., "Structural Inertia and Organizational Change", *American Sociological Review*, Vol. 49, No. 9, 1977.

Hippel E. V., *Democratizing Innovation*, Cambridge: The MIT Press, 2006.

Hutton A., *The New Economy of the Inner City: Restructuring, Regeneration, and Dislocation in the 21st Century Metropolis*, Routledge, 2008.

Ji, Kosek S. E., Corry R. C., "Meeting Public Expectations with Ecological Innovation in Riparian Landscapes", *Journal of the American Water Resources Association*, Vol. 37, No. 6, 2001.

Johnson R. H., *Determine Evolution in the Color Pattern of the Lady Beetles*, Washington: Carnegie Institution of Washington Public, 1910.

Kromer J., *Fixing Broken Cities: The Implementation of Urban Development Strategies*, Routledge, 2010.

Lerner J., "The University and the Start-Up: Lessons from the Past Two Decades", *Journal of Technology Transfer*, Vol. 30, No. 1, 2004.

Leydesdorff L., Meyer M., "The Triple Helix of University-Industry-Government Relations", *Scientometrics*, Vol. 58, No. 2, 2003.

Ling T., "Delivering Joined-up Government in the UK: Dimensions, Issues, and Problems", *Public Administration*, Vol. 80, No. 4, 2002.

Manso G., "Motivating Innovation", *The Journal of Finance*, Vol. 66, No. 5, 2011.

Mills L. S., Soule M. E., Doak D. F., "The Keystone-Species Concept in Ecology and Conservation", *BioScience*, Vol. 43, No. 4, 1993.

Monaghan A., "Conceptual Niche Management of Grassroots Innovation for Sustainability: The Case of Body Disposal Practices in the UK", *Technological Forecasting & Social Change*, Vol. 76, No. 8, 2009.

Moore J. F. , "Predators and Prey: A New Ecology of Competition", *Harvard Business Review*, Vol. 71, No. 3, 1993.

Moore J. F. , *The Death of Competition: Leadership and Strategy in the Age of Business Ecosystems.* , New York: Harper Business, 1996.

OECD, *Dynamising National Innovation Systems*, Paris: OECD, 2002.

OECD EUROSTAT, "*Oslo Manual*", *Guidelines for Collecting and Interpreting Innovation Data*, Paris: OECD, 2005.

Ohlin B. , *Interregional and International Trade*, Cambridge: Harvard University Press, 1933.

Olfert M. R. , "Creating the Cultural Community: Ethnic Diversity vs. Agglomeration", *Spatial Economic Analysis*, Vol. 6, No. 1, 2011.

PCAST, *University-Private Sector Research Partnerships in the Innovation Ecosystem*, 2008.

Perry, Leat D. , Seltzer K. , Stoker G. , "Towards Holistic Governance: The New Reform Agenda", *Palgrave*, New York, 2002.

Porter M. E. , "Clusters and the New Economics of Competition", *Harvard Business Review*, Vol. 76, No. 6, 1998.

Prahalad C. K. , Ramaswamy V. , "Co-creation Experiences: The Next Practice in Value Creation", *Journal of Interactive Marketing*, Vol. 18, No. 3, 2004.

Ritala P. , Agouridas V. , Assimakopoulos D. , et al. , "Value Creation and Capture Mechanisms in Innovation Ecosystems: A Comparative Case Study", *International Journal of Technology Management*, Vol. 63, No. 3, 2013.

Rothwell R. , Zegveld W. , *Reindustrialization and Technology*, London: Logman Group Limited, 1985.

Schumpeter J. A. , *The Theory of Economic Development: An Inquiry into Profits, Capital, Credit, Interest, and the Business Cycle*, University of Illinois at Urbana-Champaign, 1934.

Seiford L. M. , "Modeling Undesirable Factors in Efficiency Evaluation", *European Journal of Operational Research*, Vol. 142, No. 1, 2002.

Seyfang G. , Park J. , Smith A. , "A Thousand Flowers Blooming? An Examination of Community Energy in the UK", *Energy Policy*, Vol. 61, No. 7, 2013.

Simon J., *The Theory of Population and Economic Growth*, London: Basil Blackwell, 1986.

Staniakis J. K., "Green Industry-A New Concept", *Environmental Research, Engineering and Management*, Vol. 56, No. 2, 2011.

Sultan N., "Knowledge Management in the Age of Cloud Computing and Web 2.0: Experiencing the Power of Disruptive Innovation", *International Journal of Information Management*, Vol. 33, No. 1, 2013.

Temple J., "Social Capability and Economic Growth", *Quarterly Journal of Economics*, Vol. CXIII, No. 3, 1998.

Thompson K., Gaston K. J., Band S. R., "Range Size, Dispersal, and Niche Breadth in the Herbaceous Flora of Central England", *Journal of Ecology*, Vol. 87, No. 1, 1999.

Tunzelm V., *Innovation in "low-tech" Industries*, Oxford: Oxford University Press, 2005.

UNIDO, *Industrial Estates: Principles and Practice*, Vienna: United Nations Industrial Development Organization, 1997.

Van Boven G., Gilovich T., "To Do or to Have? That Is the Question", *Journal of Personality & Social Psychology*, Vol. 85, No. 6, 2003.

Vargo S., Lusch R., "Institutions and Axioms: An Extension and Update of Service-Dominant Logic", *Journal of the Academy of Marketing Science*, Vol. 44, No. 1, 2016.

Wu H. I., Sharpe P. J. H., Walker J., et al., "Ecological Field Theory: A Spatial Analysis of Resource Interference among Plants", *Ecological Modelling*, Vol. 29, No. 2, 1985.

后　记

《中国特色文化小镇——创新生态系统构建及培育》一书即将出版，我的心中满怀期待又感慨万千。

自2014年国家正式提出特色小镇概念以来，我就开始持续关注特色文化小镇的培育和发展，看到了中国特色文化小镇从遍地开花走向重点培育、从主观热情走向客观冷静、从盲目探索走向逐步规范的发展过程。十年时间，中国特色文化小镇取得了明显的成绩，也遇到了突出的问题，逐渐走向了高质量发展的新阶段。如何不断提升创新能力是特色文化小镇持续健康发展的关键。以此为题，我完成了博士论文，并在此基础上，申报并完成了国家社科基金项目。十年的时间里，我不断思考和深入研究，最终形成了该成果。因此，《中国特色文化小镇——创新生态系统构建及培育》一书既是我的一项系统学术专著，也是我十年研究光阴的印记。今后，我也将以本研究为基石和引领，对创新生态系统理论和特色文化小镇以及新型文化空间创新发展实践进行持续关注和研究。

我要对帮助和关心该研究的每一个人表达最真诚的感谢！感谢我的导师祁述裕教授对我学术的引领，导师从研究选题、理论工具选择、研究内容修改等多个方面给我精心的指导，帮助我顺利完成研究。感谢高宏存教授的悉心指导和倾力相助。感谢张振鹏、刘士林等专家的宝贵建议和无私帮助。感谢学长学弟们的支持和课题组成员的努力付出。在数据搜集、实地调研、研究撰写等各个阶段，得到很多良师益友的指导，还有一些未曾谋面的特色文化小镇工作相关部门的朋友的热心帮助，我心怀感激，在此不一一感谢。

此刻，我最为愧疚和痛心的是我的父亲。在我开始博士学习的第一年，父亲就因病长期卧床，不能自理，甚至不能和我交流。父亲对我的成长倾注了无限的爱，学业、工作、生活的多重压力让我不能长期陪伴父亲左右，如今，父亲已离我远去，每每想起，心如刀绞。家人的无私奉献默默支持我完成研究。谨以此书献给我亲爱的家人！

还要感谢中国社会科学出版社的张潜、侯聪睿等老师的辛勤付出！

2024 年 12 月 30 日